普通高等职业教育计算机系列教材

用微课学

网络综合布线与施工项目教程

（第2版）

於晓兰　陈　晴　主　编
高曙光　副主编

電子工業出版社
Publishing House of Electronics Industry
北京 • BEIJING

内 容 简 介

本书分为 6 章，包括综合布线系统概述、网络传输介质与布线常用设备、综合布线系统设计与实施、机房网络布线设计与实现、企业大厦网络布线设计与实现和校园网络布线设计与实现。各章节依据职业教育理念进行设计，按实际工作岗位的典型工作任务组织内容，部分章节有丰富的实验和实例。本书是一本高质量的以项目式教学为主导、整合典型案例教学的教材。

本书理论清晰、技术实用，可作为高职高专综合布线课程的教材，也可供从事计算机系统集成、楼宇智能化工程相关工作的技术人员学习参考。

图书在版编目（CIP）数据

用微课学网络综合布线与施工项目教程 / 於晓兰，陈晴主编. —2 版. —北京：电子工业出版社，2019.8
普通高等职业教育计算机系列规划教材

ISBN 978-7-121-37010-6

Ⅰ. ①用… Ⅱ. ①於… ②陈… Ⅲ. ①计算机网络－布线－高等职业教育－教材 Ⅳ. ①TP393.03

中国版本图书馆 CIP 数据核字（2019）第 132332 号

责任编辑：徐建军　　特约编辑：田学清
印　　刷：中煤（北京）印务有限公司
装　　订：中煤（北京）印务有限公司
出版发行：电子工业出版社
　　　　　北京市海淀区万寿路 173 信箱　　邮编：100036
开　　本：787×1 092　1/16　印张：14.75　字数：416.07 千字
版　　次：2015 年 8 月第 1 版
　　　　　2019 年 8 月第 2 版
印　　次：2022 年 3 月第 6 次印刷
定　　价：43.00 元

凡所购买电子工业出版社图书有缺损问题，请向购买书店调换。若书店售缺，请与本社发行部联系，联系及邮购电话：（010）88254888，88258888。

质量投诉请发邮件至 zlts@phei.com.cn，盗版侵权举报请发邮件至 dbqq@phei.com.cn。

本书咨询联系方式：（010）88254570，xujj@phei.com.cn。

前　言

本书紧紧围绕职业院校综合布线教育教学的要求，体现工学结合、校企合作的课程改革思路，从综合布线系统工程的角度出发，以国家标准《综合布线系统工程设计规范》（GB 50311—2016）和《综合布线系统工程验收规范》（GB 50312—2016）的要求为主线，按工学一体化、任务驱动式、案例式教学等课程改革创新思想编写。本书融入了综合布线系统工程的新概念、新技术、新工艺、新设备、新材料、新思路；概念简洁、层次分明、叙述清楚、图文并茂、张弛有度、生动灵活，实用性很强。

综合布线作为职业院校计算机网络专业和楼宇智能化工程专业的重要课程，在专业技能培养方面有着关键性的作用。但现有的教材特色不够鲜明，理论与实践结合不太理想，没有体现工作岗位需求；既不能很好地适应高校特别是高职学生的特点，又不能满足职业岗位对高职学生的要求。

本书在理论够用的前提下，深究综合布线的技能点，通过任务驱动迅速提高学生综合布线的职业技能；通过综合布线系统工程案例，为学生营造一个激发兴趣、拓宽视野、启迪才智、提高素质的平台。本书力求在思考问题的方法、探索知识的兴趣、关注市场的习惯、创新求真的氛围等方面进行强化，把广大综合布线技术爱好者引领到一个新的高度。

本书从学习者认知过程和视角出发，介绍综合布线的基础知识、设计方法、施工技术、测试内容和验收过程，并通过两种典型的应用场景——企业大厦和数字化校园的综合案例，将各种知识和技术进行贯通。

本书有知识概念介绍，有工作任务讲解，有实训实验演练，做到了学与做结合、理论与实践结合、知识体系与工作过程结合。

本书由武汉职业技术学院计算机技术与软件工程学院的教师组织编写。其中，第 1、2 章由陈晴编写，第 3～5 章由於晓兰编写，第 6 章由高曙光编写。本次修订主要由於晓兰、陈晴等完成，继承了原书的特点，更新了综合布线标准内容，按照国家标准《综合布线系统工程设计规范》（GB 50311—2016）修改了综合布线系统构成相关内容，增加和更新了实训内容。同时，在实训部分添加了二维码，让学生能够通过微课教学更直观地掌握实训操作。扫二维码学习的方式能够激发学生学习的积极性。另外，本书推行翻转课堂，鼓励学生在课下时间利用微课进行预操作练习，从而预留更多的课上时间来进行实训讲解，帮助学生在实践中掌握和巩固知识。

本书在编写过程中参考了参考文献中的部分内容，谨在此向其作者致以衷心的感谢！

为了方便教师教学，本书配有电子教学课件，请有此需要的教师登录华信教育资源网（www.hxedu.com.cn）注册后免费进行下载。如有问题，可在网站留言板留言或与电子工业出版社联系（E-mail：hxedu@phei.com.cn）。

虽然我们精心组织，认真编写，但错误之处仍在所难免；同时由于编者水平有限，书中一定存在诸多不足之处，恳请广大读者朋友们给予批评和指正。

编　者

目　录

第1章

综合布线系统概述

综合布线系统作为智能建筑的重要组成部分，是智能建筑具有各种智能和自动控制功能的基础和前提，是智能建筑内的一条“信息高速公路”。本章从智能建筑的概念、组成和功能及智能建筑与综合布线的关系出发，主要介绍综合布线系统的概念、组成、特点、设计等级和国内外主要综合布线的标准。

1.1 综合布线系统的起源

综合布线系统是智能建筑的重要组成部分，它的质量直接决定了整个智能系统的性能。综合布线系统随着智能建筑的兴起而不断发展。

1.1.1 智能建筑的兴起

智能建筑（或智能大厦，Intelligent Building，IB）是信息时代的必然产物，是计算机技术、通信技术、控制技术与建筑技术密切结合的结晶。随着全球社会信息化与经济国际化的深入发展，智能建筑已成为各国综合经济实力的具体象征，也是各大跨国企业集团国际竞争实力的形象标志。同时，在国内外正在加速建设“信息高速公路（Information Super Highway）”的今天，智能建筑也是“信息高速公路”的主节点。因此，各国政府、各跨国集团公司都在竞相实现其办公大楼智能化。可见，兴建智能型建筑已成为当今跨世纪性的发展目标。

智能建筑系统功能设计的核心是系统集成设计。智能建筑物内信息通信网络的实现，是智能建筑系统功能上系统集成的关键。

智能建筑起源于美国。当时，美国的跨国公司为了提高国际竞争能力和应变能力，适应信息时代的要求，纷纷以高科技装备大楼（Hi-Tech Building），如美国国家安全局和“五角大楼”，对办公和研究环境进行积极创新和改进，以提高工作效率。早在 1984 年 1 月，由美国联合技术公司（UTC）在美国康涅狄格（Connecticut）州哈特福德（Hartford）市，将一幢旧金融大厦进行改建。改建后的大厦称为都市大厦（City Palace Building），它的建成可以说完成了传统建筑与新兴信息技术相结合的尝试。大厦内主要增添了计算机、数字程控交换机等先进的办公设备及高速通信线路等基础设施。大厦的客户不必购置设备便可进行语音通信、文字处理、电子邮件传递、市场行情查询、情报资料检索、科学计算等服务。此外，大厦内的暖通、给排水、消防、保安、供配电、照明、交通等系统均由计算机控制，实现了自动化综合管理，使用户感到更加舒适、方便和安全，引起了世人的关注，从而第一次出现了“智能建筑”这一名称。

随后，智能建筑蓬勃兴起。其中，以美国、日本兴建最多；在法国、瑞典、英国、泰国、新加坡等国家及中国香港和台湾等地区也方兴未艾，出现了在世界建筑业中智能建筑一枝独秀的局面。在步入信息社会和国内外正加速建设“信息高速公路”的今天，智能建筑越来越受到我国政府和企业的重视。智能建筑的建设已成为一个迅速成长的重要产业。这些年，国内建造的很多大厦成为名副其实的智能建筑，如北京的京广中心、中华大厦，上海的博物馆、金茂大厦、浦东上海证券交易大厦，广东的国际大厦，深圳的深房广场等。

1.1.2 智能建筑的概念及特征

1. 智能建筑的概念

智能建筑的发展历史较短，有关智能建筑的系统描述很多，目前尚无统一的概念。这里主要介绍美国智能化建筑学会（American Intelligent Building Institute，AIBI ）对智能建筑下的定义：智能建筑（Intelligent Building）是将结构、系统、服务、管理进行优化组合，获得高效率、高功能与高舒适性的大楼，从而为人们提供高效和具有经济效益的工作环境。

鉴于智能建筑的多学科交叉、多技术系统综合集成的特点，下面的定义也许更全面、更清楚：智能建筑是指利用系统集成方法，将计算机技术、通信技术、控制技术与建筑艺术有机结合，通过对设备的自动监控，对信息资源的管理和对使用者的信息服务及其与建筑的优化组合，所获得的投资合理、适应信息社会要求，并且具有安全、高效、舒适、便利和灵活特点的建筑物。

根据上述定义可知，智能建筑是多学科、跨行业的系统工程。它是现代高新技术的结晶，是建筑艺术与信息技术相结合的产物。随着微电子技术的不断发展，通信、计算机的应用普及，建筑物内的所有公共设施都可以采用“智能”系统来提高大楼的服务能力。

2. 智能建筑的特征

智能建筑是社会信息化和经济国际化的必然产物，是多学科、高新技术的有机集成。

智能系统所用的主要设备通常放置在智能化建筑物内的系统集成中心（System Integrated Center，SIC）。它通过建筑物综合布线（Generic Cabling，GC）与各种终端设备，如通信终端（电话机、传真机等）和传感器（如烟雾、压力、温度、湿度等传感器）连接，“感知”建筑内各个空间的“信息”，通过计算机进行处理后，再通过通信终端或控制终端（如步进电机、各种阀门、电子锁、开关等）做出相应的反应，使大楼具有某种“智能”。试想一下，如果建筑物的使用者和管理者可以对大楼的供配电、空调、给排水、照明、消防、保安、交通、数据通信等全套设施实施按需服务控制，那么大楼的管理和使用效率将大大提高，而能耗的开销也会降低，这样的建筑又有谁不喜欢？

智能建筑通常具有 4 大主要特征，即建筑物自动化（Building Automation，BA）、通信自动化（Communication Automation，CA）、办公自动化（Office Automation，OA）和布线综合化。前“三化”就是所谓的“3A”（智能建筑）。目前有的房地产开发商为了更突出某项功能，提出防火自动化（Fire Automation，FA），以及把建筑物内的各个系统综合起来管理，形成管理自动化（Maintenance Automation，MA）。加上 FA 和 MA，便成为“5A”。但从国际上来看，通常定义 BA 系统包括 FA 系统，而 OA 系统包括 MA 系统。智能建筑结构示意图如图 1.1 所示。

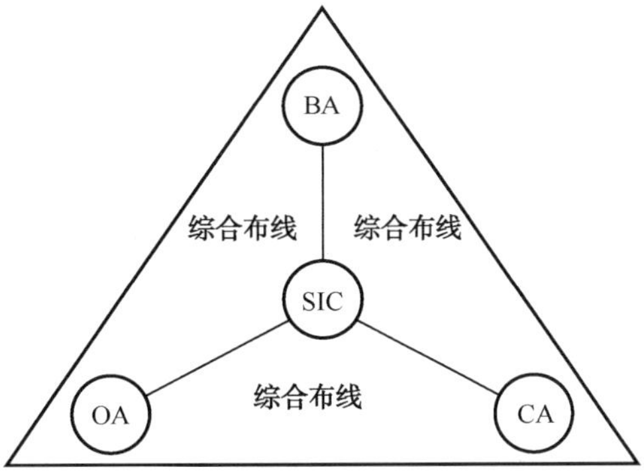

图 1.1 智能建筑结构示意图

由图 1.1 可知，智能建筑是由智能建筑环境内的系统集成中心利用综合布线连接并控制“3A”系统组成的。

1.1.3 智能建筑的组成和功能

在智能建筑环境内体现智能功能的主要有 SIC、GC 和“3A”系统 5 个部分。其中，系统组成和功能示意图如图 1.2 所示。

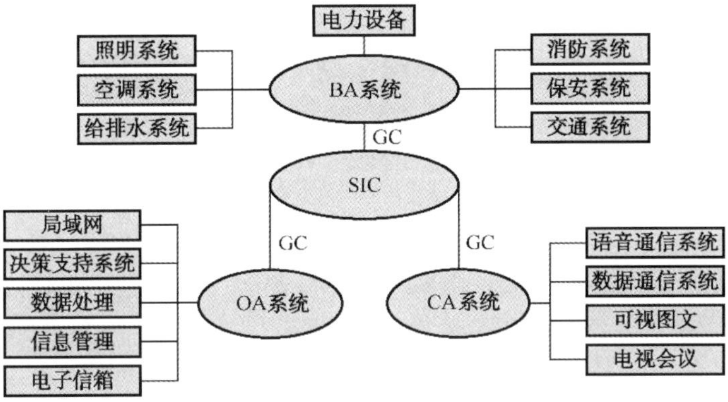

图 1.2 智能建筑的系统组成和功能示意图

1. SIC

SIC 应具有各个智能化系统信息汇集和各类信息综合管理的功能，具有对建筑物内的信息进行实时处理及信息通信能力。

2. GC

GC 是由线缆及相关连接硬件组成的信息传输通道，它是智能建筑连接“3A”系统各类信息必备的基础设施（Infrastructure）。它采用积木式结构、模块化设计、统一的技术标准满足智能建筑信息传输的要求。

3. OA 系统

OA 系统把计算机技术、通信技术、系统科学及行为科学，应用于传统的数据处理技术所难以处理的、数量庞大且结构不明确的业务上。它主要有以下 3 项任务：

（1）电子数据处理（Electronic Data Processing，EDP）。处理办公中大量烦琐的事务性工作，如发送通知、打印文件、汇总表格、组织会议等。将上述事务交给机器来完成，以达到提高工作效率、节省人力的目的。

（2）管理信息系统（Management Information System，MIS）。对信息流的控制管理是每个

部门最本质的工作。OA 是管理信息的最佳手段，它把各项独立的事务处理通过信息交换和资源共享联系起来，以获得准确、快捷、及时、优质的功效。

（3）决策支持系统（Decision Support System，DSS）。决策是根据预定目标做出的行动决定，是高层次的管理工作。决策过程包括提出问题、搜集资料、拟订方案、分析评价、最后选定等一系列的活动。

OA 系统能自动地分析、采集信息，提供各种优化方案，辅助决策者做出正确、迅速的决定。

4. CA 系统

CA 系统能高速进行智能建筑物内各种图像、文字、语音及数据之间的通信。它同时与外部通信网相连，交流信息。CA 系统可分为语音通信、图文通信及数据通信 3 个子系统。

（1）语音通信系统可给用户提供预约呼叫、等待呼叫、自动重拨、快速拨号、转移呼叫、直接拨入、能接收和传递信息的小屏幕显示、用户账单报告、屋顶远程端口卫星通信、语音信箱等上百种不同特色的通信服务。

（2）图文通信系统在当今智能化建筑中，可实现传真通信、可视数据检索等图像通信、文字邮件、电视会议通信业务等。由于数字传送和分组交换技术的发展及采用大容量高速数字专用通信线路实现多种通信方式，使得根据需要选定经济而高效的通信线路成为可能。

（3）数据通信系统可供用户建立计算机网络，以连接其办公区内的计算机及其他外部设备来完成电子数据交换业务。多功能自动交换系统还可使不同用户的计算机之间相互进行通信。

通信传输线路既可以是有线线路，也可以是无线线路。在无线传输线路中，除微波、红外线外，主要利用通信卫星。

5. BA 系统

BA 系统以中央计算机为核心，对建筑物内的设备运行状况进行实时控制和管理。按设备的功能、作用及管理模式，该系统可分为以下子系统：

- 火灾报警与消防联动控制系统。
- 空调及通风监控系统。
- 供配电及备用应急电站的监控系统。
- 照明监控系统。
- 保安监控系统。
- 给排水监控系统。
- 交通监控系统。

其中，交通监控系统包括电梯监控系统和停车场自动监控管理系统；保安监控系统包括紧急广播系统和巡更对讲系统。

BA 系统日夜不停地对建筑的各种机电设备的运行情况进行监控，采集各处现场资料，自动加以处理，并按预置程序和随机指令进行控制。这样既可节约能源，提高经济效益，又可确保建筑物设备的运行安全。

1.1.4 智能建筑与综合布线的关系

土木建筑，百年大计，一次性投资很大。在当前国力尚不富裕的情况下，全面实现建筑智能化是有难度的。然而，我们又不能等到资金全部到位再去开工建设，因为这样会使我们失去机遇。对于每个跨世纪的高层建筑来说，一旦条件成熟，改造升级为智能建筑也是不容置疑的。

这些可能是目前高层建筑普遍存在的一个突出矛盾。如何实现当前和未来的统一？综合布线是解决这一矛盾的最佳途径。

综合布线只是智能建筑的一部分，它犹如智能建筑物内的一条“信息高速公路”。我们可以统一规划、统一设计，在建筑物建设阶段投资整个建筑物 3%～5%的资金，将连接线缆综合布在建筑物内。至于楼内安装或增设哪些应用系统，如模拟式或数字式的公共系统，完全可以根据时间和需要来决定。只要有了综合布线这条“信息高速公路”，想跑什么“车”，想增设哪些应用系统，那就变得非常简单了。尤其是目前兴建跨世纪的高大楼群，如何与时代同步，如何能适应科技发展的需要，却又不增加过多的投资，目前看来综合布线平台是最佳选择。否则，不仅会给高层建筑将来的发展带来很多后遗症，而且一旦打算向智能建筑靠拢，就要花费更多的投资，这是十分不合理的。

1.2　综合布线系统工程概述

综合布线是在计算机技术和通信技术发展的基础上进一步适应社会信息化的需要，也是办公、安防自动化进一步发展的结果。综合布线涉及建筑物自动化系统、通信自动化系统、办公自动化系统和计算机网络系统等，是跨学科、跨行业的系统工程。

1.2.1　综合布线系统的概念

综合布线系统是一种标准通用的信息传输系统，通常对建筑物内各种系统（包括网络系统、电话系统、报警系统、电源系统、照明系统和监控系统等）所需的传输线路统一进行编制、布置和连接，形成完整、统一、高效、兼容的建筑物布线系统。

综合布线是一个模块化的、灵活性极高的建筑物内或建筑群之间的信息传输通道，是智能建筑的“信息高速公路”。它既能使语音、数据、图像设备和交换设备与其他信息管理系统相连接，也能使这些设备与外部通信网相连接。它包括建筑物外部网络或电信线路的连线点与应用系统设备之间的所有线缆及相关的连接部件。综合布线由不同系列和规格的部件组成，其中包括传输介质、相关连接硬件（如配线架、连接器、插座、插头、适配器）及电气保护设备等。这些部件可用来构建各种子系统，它们都有各自的具体用途，不仅易于实施，而且能随变化而平稳升级。

1.2.2　综合布线系统的构成

综合布线系统是由许多部件组成的，主要有传输介质、线路管理硬件、连接器、插座、插头、适配器、传输电子线路、电器保护设施等，并由这些部件来构造各种子系统。一个理想的布线系统应该支持语音应用、数据传输、影像影视，而且最终能支持综合型的应用。

综合布线系统应是开放式星型拓扑结构。该结构下的每个分支子系统都是相对独立的单元，对每个分支子系统的改动不会影响其他子系统。另外，只要改变节点连接方式，就可使综合布线在星型、总线型、环型、树状型等结构之间进行转换。

按照 GB 50311—2016，综合布线系统的基本构成应包括建筑群子系统、干线子系统和配线子系统，如图 1.3 所示。配线子系统中可以设置集合点（CP），也可不设置集合点。

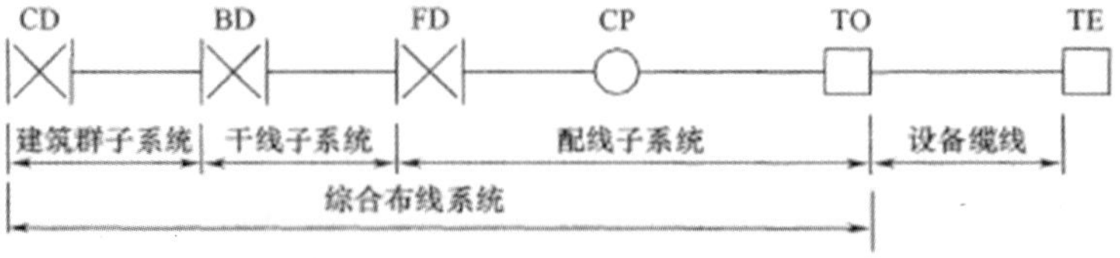

图 1.3　综合布线系统的基本构成

在综合布线各子系统中，建筑物内楼层配线设备（FD）之间、不同建筑物的建筑物配线设备（BD）之间可建立直达路由。工作区信息插座（TO）可不经过楼层配线设备直接连接至建筑物配线设备，楼层配线设备也可不经过建筑物配线设备直接与建筑群配线设备（CD）互连。

综合布线系统入口设施连接外部网络和其他建筑物的引入缆线，应通过缆线和建筑物配线设备或建筑群配线设备进行互连。对设置了设备间的建筑物，设备间所在楼层配线设备可以和设备间中的建筑物配线设备或建筑群配线设备及入口设施安装在同一场地内。

在综合布线系统典型应用中，配线子系统信道应由 4 对对绞电缆和电缆连接器件构成，干线子系统信道和建筑群子系统信道应由光缆和光连接器件组成。其中，建筑物内楼层配线设备和建筑群配线设备处的配线模块和网络设备之间可采用互连或交叉的连接方式，建筑物配线设备处的光纤配线模块可仅对光纤进行互连。

1.2.3　综合布线系统的特点

综合布线与传统布线相比，有着许多优越性，是传统布线所无法企及的。其特点主要表现为兼容性、开放性、灵活性、可靠性、先进性和经济性。而且，在设计、施工和维护方面，综合布线也给人们带来了许多便利。

1. 兼容性

综合布线的首要特点是其兼容性。所谓兼容性，是指它自身是完全独立的，而与应用系统相对无关，可以适用于多种应用系统。

过去，为一幢大楼或一个建筑群内的语音或数据线路布线时，往往采取不同厂家生产的电缆线、配线插座、接头等。例如，用户交换机通常采用双绞线，计算机系统通常采用粗同轴电缆或细同轴电缆。这些不同的设备使用不同的配线材料，而连接这些不同配线的接头、插座及端子板也各不相同，彼此互不相容。一旦用户需要改变终端机或电话机位置，就必须敷设新的线缆，以及安装新的插座和接头。

综合布线将语音、数据与监控设备的信号线经过统一的规划和设计，采用相同的传输介质、信息插座、互连设备、适配器等，把这些不同信号综合到一套标准的布线中。由此可见，综合布线比传统布线大为简化，这样可节约大量的物资、时间和空间。

在使用时，用户可不用定义某个工作区的信息插座的具体应用，只需把某种终端设备（如个人计算机、电话、视频设备等）插入这个信息插座，然后在电信间和设备间的互连设备上做相应的接线操作，这个终端设备就被接入各自的系统中了。

2. 开放性

对于传统布线方式而言，只要用户选定了某种设备，也就选定了与之相适应的布线方式和传输介质。如果用户想更换另一台设备，那么原来的布线就要全部更换。可以想象，对于一个已经完工的建筑物来说，这种更换是十分困难的，要增加很多投资。

综合布线由于采用开放式体系结构，符合多种国际上现行的标准，因此它几乎对所有著名厂商的产品都是开放的，如计算机设备、交换机设备等；并对所有通信协议也是支持的，如 ISO/IEC 8802-3、ISO/IEC 8802-5 等。

3. 灵活性

由于传统的布线方式是封闭的，其体系结构是固定的，所以迁移设备或增加设备是相当困难而麻烦的，甚至是不可能的。

综合布线采用标准的传输线缆和相关连接硬件，模块化设计，因此所有通道都是通用的。每条通道可支持终端、以太网工作站及令牌环工作站（采用 5 类连接方案，可支持以太网及 ATM 等）。所有设备的开通及更改均不需改变布线，只需增减相应的应用设备及在配线架上进行必要的跳线管理即可。另外，组网也可灵活多样，甚至在同一房间可有多用户终端、以太网工作站、令牌环工作站并存，为用户组织信息流提供了必要条件。

4. 可靠性

传统的布线方式由于各个应用系统互不兼容，因而在一个建筑物中往往要有多种布线方案。因此，建筑系统的可靠性要由所选用的布线可靠性来保证，当各应用系统布线不当时，还会造成交叉干扰。

综合布线采用高品质的材料和组合压接的方式构成了一套高标准的信息传输通道。所有线缆和相关连接硬件均通过 ISO 认证，每条通道都采用专用仪器测试链路阻抗及衰减率，以保证其电气性能。应用系统布线全部采用点到点端接，任何一条链路故障均不影响其他链路的运行，这就为链路的运行维护及故障检修提供了方便，从而保障了应用系统的可靠运行。各应用系统采用相同的传输介质，因而可互为备用，这就提高了备用冗余。

5. 先进性

综合布线采用光纤与双绞线混合布线方式，极为合理地构成了一套完整的布线系统。所有布线均采用世界上最新通信标准，链路均按 8 芯双绞线配置。五类双绞线带宽可达 100MHz，六类双绞线带宽可达 250MHz。对于特殊用户的需求，可把光纤引到桌面（Fiber To the Desk），干线语音部分用电缆，数据部分用光缆，为同时传输多路实时多媒体信息提供足够的容量。

6. 经济性

通过上面的讨论可知，综合布线较好地解决了传统布线方法存在的许多问题。随着科学技术的迅猛发展，人们对信息资源共享的要求越来越迫切，尤其是以电话业务为主的通信网，逐渐向综合业务数字网（ISDN）过渡，越来越重视能够同时提供语音、数据和视频传输的集成通信网。因此，综合布线取代单一、昂贵、繁杂的传统布线是信息时代的要求，是历史发展的必然趋势。

1.2.4 综合布线系统适用范围

综合布线采用模块化设计和分层星型拓扑结构，它能适应任何建筑物的布线。建筑物的跨距不超过 3 000 米，面积不超过 1 000 000 平方米。综合布线可以支持语音、数据和视频等各种应用。综合布线按应用场合划分，除建筑与建筑群综合布线系统（PDS）外，还有两种先进的系统，即智能大楼布线系统（IBS）和工业布线系统（IDS）。它们的原理和设计方法基本相同，差别是 PDS 以商务环境和办公自动化环境为主；IBS 以大楼环境控制和管理为主，IDS 则以传输各类特殊信息和适应快速变化的工业通信为主。为了便于理解综合布线原理，掌握其设计方法，在本书中我们侧重讨论 PDS，读者可以举一反三，触类旁通。并且将建筑与建筑群综合布线系统简称为综合布线（GC）。

1.2.5　综合布线系统的产品及选型原则

选择良好的综合布线产品并进行科学的设计和精心的施工是智能化建筑的“百年大计”。

就我国当前情况来看，生产的综合布线产品尚不能满足要求，因而还需要进口。由于美国朗讯科技（原 AT&T）公司进入我国市场较早，且产品齐全、性能良好，所以在中国市场占有率较高。此外，法国阿尔卡特综合布线既采用屏蔽技术，又采用非屏蔽技术，在我国应用前景也比较广阔。

目前，我国广泛采用的综合布线还有美国西蒙（SIEMON）公司推出的 SCS（SIEMON Cabling）、加拿大北方电讯（Northern Telecom）公司推出的 IBDN（Integrated Building Distribution Network）、德国克罗内（KRONE）公司推出的 KISS（KRONE Integrated Structured Solutions），以及美国安普（AMP）公司的开放式布线系统（Open Wiring System）。它们都有自己相应的产品设计指南、验收方法及质量保证体系。在众多产品当中，大多数产品外形尺寸基本相同，但电气性能、机械特性差异较大，常被人们忽视。因此在选用产品时，要选用具有研究、制造和销售能力，并且符合国际标准的专业厂家的产品，不可选用多家产品；否则，在通道性能方面达不到要求，会影响综合布线整体质量，难以保护投资。

因为综合布线是为统一形形色色弱电布线的不一致、不灵活而创立的，所以如果在综合布线中再出现机械性能和电气性能不一致的多家产品，就会与综合布线的初衷背道而驰。因此，选择一致性的、高性能的布线材料是实施综合布线的重要一环。美国朗讯科技公司有贝尔实验室提供技术支持，布线产品性能一直比较稳定，应优先选择。

产品选型的原则如下：

（1）产品选型必须与工程实际相结合。应根据智能化建筑和智能化小区的主体性质、所处地位、使用功能和客观环境等特点，从工程实际和用户信息需求方面考虑，选用合适的产品（包括各种线缆和连接硬件）。

（2）选用的产品应符合我国国情和有关技术标准（包括国际标准、我国国家标准和行业标准）。

（3）近期和远期相结合。根据近期信息业务和网络结构的需要，适当考虑今后信息业务种类和数量增加的可能性，预留一定的发展余地。但在考虑近、远期结合时，不应强求一步到位，贪大求全。要按照信息特点和客观需要，结合工程实际，遵循统筹兼顾、因时制宜、逐步到位、分期形成的原则。在具体实施中，还要考虑综合布线系统的产品尚在不断完善和提高，应注意科学技术的发展和符合当时的标准规定，不宜完全以厂商允诺保证的产品质量期限来决定是否选用。

（4）技术先进和经济合理相统一。目前我国已有符合国际标准的通信行业标准，对综合布线系统产品的技术性能应以系统指标来衡量。在产品选型时，所选设备和器材的技术性能指标一般要高于系统指标，这样在工程竣工后才能保证满足全系统技术性能指标。但选用产品的技术性能指标也不宜过高，否则将增加工程造价。

1.2.6　综合布线系统工程质量

要将一个优化的综合布线设计方案最终在智能建筑中完美实现，工程组织和工程实施是一个十分重要的环节。根据我们多年来的经验，应该注意以下几点：

（1）进行科学设计，精心组织施工，规范化管理。所谓“管理”，是保证材料品质、设计和安装工艺有一整套严格的管理制度。有些公司为了推销产品，不管公司状况如何，统统可以代理。综合布线是综合多项技术的工程，实施工程后要保证满足用户在一定时期内不断扩展业务的需求，绝不允许掺“假”和粗制滥造行为的发生。

（2）选择技术实力雄厚、工程经验丰富的公司来施工。一般正规的综合布线公司应有一整套严格的分销代理程序。一个系统集成商，必须具有经验丰富的设计工程师和安装工程师，并有齐备的各种测试仪器及测试规程，这样才能为用户进行工程的设计、安装和测试。

综合布线业务在我国推广已有几年的时间，一般在当地都有相关的布线产品代理和系统集成商。用户完全可以了解当地这些系统集成商的合法性和技术实力后，再选择能满足自己需求及今后便于维护的公司。当然，真正重要的是，必须对系统集成商进行实力考察。

（3）最关键的一点是业主和用户本身必须真正从实际需求出发，首先对自己的综合性业务有一定的了解，根据自己的财力再委托专业公司进行规划设计和推敲，防止竣工后实际功能不够使用或设计标准过高以至于若干年内还用不完其功能的情况出现。

当然，一般业主的新大楼都由一个筹建处来管理，但真正的应用需求应征求本单位有关业务部门的意见，或聘请有经验的专家进行咨询。目前有些业主为避免鱼目混珠，已开始委托专业招标公司来完成全过程，这不失为一种较好的尝试。

1.2.7　综合布线设计要领

1. 总体规划

一般来说，国际通信技术标准是随着科学技术的发展逐步修订完善的。综合布线也是随着新技术的发展和新产品的问世逐步完善而趋向成熟的。我们在设计智能化建筑物的综合布线期间，提出并研究近期和长远的需求是非常必要的。目前，国际上各种综合布线产品都只提出多少年质量保证体系，并没有提出多少年投资保证体系。为了保护建筑物投资者的利益，我们应遵循“总体规划，分步实施，水平布线尽量到位”的设计原则。干线大多数都设置在建筑物弱电间，更换或扩充比较省事。水平布线设置在建筑物的吊顶内、天花板或管道里，施工费比初始投资的材料费高。如果要更换水平布线，则会损坏建筑物结构，影响整体美观。因此，我们在设计水平布线时，要尽量选用档次较高的线缆及相关连接硬件（如选用 100Mbit/s 的双绞线），缩短布线周期。

但是，我们也要强调，在设计综合布线时，一定要从实际出发，不可脱离实际，盲目追求过高的标准，从而造成浪费。因为科学技术日新月异，以计算机芯片的摩尔定律为例，它指出每 18 个月计算机芯片上集成的晶体管数便会增加一倍。按照这个发展速度，我们很难预料今后科学技术发展的水平。不过，只要管道、线槽设计合理，更换线缆就比较容易。

2. 系统设计

综合布线是智能建筑业中的一项新兴产业，它不完全是建筑工程中的“弱电”工程。智能建筑是由智能建筑环境内系统集成中心利用综合布线连接和控制“3A”系统组成的，因此综合布线设计是否合理，将直接影响“3A”系统的功能。

设计一个合理的综合布线系统一般有以下几个步骤：

- 分析用户需求。
- 获取建筑物平面图，获得建筑物的成套建筑方案。
- 系统结构设计。
- 可行性论证。
- 绘制综合布线施工图。

3. 综合管理

通过上述探讨可知，一个设计合理的综合布线系统能把智能建筑物内、外的所有设备互连起来。为了充分而又合理地利用这些线缆及相关连接硬件，我们可以将综合布线的设计、施工、测试及验收资料采用数据库技术进行管理。从一开始就应当全面利用计算机辅助建筑设计（CAAD）技术来进行建筑物的需求分析、系统结构设计、布线路由设计，以及线缆和相关连接硬件的参数、位置编码等一系列的数据登录入库，使配线管理成为建筑集成化总管理数据库系统的一个子系统。同时，让本单位的技术人员去组织并参与综合布线系统的规划、设计及验收，这对今后管理、维护综合布线将大有用处。

1.3 综合布线系统的标准及其要点

综合布线系统是一个复杂的系统，它包括各种线缆、接插件、转接设备、适配器、检测设备及各种施工工具等多种设备，以及多项技术实现手段，所以实施时需要统筹考虑。

生产相关布线设备的厂家很多，各家产品有不同的特色和不同的设计思想与理念。要想让各家产品互相兼容，使综合布线系统更加开放、方便使用和管理、集成度更高，就必须制定出一系列相关的标准，以及规范综合布线系统设计、实施、测试和服务等环节，规范各种线缆、接插件、转接设备、适配器、检测设备及各种施工工具等。

1.3.1 综合布线系统的标准

智能建筑已逐步发展成为一种产业，如同计算机、建筑一样，也必须有大家共同遵守的标准或规范。国外的布线标准主要有 ISO/IEC 国际标准、欧洲的 EN 标准系列、北美的 TIA 标准系列。

除了比较完整的系统标准，还会不断地根据技术、产品、市场应用的发展与需要随时制定相关的技术草案，因此标准的内容是相当丰富的。国外标准化组织的成员大多为厂商代表，具有对标准技术条款的表决权。而且从标准的体系来看，国外布线标准比较规范与系列化。但是国外布线标准的条款技术要求往往较高，如果直接在布线工程中加以应用，则会变得难以操作，同时工程投资也会加大。所以，中国对国外标准应该秉持原则引用，具体根据相关国家标准的要求与工程实际情况制定技术要求，这样才比较符合国情。目前，国内的布线标准基本上都是对国外的标准内容进行判断后再消化、吸收，并加以等同采用。如果从工程的角度出发，会结合国内的实际情况，则偏重于应用技术。

在我国，目前数据中心布线工程建设主要还是引用北美的 TIA-942 标准内容，引入的相关条款的技术要求主要体现在《电子信息系统机房设计规范》（GB 50174）的相关章节中。该规范以机房建筑结构、装修、电气、空调、环境等方面的设计技术要求为主，那么布线的内容在整个标准的文本上自然就不能占用太多篇幅。因此，标准中无法系统地将机房布线作为比较完整的、可操作的内容进行编制，这是标准中不足的一个方面。在机房布线工程中，由于对机房布线标准的了解缺失，大家往往仍然按照楼宇的布线思路去进行规划与设计，将机房布线工程做得不伦不类，更谈不上提出对布线工程进行指标参数的测试，也就无法保障工程的质量及适应远期业务发展的需要。

在数据中心综合布线标准方面，国内大多数厂商采用国外标准 TIA—942，国内制定的行业标准与其相比，在《电子信息系统机房设计规范》（GB 50174）标准中，数据中心布线内容较为简单，只表示了计算机机房内的布线系统构成。

GB 50174 标准对机房主配线设备、水平配线区的交叉配线设备及配线区的信息插座或区域配线区的集合点配线设备在配置上提出要求。它要求主机房按照 A 级、B 级、C 级数据中心确定信息点的数量，支持空间各个区域信息插座数量可根据各自空间的功能和应用特点确定。但这些条款的内容过于笼统、简单，根本无法支持数据中心布线系统的规划与设计。即使对 GB 50174 标准进行了修订，但有关布线的内容少之又少，也不能够形成一个完整的体系，这是一个行业的缺憾。

面对数据中心布线标准，国内综合布线和数据中心领域的技术专家始终紧盯各大国际标准化组织的规范进展和技术方向，并结合中国实际情况，为高速发展中的数据中心建设提供技术与应用方面的有力支持。

（1）综合布线领域推出以下白皮书：《数据中心布线系统设计与施工技术白皮书》《万兆对绞电缆系统工程设计、施工与检测技术白皮书》《智能布线系统设计与安装技术白皮书》《数据中心光纤布线系统应用技术白皮书》。这些都为中国数据中心布线市场的规范化发展和技术革新提供了及时的指导。白皮书引用了国内、外数据中心相关标准内容，从工程建设的需要出发，着重针对数据中心布线系统的构成和拓扑结构、产品选择、系统配置、设计步骤、施工程序、安装工艺及传输性能测试等各方面进行了全方位的解读。

全国信标委进行了《数据中心综合布线系统技术标准》立项与编制工作。该规范应该是《数据中心布缆标准》（ISO/IEC 24764）的等同引入与采用，但它不能够完全满足国内数据中心布线系统工程建设的需要。不过，将它的新内容引入布线行业，可以为相关国家标准的编制提供新的设计理念，如将它与《数据中心布线系统工程应用技术白皮书》结合起来推向市场，将会对布线领域产生积极的作用，可以填补现有标准中的不足，指导数据中心布线工程建设的规划、设计、施工、验收工作的顺利进行。

国际标准《数据中心电信基础设施标准》（TIA-942-A-2012）、针对结构化布线的通用标准（ISO/IEC 11801）颁布后，国内应该有针对性地引入、消化、吸收、转化，编制内容等同引用的国家标准，并争取我国的布线企业能够参加国外标准化组织的活动与会议。

同时，做好《综合布线系统工程设计规范》（GB 50311）、《综合布线系统工程验收规范》（GB 50312）、《电子信息系统机房设计规范》（GB 50174）、《电子信息系统机房验收规范》《电子信息系统机房环境检测标准》等国家标准内容的修订、宣贯与培训。

机房布线工程不仅仅体现于数据中心，还可以涵盖通信机房、广播媒体机房、楼宇的弱电机房等布线系统的建设，并涉及各个行业。它们既有共性的地方，也有个性的体现，不能够一概而论。我们现在对机房布线还是涵指数据中心的布线工程。机房布线本身不是孤立的，它与机房的建筑结构、空间的布局、装修效果、照明系统、综合（包括综合布线缆线、电力缆线、照明线、弱电系统缆线等）管路、空调气流组织、供电系统的构成、机柜（架）选用、缆线桥架的选用与设置、环境监测、网络构架等方面的设计密切相关，同样能够体现数据中心的环保与节能设计内容。

针对数据中心布线标准应该充分考虑以下 15 个关键词：选址地点与建设规模、功能区划分及业务需求、网络结构与产品的性能、配线列头柜的功能与设置位置、布线产品的等级确定、缆线长度的规定、配线系统配置容量确定、机柜（架）的选用、缆线敷设方式、缆线间距要求、电磁兼容要求、缆线防火要求、缆线接地要求、标签标识要求、工程检测与验收要求。

（2）国家布线标准（GB 50311—2016 与 GB 50312—2016）。布线标准由协会标准（1997）上升为国家标准。《建筑与建筑群综合布线系统工程设计规范》（GB/T 50311—2000）、《建筑与建筑群综合布线系统工程验收规范》（GB/T 50312—2000）于 1999 年年底上报国家信息产业部、国家建设部、国家技术监督局审批，并于 2000 年 2 月 28 日发布，2000 年 8 月 1 日开始执行。

后来，上述两项国家标准又修订为 2016 版。

这两项标准是目前国内针对布线系统最为重要的标准，其内容已经从 1992 年的协会标准延续完善至今。2016 版的国家布线标准《综合布线系统工程设计规范》（GB 50311）、《综合布线系统工程验收规范》（GB 50312）的修订工作的完成，是布线行业的一件大事，将对规范布线行业和保证布线工程的质量起到积极的作用。

新的布线标准将会在原来三类、五类、超五类、六类布线内容的基础上，以六类、超六类、七类及光纤布线系统技术为主，进行内容上的修改、补充和完善，所以它并不是新编规范。在新标准中仍然会保留与体现强制性条文的内容，且标准的编号仍为 GB。

标准内容为了体现公正性与权威性，为了使大家在执行规范的过程中可操作和可适用，在文本的条款内容，如系统的构成、系统分级、技术指标参数等方面，力求与国际标准 ISO/IEC 11801 接轨，尤其在术语与指标参数方面做到等同引用，但又与国内的相关标准内容保持相对一致。从适用于市场与工程的角度出发制定技术条款，是编制规范的宗旨。

总的来说，综合布线标准将布线内容从办公建筑向其他建筑类型进行延伸，在配置上既体现共性，又考虑个性，适用于语音、数据、图像、多媒体等多种业务及弱电领域中的应用前景，满足建筑智能化建设中各弱电子系统对信息处理朝着网络化和数字化发展的实际需求。这样就拓展了综合布线系统的适用范围，实现了我们建设综合布线系统的初衷——使用通用的传输介质与传输平台去完成各个系统信息之间的互通互联与集成。

1.3.2 综合布线标准要点

无论是《综合布线系统工程设计规范》（GB 50311—2016）还是 EIA/TIA 制定的标准，其标准要点都包括以下几点。

1. 目的

（1）规范一个通用语音和数据传输的电信布线标准，以支持多设备、多用户的环境。

（2）为服务于商业的电信设备和布线产品的设计提供方向。

（3）能够对商用建筑中的结构化布线进行规划和安装，使之能够满足用户的多种电信要求。

（4）为各种类型的线缆、连接件及布线系统的设计和安装建立性能和技术标准。

2. 范围

（1）标准针对的是“商业办公”电信系统。

（2）布线系统的使用寿命要求在 10 年以上。

3. 标准内容

标准内容为所用介质、拓扑结构、布线距离、用户接口、线缆规格、连接件性能、安装程序等。

4. 几种布线系统涉及范围和要点

（1）水平干线布线系统：涉及水平跳线架、水平线缆；线缆出入口/连接器、转换点等。

（2）垂直干线布线系统：涉及主跳线架、中间跳线架；建筑外主干线缆、建筑内主干线缆等。

（3）UTP 布线系统：UTP 布线系统按照传输特性划分为 5 类电缆。

- 五类：该类电缆的最高传输频率为 100MHz。
- 四类：该类电缆的最高传输频率为 20MHz。
- 三类：该类电缆的最高传输频率为 16MHz。
- 超五类：该类电缆的最高传输频率为 155MHz。

- 六类：该类电缆的最高传输频率为 200MHz。

目前主要使用五类、超五类电缆。

（4）光缆布线系统：在光缆布线系统中分水平干线子系统和垂直干线子系统，它们分别使用不同类型的光缆。

- 水平干线子系统：62.5/125μm 多模光缆（入出口有两条光缆），多数为室内型光缆。
- 垂直干线子系统：62.5/125μm 多模光缆或 10/125μm 单模光缆。

综合布线系统标准是一个开放型的系统标准，能被广泛应用。因此，按照综合布线系统标准进行布线，会为用户今后的应用提供方便，同时也保护了用户的投资，使用户投入较少的费用便能向高一级的应用范围转移。

1.4　综合布线系统的设计等级

对于建筑物的综合布线系统，一般分为以下 3 种不同的布线系统等级：

（1）基本型综合布线系统。

（2）增强型综合布线系统。

（3）综合型综合布线系统。

1.4.1　基本型综合布线系统

基本型综合布线系统是一个经济有效的布线系统，它支持语音或综合型语音/数据产品，并能够全面过渡到数据的异步传输或综合型综合布线系统。它的基本配置如下：

（1）每个工作区有 1 个信息插座。

（2）每个工作区有 1 条 4 对 UTP 水平布线系统。

（3）完全采用 110A 交叉连接硬件，并与未来的附加设备兼容。

（4）每个工作区的干线电缆至少有两对双绞线。

它的特点如下：

（1）能够支持所有语音和数据传输应用。

（2）支持语音、综合型语音/数据高速传输。

（3）便于维护人员维护和管理。

（4）能够支持众多厂家的产品及设备和特殊信息的传输。

1.4.2　增强型综合布线系统

增强型综合布线系统不仅支持语音和数据的应用，还支持图像、影像、影视、视频会议等。它具有为增加功能提供发展的余地，并能够利用接线板进行管理。它的基本配置如下：

（1）每个工作区有两个以上信息插座。

（2）每个信息插座均有 4 对 UTP 水平布线系统。

（3）具有 110 A 交叉连接硬件。

（4）每个工作区的电缆至少有 8 对双绞线。

它的特点如下：

（1）每个工作区有两个以上信息插座，灵活方便、功能齐全。

（2）每个插座都支持语音和数据高速传输。

（3）便于管理与维护。

（4）能够为众多厂商提供服务环境的布线方案。

1.4.3 综合型综合布线系统

1. 综合型综合布线系统配置

综合型综合布线系统是将双绞线和光缆纳入建筑物布线的系统。它的基本配置如下：

（1）在建筑物、建筑群的干线或配线子系统中配置 62.5pm 的光缆。

（2）在每个工作区的电缆内配有 4 对双绞线。

（3）每个工作区有两个以上信息插座。

2. 综合型综合布线系统的特点

（1）每个工作区有两个以上信息插座，不仅灵活方便，而且功能齐全。

（2）任何一个信息插座都可供语音和数据高速传输。

（3）有一个很好的环境，为客户提供服务。

3. 综合型综合布线系统的设计要点

综合型综合布线系统的设计方案不是一成不变的，而是根据环境、用户要求来确定的。其设计要点如下：

（1）尽量满足用户的通信要求。

（2）了解建筑物、楼宇间的通信环境。

（3）确定合适的通信网络拓扑结构。

（4）选取适用的介质。

（5）以开放式为基准，尽量与大多数厂家的产品和设备兼容。

（6）将初步的系统设计和建设费用预算告知用户。

在征求用户意见并订立合同书后，再制定详细的设计方案。

1.5 综合布线系统的发展

综合布线技术从提出到成熟，一直到今天的广泛应用，虽然只有 20 多年的时间，但其发展同其他 IT 技术一样迅猛。随着网络在国民经济及社会生活各个领域的不断扩展，综合布线技术已成为 IT 行业非常热门的专业。由于宽带网络公司、宽带智能社区及研究院所、高等院校的宽带管理、宽带科研、宽带教学等如雨后春笋般成长，从而使网络充斥整个空间，因而综合布线的需求连年增长。

随着计算机技术、通信技术的迅速发展，综合布线系统也在不断发展，但总的目标是向集成布线系统、智能大厦布线系统、智能小区布线系统方向发展。

1.5.1 集成布线系统

集成布线系统是美国西蒙公司于 1991 年 1 月在我国推出的。它的基本思想是：现在的结构化布线系统对语音和数据系统的综合支持给我们带来一个启示，能否使用相同或类似的综合布线思想来解决楼房自控制系统的综合布线问题，使各楼房控制系统像电话、计算机一样，成为即插即用的系统呢？带着这个问题，西蒙公司根据市场的需要，在 1999 年年初推出了整体大厦集成布线系统（Total Building Integration Cabling，TBIC）。TBIC 扩展了结构化布线系统的应用范围，以双绞线、光缆和同轴电缆为主要传输介质，支持语音、数据及所有楼宇自控系统弱电信号远传的连接，为大厦铺设一条完全开放的、综合的“信息高速公路”。它的目的是为大厦提供一个集成布线平台，使大厦真正成为即插即用大厦。

1.5.2　智能大厦布线系统

根据智能楼宇智能化（5AS）要求，一个 5AS 系统应主要有通信自动化系统（CAS）、办公自动化系统（OAS）、建筑物自动化系统（BAS）、安全保卫自动化系统（SAS）及消防自动化系统（FAS）子系统。主、子系统的物理拓扑结构采用常规的星型结构，即从主跳线连接（MC）经过互连中间跳接（IC）到楼层水平跳接（HC），或直接从主跳线连接到楼层水平跳接。配线子系统从楼层水平跳接配置成单星型或多星型结构。单星型结构是指从楼层水平跳接直接连接到设备上；而多星型结构则要通过一层星型结构直接连接到区域配线跳接（ZC），为应用系统提供更大的灵活性。

1.5.3　智能小区布线系统

智能小区布线系统由房地产开发商在建楼时投资。增加智能小区布线项目只需多投入 1% 的成本，而这将为房地产开发商带来几倍的利润。至于智能小区布线系统的安装，目前在国外出现一种家庭集成商的行业，专门从事家庭布线系统的安装与维护。此外，也可由系统集成商安装。

对我国用户来说，在多层智能小区布线系统中，每个家庭必须安装一个分布装置。所谓分布装置，就是一个交叉连接的配线架，主要端接使用电缆、跳线、插座及设备连线等。分布装置配线架主要满足用户增强、改动通信设备的需要，并提供连接端口为服务供应商提供不同的系统供应。配线架必须安装在一个合适的地方，以便安装和维护。配线架可以使用跳线、设备线来提供互连方案，长度不超过 10m；电缆长度从配线架开始到用户插座不可超过 90m，即两端加上跳线和设备后，总长度不超过 100m。所有新建筑物从插座到配线架的电缆必须埋于管道内，不可使电缆外露。主干必须采用星型拓扑结构连接，传输介质包括光缆、同轴电缆和非屏蔽双绞线，并使用管道保护。通信插座的数量必须满足需要，且要安装在固定的位置上。如果使用非屏蔽双绞线，则必须使用 8 芯 568A（或 568B）接线方式。如果某网络及服务需要连接一些电子部件，如分频器、放大器、匹配器等，则需安装于插座外。

智能小区布线除支持数据、语音、电视媒体应用外，还可提供对家庭的保安管理和对家用电器的自动控制及能源控制等。

智能小区和办公大楼的主要区别在于智能小区的独立门户，且每户都有许多房间，因此布线系统必须以分户管理为特征。一般来说，智能小区每户的每个房间的配线都应是独立的，使住户可以方便地自行管理自己的住宅。另外，智能小区和办公大楼布线的一个较大区别是智能小区需要传输的信号种类较多，不仅有语音和数据，还有有线电视、楼宇对讲等。因此，智能小区每个房间的信息点较多，需要的接口类型也较为丰富。由于智能小区具有以上特点，所以建议房地产开发商在建筑智能小区时，最好选用专门的智能布线产品。

如今，综合布线技术正朝着满足多媒体、宽带化、高速率、大容量等信息传输要求的方向发展。

思考与练习

1．什么是智能建筑？

2．智能建筑由哪些系统构成？

3．综合布线系统的基本含义是什么？具有哪些特点？

4．简述综合布线系统由哪几个子系统构成。

5．综合布线系统有几个设计等级？分别适用于什么场合？

第2章

网络传输介质与布线常用设备

如果没有网络传输介质传送信号，就不存在网络，因为介质是网络中信息传输的物理传输基础。在网络中，一台计算机将信号通过传输介质传送到另一台计算机，所需要的传输介质可以是电缆、光纤等有形介质，也可以是微波、卫星信号等无形介质。通常用于网络工程的有形介质有双绞线、同轴电缆和光纤等。由于使用各种传输介质的费用、安装的难易程度、网络容量和提供的带宽各不相同，所以在网络工程中网络传输介质的选择必须考虑网络的性能、价格、使用规则、安装难易程度、可扩展性及其他一些因素。本章主要介绍在综合布线系统工程中常用的传输介质及其相关设备。

2.1 网络传输介质概述

计算机之间联网时，首先遇到的是通信线路和通信传输的问题。目前，计算机通信分为有线通信和无线通信。有线通信是利用电缆或光纤充当传输介质的，而无线通信是利用卫星、微波、红外线等充当传输介质的。在网络工程组网过程中，有线网多采用双绞线和光缆，而无线网则采用微波。

2.1.1 双绞线和双绞线电缆

双绞线（Twisted Pair，TP）是综合布线系统工程中最常用的一种传输介质。双绞线由两根具有绝缘保护层的铜导线组成，其直径一般为0.4～0.65mm，常用的直径尺寸为0.5mm。它们各自包在彩色绝缘层内，按照规定的绞距互相扭绞成一对双绞线。把两根绝缘的铜导线按一定密度互相绞在一起，可降低信号干扰的程度，一根导线在传输中辐射的电波会被另一根导线上发出的电波抵消。双绞线一般由两根22～26号绝缘铜导线相互缠绕而成。如果把一对或多对双绞线放在一个绝缘套管中，那么便成了双绞线电缆。在双绞线电缆内，不同线对具有不同的扭绞长度。一般来说，扭绞长度为38.1～140mm，按逆时针方向扭绞，相邻线对的扭绞长度在12.7mm以内。与其他传输介质相比，双绞线在传输距离、信道宽度和数据传输速率等方面均受到一定限制，但价格较为低廉。目前，双绞线可分为非屏蔽双绞线（Unshielded Twisted Pair，UTP）和屏蔽双绞线（Shielded Twisted Pair，STP）。

虽然双绞线主要用来传输模拟声音信息，但同样适用于数字信号的传输，特别是较短距离的信息传输。在传输期间，信号的衰减比较大，并且会产生波形畸变。采用双绞线的局域网的带宽取决于所用导线的质量、长度及传输技术。只要精心选择和安装双绞线，就可以在有限的距离内达到每秒几百万位的可靠传输速率。当距离很短，并且采用特殊的电子传输技术时，传输速率可达 100～155Mbit/s。由于利用双绞线传输信息时要向周围辐射，信息很容易被窃听，因此要花费额外的代价加以屏蔽。屏蔽双绞线电缆（见图 2.1）的外层由铝箔包裹，以减小辐射，但并不能完全消除辐射。屏蔽双绞线电缆的价格相对较高，安装时要比非屏蔽双绞线电缆困难。类似于同轴电缆，屏蔽双绞线电缆必须配有支持屏蔽功能的特殊连接器和相应的安装技术。但它具有较高的传输速率，100m 内可达到 155Mbit/s。

另外，图 2.2 所示为非屏蔽双绞线电缆，其优点如下：

- 无屏蔽外套，直径小，节省所占用的空间。
- 重量轻、易弯曲、易安装。
- 将串扰减至最小或加以消除。
- 具有阻燃性。
- 具有独立性和灵活性，适用于结构化综合布线。

例如，常用的五类线缆在综合布线系统中能远距离传输高比特信号，在保证数据高速传输的同时，又能保证良好的数据完整性。其机械物理性能、电气性能、传输特性等满足 ANSI TIA/EIA-568A 标准和 YD/T838—1997 标准五类线缆的要求。其中，近端串扰和等效远端串扰性能符合传输延迟、延迟失真和平衡（LCL）性能要求，支持 10/100/1000Base-T/ATM/令牌环、语音、电话和图像等应用。

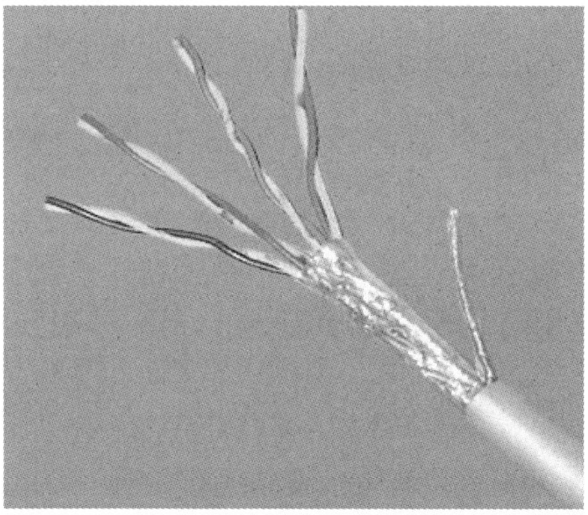

图 2.1　屏蔽双绞线电缆

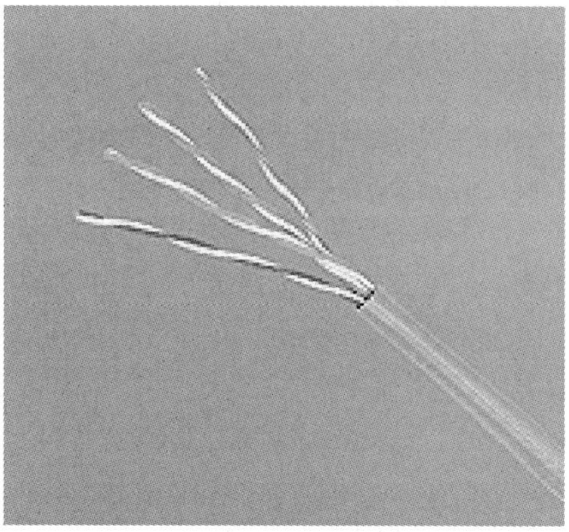

图 2.2　非屏蔽双绞线电缆

2.1.2　光纤和光缆

随着互联网的迅猛发展，光纤通信已经进入用户网，并逐步取代用户网中的音频电缆，从而走进千家万户。所谓光纤通信，是指将要传送的语音、图像和数据信号等调制在光载波上，以光纤作为传输媒介的通信方式。光纤是迄今为止发现的最适合传导光的传输媒介，是光纤通信系统中不可缺少的组成部分。

光纤是网络介质中最先进的技术，其用于以极快的速度传输较大信息的场合。光纤是用于电气噪声环境中最好的电缆，因为它携带的是光脉冲，而不是电脉冲。因此，它可作为计算机网络的主干线缆来提供服务器之间最快的、容错性最好的数据通路。

光纤和同轴电缆相似，只是没有网状屏蔽层。它的中心是光传播的玻璃芯。在多模光纤中，芯的直径是 15～50mm，大致与人的头发的粗细相当。而单模光纤芯的直径为 8～10mm。芯外面包围着一层折射率比芯低的玻璃封套，以使光纤保持在芯内，再外面是一层薄的塑料外套，用来保护封套。光纤通常被扎成束，外面有外壳保护。纤芯通常是由石英玻璃制成的横截面很小的双层同心圆柱体，质地脆、易断裂，因此需要外加保护层，如图 2.3 和图 2.4 所示。

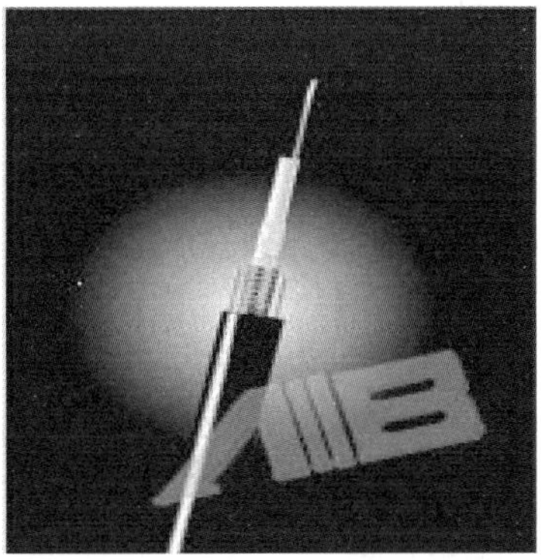

图 2.3　光纤结构图

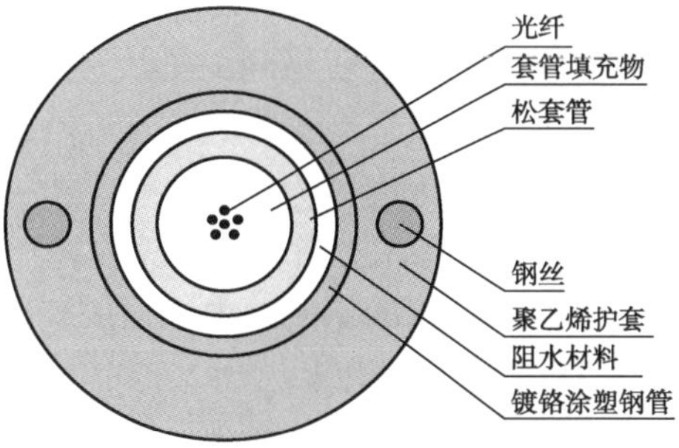

图 2.4　光纤截面图

光纤（光导纤维）是一种传输光束的柔韧的媒质，而光缆（光纤电缆）则是由一捆光导纤维组成的。光缆是数据传输中非常有效的一种传输介质，其具有以下几个优点：

- 频带较宽。
- 电磁绝缘性能好。光缆中传输的是光束，由于光束不受外界电磁干扰与影响，而且本身也不向外辐射信号，因此它适用于长距离的信息传输及要求高度安全的场合。当然，抽头困难是它固有的难题，因为割开的光缆需要再生和重发信号。
- 衰减较小。可以说，在较长距离和范围内信号是一个常数。
- 中继器的间隔较大，因此可以减少整个通道中继器的数目，从而降低成本。根据贝尔实验室的测试，当数据传输速率为 420Mbit/s、距离为 119km 且无中继器时，其误码率为 10^{-8}，可见其传输质量很好。而同轴电缆和双绞线每隔几千米就需要接一个中继器。

在使用光缆互连多个小型机的应用中，必须考虑光纤的单向特性，如果要进行双向通信，那么就应使用双股光纤。由于要对不同频率的光进行多路传输和多路选择，因此在通信器件市场上又出现了光学多路转换器。

在普通计算机网络中安装光缆是从用户设备开始的，因为光缆只能单向传输。为了实现双向通信，光缆就必须成对出现——一个用于输入，另一个用于输出。光缆两端接光学接口器。

安装光缆需格外谨慎。连接每条光缆时都要磨光端头，通过电烧烤或化学环氯工艺与光学接口连在一起，确保光通道不被阻塞。光纤不能拉得太紧，也不能形成直角。

2.1.3　同轴电缆

同轴电缆（Coaxial Cable）是由一根空心的外圆柱导体及其所包围的单根内导线组成的，柱体同导线间由绝缘材料隔开。同轴电缆有粗、细两种形式。在早期的网络中经常使用粗同轴电缆作为连接不同网络的主干电缆，如 20 世纪 80 年代早期以太网标准建立时，第一个定义的介质类型就是粗同轴电缆，但目前粗同轴电缆已经不经常使用了。细同轴电缆的直径与粗同轴电缆相比要小一些，常用于将桌面工作站连到局域网中。不论是粗同轴电缆还是细同轴电缆，其结构都如图 2.5 所示。

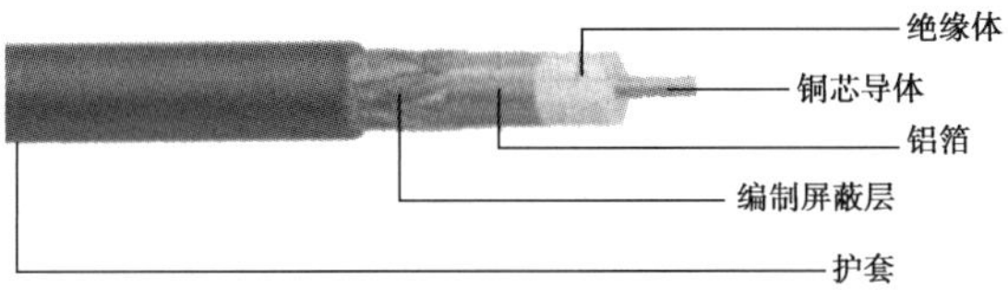

图 2.5　同轴电缆结构图

细同轴电缆与视频网或电视网所采用的信息网络的电缆很相似，都是通过使用金属网形成屏蔽层，能防止内部信号和外部环境相互干扰。只不过计算机通信所用的同轴电缆的阻抗、线缆的外径及外包层颜色等有所不同。在以太网规范中一般要求细同轴电缆的阻抗为 50Ω，采用基带类型的数据传输。但是，由于转发器等网络设备的使用，可以将信号放大并重新调整其时间，以便实现信号的长距离传输。

在细同轴电缆的中心有一个铜的或敷铜箔的铝导线，并在中轴上包裹着一层绝缘泡沫材料。有一种高质量的电缆是编的铜网，由铝箔的套管包围，缠绕着绝缘泡沫材料，而且电缆由外部的 PVC 或特氟纶套覆盖以绝缘。

细同轴电缆连在同轴电缆连接器（Bayonet Nut Connector，BNC）上，再由 BNC 与 T 形接头连接。T 形接头的中部与计算机或网络设备的 NIC（Network Interface Connect，网络接口连接器）连接在一起。如果计算机或网络设备是电缆中的最后一个站点，那么中继器就要连接在 T 形接头的一端。

细同轴电缆安装起来要比粗同轴电缆容易，而且便宜。下面是细同轴电缆组网的技术参数：

- 最大的干线段长度为 185m。
- 最大网络干线电缆长度为 925m。
- 每条干线段支持的最大节点数为 30 个。
- BNC、T 形接头之间的最小距离为 0.5m。

注 意 采用细同轴电缆组网，除需要电缆外，还需要 BNC、T 形接头及终端匹配器等。当前，网络通信中广泛应用的传输介质是双绞线，这主要是因为双绞线的柔性好、价格低廉，更便于安装和使用；而同轴电缆因成本高且传输速率较低而使用较少。

2.1.4 无线介质

传输介质除同轴电缆、双绞线和光纤外，还有一种手段是根本不使用导线，即利用无线介质进行通信。无线介质是指一种使网络信号不受任何种类的光纤或网线所约束的网络介质。无线局域网出现于 1990 年，但由于价格偏高，所以发展较慢。但近几年由于移动互联网的发展，使无线网络出现了新的生机。

无线网络采用与有线网络相同的工作方法，按照 PC、服务器、工作站、网络操作系统、无线适配器和访问点，通过无线传输介质建立网络。

无线通信传输主要有两种手段：

- 无线电波，即短波、超短波或微波。
- 光波，即激光和红外线。

短波、超短波类似于电台或电视台广播，采用调频、调幅或调相的载波，通信距离可达数十千米。这种通信方式虽然早已用于计算机通信，但其速率慢、保密性差，没有通信的单一性，易受干扰，而且由于频道、频段要专门申请，因此一般不用作无线网络。

激光、红外线易受天气影响，而且不具备穿透建筑物的能力，因此不易于室外传输，所以在无线网络中一般也不用。

微波通信是以微波收、发信机作为计算机网络的通信信道，其频率很高、波长很短，并具有如下特性：

- 直线传播。
- 频谱宽，携带信息容量大。

- 微波元器件受尺寸大小的影响。
- 微波能被金属物体屏蔽，但能穿透非金属物体，耗损大。
- 微波可穿透大气层，向外空传播。

在无线介质中，最有魅力的是微波。人们利用微波频段作为介质，采用直序扩展频谱或跳频方式发射的传输技术，并以此技术制作了发射机、接收机，遵照 IEEE 802.3 以太网协议，开发了整套的计算机无线网络应用产品。但相对于有线网络而言，其价格偏高，长期缺乏统一的标准，适用的软件较少，传输速率也不够高，因而在一定程度上限制了无线网络的发展。

2.1.5　传输介质的选择

在设计一个网络布线系统时，需要考虑的一个非常重要的问题就是使用何种传输介质。不同的传输介质有着不同的性能指标，应使所选介质更好地适用于某一种特定网络的安装。例如，对于要求简单且造价低的网络安装来说，某些种类的铜介质也许是一个不错的选择，因为其安装简单、价格低廉。表 2.1 总结了各种传输介质的优点和缺点，可供读者参考。

表 2.1　各种传输介质的优点和缺点

网络传输介质	优　　点	缺　　点
铜介质（双绞线）	价格便宜； 应用广泛； 有成熟的标准； 安装简单	易受电磁干扰及易被窃听； 在没有附加设备的情况下只能传输很短的距离
光纤	可以实现很高的传输速率； 不易受到电磁干扰及不易被窃听	相对比较昂贵； 不容易安装
无线传输	几乎不受传输距离的限制； 相对来说比较容易安装	在大气中产生衰减； 造价比有线传输昂贵得多； 一些无线传输频率的使用需要相关组织的认可

2.2　双绞线及其传输特性

网络通信线路的选择必须考虑网络的性能、价格、使用规则、安装难易程度、可扩展性及其他一些因素。目前常用的传输介质有双绞线、同轴电缆和光纤。

2.2.1　双绞线的结构

双绞线由一对相互绝缘的金属导线绞合而成，其构造和外形如图 2.6 所示（以五类 4 对 24AWG 非屏蔽双绞线为例）。采用这种方式不仅可以抵御一部分来自外界的电磁波干扰，而且可以降低多对双绞线之间的相互干扰。把两根绝缘的导线互相绞在一起，干扰信号作用在这两根相互绞在一起的导线上是一致的。在一个电缆套管里的不同线对具有不同的扭绞长度，一般来说，扭绞长度为 38.1～140mm，按逆时针方向扭绞，相邻线对的扭绞长度在 12.7mm 以内。双绞线一个扭绞周期的长度叫作节距，节距越小（扭线越密），抗干扰能力越强。如果把一对或多对双绞线放在一个绝缘套管中，就成了双绞线电缆。

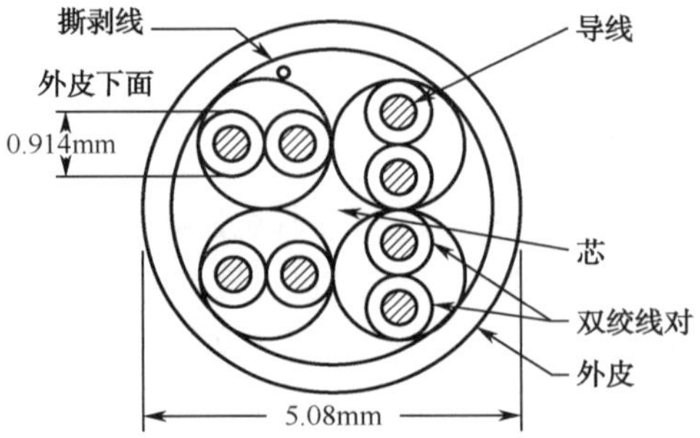

图 2.6　双绞线的构造和外形图

2.2.2　双绞线的分类

1. 按绝缘层的不同分类

按照绝缘层外部是否有金属屏蔽层，双绞线可以分为 UTP（非屏蔽双绞线）和 STP（屏蔽双绞线）两大类。在这两大类中，又分为 100Ω 电缆、双体电缆、大对数电缆和 150Ω 屏蔽电缆，具体型号有多种。其中，双体电缆、150Ω 屏蔽电缆在国内较少使用，市场上几乎见不到。

2. 按传输速率的不同分类

EIA/TIA 为双绞线电缆定义了 5 种不同质量的型号，其中计算机网络工程综合布线使用三、四、五类。这 5 种型号如下：

- 一类 UTP 电缆。
- 二类 UTP 电缆。
- 三类 UTP 电缆。
- 四类 UTP 电缆。
- 五类 UTP 电缆。

（1）三类 UTP 电缆是指目前在 ANSI 和 EIA/TIA 568 标准中指定的电缆。该电缆的最高传输频率为 16MHz，用于语音传输及最高传输速率为 10Mbit/s 的数据传输。

（2）四类 UTP 电缆的最高传输频率为 20MHz，用于语音传输和最高传输速率为 16Mbit/s 的数据传输。

（3）五类 UTP 电缆增加了绕线密度，外套是一种高质量的绝缘材料，最高传输频率为 100MHz，用于语音传输和最高传输速率为 100Mbit/s 的数据传输。

超五类双绞线是为了弥补五类线的缺陷，其最高传输速率达 200Mbit/s。超五类产品并没有相应的标准，它只是五类标准的一种扩展，在减少干扰等传输性能上有所提高，并新增加了综合近端串扰和回波损耗等测试项目。

伴随着千兆位以太网的推出，国际标准化组织新的正在修改中的布线标准针对六类或七类线缆均有新规定，六类线缆带宽为 250MHz，同时要求兼容五类产品；七类线缆带宽为 600MHz。六类布线系统将完全可以支持千兆位级的应用，甚至还支持 2.4Gbit/s 的 ATM。为了达到能与现有五类布线系统兼容，必须使现行的 4 对五类线缆可以传输 100Mbit/s 的数据流，这就需要解决一系列信道技术问题，重新定义和增加一些指标参数，如回波损耗、综合近端串扰、等效远端串扰和综合等效远端串扰等。

2.2.3　双绞线的性能指标

对于双绞线，用户最关心的是它的性能。

1. 性能参数

表征双绞线性能的指标包括衰减、近端串扰、直流环路电阻和特性阻抗等。

1）衰减

衰减（Attenuation）是沿链路的信号损失度量。衰减与线缆的长度有关，随着长度的增加，信号衰减也随之增加。衰减以 dB 为单位，表示源传送端信号到接收端信号强度的比率。衰减随频率而变化，因此应测量应用范围内的全部频率上的衰减。

2）近端串扰

串扰分近端串扰（NEXT）和远端串扰（FEXT）。测试仪主要测量近端串扰，由于存在线路损耗，所以远端串扰的量值的影响较小。近端串扰损耗是测量一条 UTP 链路中从一对线到另一对线的信号耦合。对于 UTP 链路，近端串扰是一个关键的性能指标，也是最难精确测量的指标。随着信号频率的增加，其测量难度将加大。

近端串扰并不表示在近端点所产生的串扰值，而是表示在近端点所测量到的串扰值。这个量值会随电缆长度不同而改变，电缆越长，其值越小。同时，发送端的信号也会衰减，对其他线对的串扰也相对变小。实验证明，只有在 40m 内测量得到的近端串扰信号是较真实的。如果另一端是远于 40m 的信息插座，那么它会产生一定程度的串扰，但测试仪可能无法测量到这个串扰值。因此，最好在两个端点都进行近端串扰测量。现在的测试仪都配有相应的设备，使得在链路一端就能测量出两端的近端串扰值。

以上两个指标可通过 TSB 67 测试仪测试。

3）直流环路电阻

直流环路电阻会消耗一部分信号，并将其转变成热量，它是指一对导线电阻的和。11801 规格的双绞线的直流环路电阻不得大于 19.2Ω。每对双绞线直流电阻间的差异不能太大（小于 0.1Ω），否则表示接触不良，必须检查连接点。

4）特性阻抗

与直流环路电阻不同，特性阻抗包括电阻和频率为 1～100MHz 的电感阻抗及电容阻抗，它与一对导线之间的距离及绝缘体的电气性能有关。各种电缆有不同的特性阻抗，而双绞线电缆则有 100Ω、120Ω 及 150Ω 三种。

5）衰减串扰比（ACR）

在某些频率范围，串扰与衰减量的比例关系是反映电缆性能的另一个重要参数。ACR 有时也以信噪比（Signal-Noice Ratio，SNR）表示，它由最差的衰减量与 NEXT 量值的差值计算得到。ACR 值越大，表示抗干扰的能力越强。一般系统要求至少大于 10dB。

6）电缆特性

通信信道的品质是由它的电缆特性描述的。SNR 是在考虑干扰信号的情况下，对数据信号强度的一个度量。如果 SNR 过低，就会导致数据信号在被接收时，接收器不能分辨数据信号和噪声信号，最终导致数据错误。因此，为了将数据错误限制在一定范围内，必须定义一个最小的可接收的 SNR。

2. 测试数据

以常用的 100Ω 4 对非屏蔽双绞线为例，它们受以下指标的约束，即衰减、分布电容、直流电阻、直流电阻偏差值、特性阻抗、返回损耗、近端串扰。它们的标准测试数据如表 2.2 所示。

表 2.2 标准测试数据

类　型	三　类	四　类	五　类
衰减（dB）	≤2.320sprt（f）+0.238（f）	≤2.050sprt（f）+0.1（f）	≤1.9267sprt（f）+0.75（f）
分布容量（以 1kHz 计算）	≤330pF/100m	≤330pF/100m	≤330pF/100m
直流电阻 20°C 测量校正值	≤9.38Ω/100m	≤9.38Ω/100m	≤9.38Ω/100m
直流电阻偏差值 20°C 测量校正值	5%	100Ω±15%	5%
特性阻抗 1MHz 至最高的参数频率值	100Ω±15%	100Ω±15%	100Ω±15%
返回损耗测量长度>100m	12dB	12dB	23dB
近端串扰测量长度>100m	43dB	58dB	64dB

2.2.4 常见的双绞线电缆

图 2.7 所示是一些常见的双绞线电缆。

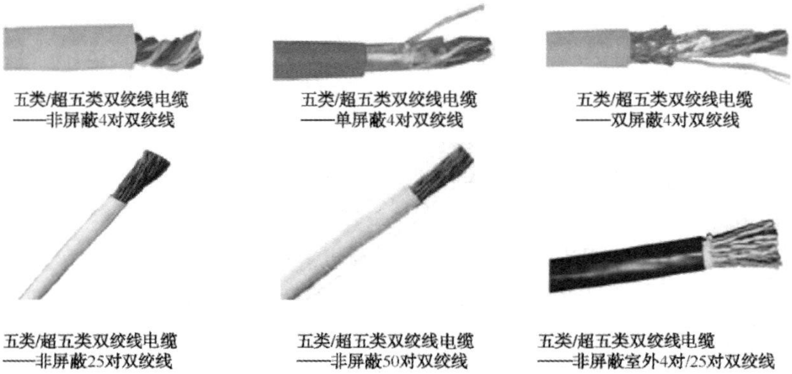

图 2.7 常见的双绞线电缆

2.2.5 常用双绞线选购

目前，在网络工程综合布线中最常用的是五类或超五类双绞线。五类或超五类双绞线一般都是以“箱”为单位出售的，每箱双绞线的长度为 305m。不同品牌的双绞线的价格相差较大，有时相差一倍多。

双绞线质量的优劣是决定局域网带宽的关键因素之一，只有标准的五类或超五类双绞线才能实现 100Mbit/s 以上的传输速率，而品质低劣的双绞线是无法满足高速率的传输需求的。

在选购五类双绞线的时候，用户通常要考虑以下几个方面。

1. 包装好

一般来说，好的双绞线的包装纸箱从质地到印刷都应当很精美，而且很多厂家都在外包装上贴了防伪标志。

2. 有标识

购买双绞线时需要注意的是，每隔两英尺有一段文字，以 AMP 公司的线缆为例，该文字内容为“AMP SYSTEMS CABLE E138034 0100 24 AWG （VL）CMR/MPR OR C （VL） PCC FT4VERIFIED ETC CAT5 044766 FT 200112”。

其中：

- AMP 代表公司名称。
- 0100 表示阻抗是 100Ω。

- 24 表示线芯是 24 号的（线芯有 22 号、23 号、24 号、26 号 4 种规格）。
- AWG 表示美国线缆规格标准。
- VL 表示通过认证的标记。
- FT4 表示 4 对线。
- CAT5 表示五类线。
- 044766 表示线缆当前处在的英尺数。
- 200112 表示生产年月。

在双绞线电缆内，不同线对具有不同的绞距长度。一般来说，4 对双绞线绞距周长在 38.1mm 内，按逆时针方向扭绞，一对线的扭绞长度在 12.7mm 以内。

若塑料包皮上没有厂商、没有标准，则通常为劣质产品。

3. 颜色清

剥开双绞线外层的包皮，可看到里面有颜色不同的 4 对 8 根细线，颜色分别为橙色、绿色、蓝色和棕色。每个线对中一根线是纯颜色，另一根线是白色或与白色相间的颜色。这些细线的颜色是我们正确制作网线和连接设备的关键，所以没有颜色或颜色不清楚的线缆不能购买。

4. 绞合密

为了降低信号干扰，双绞线电缆的每个线对都是由两根绝缘的铜导线以逆时针方向绞合而成的，同一电缆中的不同线对具有不同的绞合度。

5. 韧性好

为了使双绞线在移动中不至于断线，双绞线除外皮保护层外，内部的铜芯应该具有一定的韧性。另外，为了便于接头的制作和保证连接的可靠性，铜芯不能太软，也不能太硬。

6. 有阻燃性

为了避免双绞线受高温起火而导致线缆的燃烧和损坏，双绞线最外面的一层包皮除应具有很好的抗拉伸特性外，还应具有阻燃性，选购双绞线时可以用火烧一下。当然，具有阻燃性并不代表不燃烧，而是在火中会有一点小的火头，但从火中取出来以后会立即停止燃烧。

2.3　光纤及其传输特性

光纤是一种传输光束的细而柔韧的媒质。光纤电缆由一捆光纤组成，简称为光缆。光缆是数据传输中最有效的一种传输介质。本节主要介绍光纤的结构、光纤通信系统及其基本结构、光纤的种类和性能指标等。

2.3.1　光纤的结构

光纤由纤芯、包层和涂覆层构成，呈同心圆柱形。常用石英系光纤的纤芯和包层均由高纯度石英玻璃和少量掺杂剂构成。掺杂剂用于使纤芯的折射率稍高于包层的折射率。涂覆层用于保护光纤免受机械损伤。光纤剖面结构示意图如图 2.8 所示。

涂覆层
包层
纤芯

图 2.8　光纤剖面结构示意图

2.3.2 光纤的分类

光纤主要分为两大类，即传输点模数类和折射率分布类。

1. 传输点模数类

传输点模数类分为单模光纤（Single-Mode Fiber）和多模光纤（Multi-Mode Fiber）。

单模光纤的纤芯直径很小，在给定的工作波长上只能以单一模式传输，传输频带宽，传输容量大。单模光纤 PMD 规范建议芯径为 8～10μm，包层直径为 125μm。

多模光纤是在给定的工作波长上，能以多个模式同时传输的光纤。与单模光纤相比，多模光纤的传输性能较差。多模光纤的纤芯直径为 50～200μm，而包层直径的变化范围为 125～230μm。国内计算机网络一般采用的纤芯直径为 62.5μm，包层直径为 125μm。

在导入波长上，分单模 1310nm、1550nm；多模 850nm、1300nm。

2. 折射率分布类

折射率分布类光纤可分为跳变式光纤和渐变式光纤。

跳变式光纤纤芯的折射率和保护层的折射率都是一个常数。在纤芯和保护层的交界面，折射率呈阶梯形变化。

渐变式光纤纤芯的折射率随着半径的增加按一定规律减小，在纤芯与保护层交界处减小为保护层的折射率。纤芯的折射率的变化近似于抛物线。

2.3.3 光纤的连接方式

光纤有 3 种连接方式，即永久性连接（熔接）、机械连接和活动连接。

1. 永久性连接

这种连接方式是指用辅助工具将敷设光纤与尾纤剥去外皮，切割、清洁后，在熔接盘等的保护下用放电的方法将连根光纤的连接点熔化并黏接在一起。这种方式一般用在长途接续、永久或半永久固定连接中，其形成的光纤和单根光纤差不多，但有些衰减。

2. 机械连接

机械连接主要是指用机械和化学的方法，将敷设光纤与尾纤剥去外皮，切割、清洁后，插入接续匹配盘中对准，相切并锁定，然后把两根光纤黏接在一起。机械连接需要训练过的人员花大约 5 分钟的时间完成，光的损失大约为 10%。

3. 活动连接

活动连接是指利用各种光纤连接器件（插头和插座），将站点与站点或站点与光缆连接起来的一种方式。连接头一般要损耗 10%～20%的光，但它重新配置系统较容易。

2.3.4 光纤的物理特性

光纤是通过光线在折射率由里及外升高的石英玻璃或塑料介质芯片中全反射的原理来完成信号传输的。平常人眼能看见的光线通常称为可见光。可见光的波长范围约为 390～760nm，大于 760nm 的部分称为红外光，小于 390nm 的部分称为紫外光。一般在光纤中用于通信的光信号为 850nm、1300nm 和 1550nm 3 种。与其他通信介质相比，光纤有以下特性：

（1）光纤很轻，每千米光纤重约几十克。比如，通 2 万 1 千话路的 900 对双绞线，其直径为 3 英寸，重量为 8000 千克/km。而通信量为其 10 倍的光缆，直径为 0.5 英寸，重量为 450P/km。

（2）完全的电磁绝缘，因而不必担心内部信号会存在泄露而导致安全问题，更不必考虑外部各种强弱电源系统会对其产生干扰而影响信号传输，特别适合用在电磁干扰较高的场合。

（3）使用光纤，我们不必再担心串扰及回波损耗等在安装过程中必须十分注意的微小细节。由于是光通路，光纤与玻璃或塑料性质相同，所以没有电流通过，不产生热和火花。光纤不怕雷击、不怕静电，并具有较高的环境适应温度和耐腐蚀性，可以放心地用于严禁烟火的厂矿企业、库房、人口密集区等场合。

（4）光纤可提供的带宽高达数百 Gbit/s，这可能是未来带宽网络的唯一选择。在保证通信质量的前提下，光纤的无中继传输距离远远大于其他种类的线缆，一般可高达数千米。

（5）极高的通信安全保障。窃听电话、盗接闭路信号的事情时有发生，但几乎没有人能从一条正在工作的光纤中有任何“意外收获”。所以，光纤是未来网络通信的主要方向，无论是相关产品价格还是技术支持，都将打消人们的顾虑，因而也是最可靠的选择。

但是，在当前技术条件下，光纤还不能完全代替电缆或双绞线，因为光纤自身强度不够，布线“弯曲半径”比较大，用户端的光纤连接线还不能反复接插；另外，虽然光纤本身价格不贵，但所谓的“全光网络”价格较贵，加之光纤安装调试和维护均比较麻烦，因此给双绞线留了很大市场。

2.3.5　光纤的传输特性

光纤传输要比传统的铜介质传输复杂得多，究其原因是光纤传输的是光脉冲信号，而不是电压信号，光纤传输将网络数据的 0 和 1 信号转换为某种光源的灭和亮。这个光源通常是激光管或发光二极管，光源发出的光按照被编码的数据实现亮和灭的转换。

目前常用的光纤通常可分为两种，即单模光纤和多模光纤，两者的传输特性有所不同。对于单模光纤而言，一次只能容纳一路光信号通过。因其直径很小，其中光信号几乎是直线通过，如图 2.9 所示。而多模光纤的直径较大，能同时容纳多路光信号通过，如图 2.10 所示。单模光纤的通行能力比多模光纤的通行能力要强，通常用于通信容量较大的主干线路，这是因为单模光纤可最大限度地利用带宽；而多模光纤存在“模态色散”问题，在多模光纤中不同波长（也可理解为不同频率）的光信号，在多次反射后产生的传输延迟现象会影响光纤的带宽。所以，多模光纤一般用于数千米左右的传输，再远则需要中继器，或直接采用单模光纤。实际上，光脉冲信号在经过光纤后几乎都会产生脉冲畸变或脉冲展宽的现象，这统称为光纤的脉冲色散（这并不是由于信号强度衰减而引起的）。光纤的脉冲色散主要是模态色散、材料色散和波导色散 3 种原因造成的。其中，模态色散指的是不同的传输模沿不同的途径到达终端，各种模的延迟不同，从而造成输出光脉冲的展宽。模态色散是造成多模光纤传输距离小于单模光纤的主因。

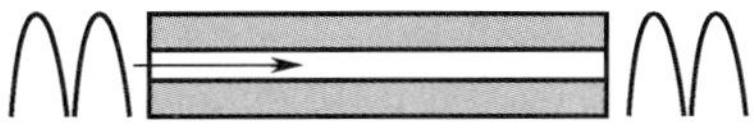

图 2.9　单模光纤

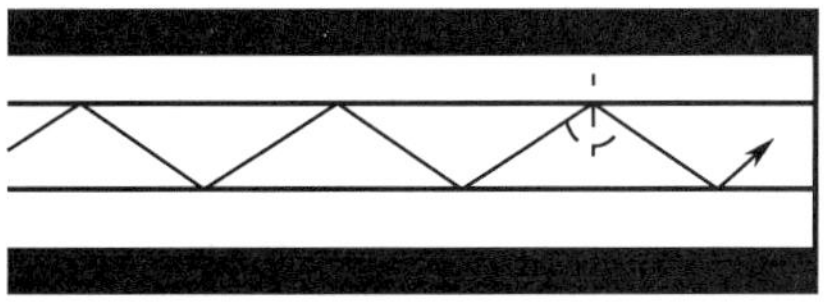

图 2.10　多模光纤

2.3.6　光纤的性能指标

- 衰减：光纤网络安装中的最大问题就是衰减。衰减是指作为数据载体的信号（光信号）在功率上的损失和减弱。它的单位是分贝（dB 或 dB/km，后者是针对某一特定的网络而言的），光纤连接中 3dB 的衰减相当于信号损失了 50%。

在光纤网络中，从发送端到接收端之间存在的衰减越大，两者之间可能的最大距离就越短。

影响光纤中光信号衰减的主要因素有：光纤连接中间的缝隙过大；连接器安装不正确；光纤本身质地不纯，混有杂质；网线受到过多的弯折；网线受到过分的拉伸。

- 许可度：许可度是指特定的光纤（多模光纤）能接受光信号作为其入射信号的程度。在多模光纤中，两个或几个信号间的许可度的差异越大，模态色散的影响就越大。
- 数值孔径：数值孔径是易被人们忽略的一个问题，但它是一个非常重要的性能指标，特别是在接合两根光纤时，数值孔径用来表示一根特定的光纤容纳光信号的参数，在数值上等于一个包含许可度的数学表达式的值。

数值孔径的数值是一个 0 和 1 之间的小数，值取 0 表示光纤没有接收任何光信号，值取 1 表示光纤接收了入射的所有光信号。数值孔径值越小，光纤接收入射的光信号就越少，光信号能传输的距离也就越短；反之，一个较大的值表示信号可以传输得更远，但是只能提供一个较低的带宽。

- 色散：色散是指不同波长的光穿过光纤时散射开的现象。而之所以产生色散，是因为不同波长的光在同一种介质中的传播速度是不同的。当它们反复反射穿过光纤时，不同波长的光会在光纤壁上以不同的角度反射，不同波长的光会越来越伸展分离，直到在完全不同的时间到达目的地。

2.3.7 光纤通信系统及其基本结构

1. 光纤通信系统

光纤通信系统是以光波为载体、光导纤维为传输媒体的通信方式，起主导作用的是光源、光纤、光发送机和光接收机。其中，光源是光波产生的根源；光纤是传输光波的载体；光发送机的功能是产生光束，将电信号转换为光信号，再把光信号导入光纤；光接收机的功能是负责接收从光纤上传输的光信号，并将它转换为电信号，经解码后再做相应处理。

2. 基本结构

光纤通信系统的基本结构如图 2.11 所示。

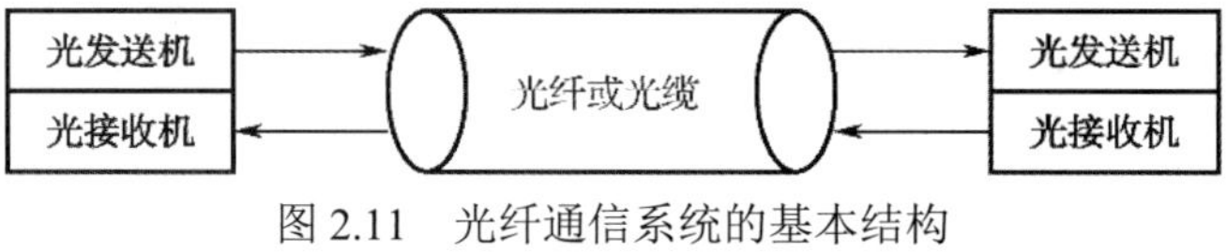

图 2.11 光纤通信系统的基本结构

1）光发送机

光发送机是实现电/光转换的光端机。它由光源、驱动器和调制器组成。其功能是将电信号调制成光信号，使其成为已调光波，然后将已调的光信号耦合到光纤或光缆中去传输。电端机就是常规的电子通信设备。

光纤的接收端由光电二极管构成，在遇到光时，它会给出一个点脉冲。光电二极管的响应时间一般为 lns，这就是把数据传输速率限制在 lGbit/s 内的原因。热噪声也是一个问题，因此光脉冲必须具有足够的能量以便被检测到。如果光脉冲能量足够强，则出错率可以降到非常低的水平。

2）光接收机

光接收机是实现光/电转换的光端机。它由光检测器和光放大器组成。其功能是将光纤或光缆传输来的光信号，经光检测器转换为电信号，然后将这微弱的电信号经放大电路放大到足够的电平，送到接收端的电端机中。

3）光纤或光缆

光纤或光缆构成光的传输通路。其功能是将发信端发出的已调光信号，经过光纤或光缆的远距离传输后，耦合到收信端的光检测器上，完成传输信息的任务。

4）中继器

中继器由光检测器、光源和判决再生电路组成。它的作用有两个：一个是补偿光信号在光纤中传输时受到的衰减；另一个是对波形失真的脉冲进行整形。输入光在中继器中被转换成电信号，如果信号已经减弱，则重新放大到最强度，然后转换成光再发送出去。连接计算机的是一根进入信号再生器的普通铜线。现在已有了纯粹的光中继器，这种设备不需要进行光电转换，因而可以以非常高的带宽运行。

5）光纤连接器、耦合器等无源器件

由于光纤或光缆的长度受光纤拉制工艺和光缆施工条件的限制，且光纤的拉制长度也是有限度的（如 1km），因此一条光纤线路可能存在多根光纤相连接的问题。于是，光纤间的连接、光纤与光端机的连接及耦合，对光纤连接器、耦合器等无源器件的使用是必不可少的。

2.3.8 常用光纤的种类

光纤的种类很多，分类方法也是各种各样的。

1. 从材料角度分类

按照制造光纤所用的材料分类，有石英系光纤、多组分玻璃光纤、塑料包层石英芯光纤、全塑料光纤和氟化物光纤等。

全塑料光纤是用高度透明的聚苯乙烯或聚甲基丙烯酸甲酯（有机玻璃）制成的。它的特点是制造成本低廉，相对来说芯径较大，与光源的耦合效率高，耦合进光纤的光功率大，使用方便。但由于损耗较大，带宽较小，这种光纤只适用于短距离、低速率通信，如短距离计算机网链路、船舶内通信等。目前通信中普遍使用的是石英系光纤。

2. 按最佳传输频率窗口分类

按最佳传输频率窗口分类，光纤可分为常规型单模光纤和色散位移型单模光纤。

常规型单模光纤：光纤生产厂家将光纤传输频率最佳化在单一波长的光上，如 1300μm。

色散位移型单模光纤：光纤生产厂家将光纤传输频率最佳化在两个波长的光上，如 1300μm 和 1550μm。

单模光纤没有模式色散，所以具有很高的带宽。常规单模光纤在 1.31μm 处的色散比在 1.55μm 处的色散小得多。这种光纤如工作在 1.55μm 波长区，虽然损耗较低，但由于色散较大，仍会给高速光通信系统造成严重影响。因此，这种光纤仍然不是理想的传输媒介。

为了使光纤较好地工作在 1.55μm 处，人们设计出一种新的光纤，叫作色散位移型光纤（DSF）。这种光纤可以对色散进行补偿，使光纤的零色散点从 1.31μm 处移到 1.55μm 附近。这种光纤又称为 1.55μm 零色散单模光纤，代号为 G653。

G653 光纤是单信道、超高速传输的极好的传输媒介。现在这种光纤已用于通信干线网，特别是用于海缆通信类的超高速率、长中继距离的光纤通信系统中。

色散位移型光纤虽然用于单信道、超高速传输是很理想的传输媒介，但当它用于波分复用多信道传输时，又会由于光纤的非线性效应而对传输的信号产生干扰。特别是在色散为零的波长附近，干扰尤为严重。为此，人们又研制了一种非零色散位移型光纤，即 G655 光纤，将光纤的零色散点移到 1.55μm 工作区以外的 1.60μm 以后或 1.53μm 以前，但在 1.55μm 波长区内仍保持很低的色散。这种非零色散位移型光纤不仅可用于现在的单信道、超高速传输，而且还可适用于将来用波分复用来扩容，是一种既满足当前需要，又兼顾将来发展的理想传输媒介。

还有一种单模光纤是色散平坦型单模光纤。这种光纤在 1.31μm 到 1.55μm 的整个波段上的色散都很平坦，接近于零。但是这种光纤的损耗难以降低，体现不出色散降低带来的优点，所以目前尚未进入实用化阶段。

3. 按工作波长分类

按光纤的工作波长分类，有短波长光纤、长波长光纤和超长波长光纤。

常用光纤规格如下。

- 单模：8/125μm、9/125μm、10/125μm。
- 多模：50/125μm（欧洲标准）、62.5/125μm（美国标准）。
- 工业、医疗和低速网络：100/140μm、200/230μm。
- 塑料光纤：98/1000μm，用于汽车控制。

4. 按照缆芯结构分类

根据缆芯的结构划分，光缆分为骨架式光缆、层绞式光缆、中心束管式光缆和带状光缆等。

一般来说，中心束管式光缆工艺简单、成本低（比层绞式光缆的价格便宜 15%左右），在远距离架空敷设支干线网络中具有竞争力。层绞式光缆采用中心放置钢绞线或单根钢丝增加强度，采用 SZ 续合成缆，成缆纤数可达 144 芯。其最大优点是易于分叉，即光缆部分光纤需分别使用时，不必将整条光缆开断，只将需要分叉的光纤开断即可，因而这对于有线电视网络沿途增设光节点是非常有利的。带状光缆的芯数可做到上千芯，它是将 4～12 芯光纤排列成行，构成带状光纤单元，再将多个带状光纤单元按一定方式排列成光缆。

2.4 布线常用设备

在综合布线系统中，连接设备有很多，规格也比较复杂。由于连接硬件的功能、用途、装设位置及设备结构有所不同，其技术性能要求也不同。

2.4.1 信息插座

信息插座是网络工程系统中连接器的一种，连接器由插头和插座组成。这两种元件组成的连接器连接于导线之间，以实现导线的电气连续性。信息插座是连接器中最重要的一种插座。

1. 信息插座的结构

信息插座由底座、模块和面板构成，其核心是模块化插孔。镀金的导线或插座孔可维持与模块化插头弹片间稳定而可靠的电连接。由于弹片与插孔间的摩擦作用，电接触随插头的插入而得到进一步加强。插孔主体设计采用了整体锁定机制，这样当模块化插头（如 RJ-45 插头）插入时，插头和插孔的界面处可产生最大的拉拔强度。信息插座上的接线块通过线槽来连接双绞线，面板上的锁定弹片可以在信息出口装置上固定信息模块。底座可起固定作用。如图 2.12 所示，分别为信息模块的正视图、侧视图和立体图。

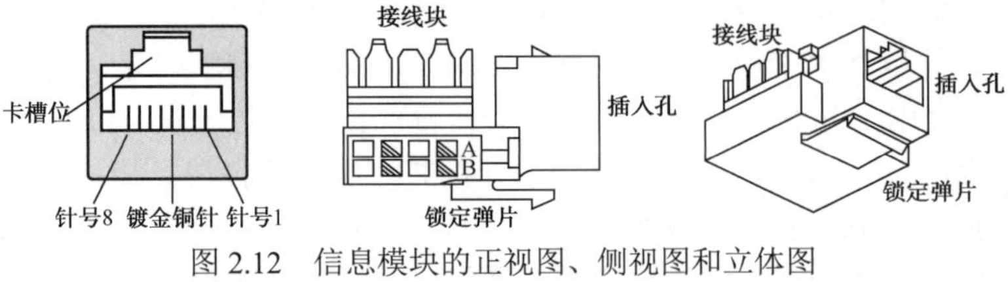

图 2.12 信息模块的正视图、侧视图和立体图

常见的非屏蔽模块高 2cm、宽 2cm、厚 3cm，塑体抗高压，有阻燃性，可卡接到任何 M 系列模式化面板、支架或表面安装盒中，并可在标准面板上以 90°（垂直）或 45° 斜角安装。模块使用了 T568A 和 T568B 布线通用标准。

为方便插拔安装操作，用户通常会使用 45° 斜角。为达到这一目标，用户可以用目前的标准模块加上 45° 斜角的面板完成，也可以将模块安装端直接设计成 45° 斜角，如图 2.13 所示。

图 2.13　45° 斜角模块

图 2.14 所示为 AMP 推出的一种通信插座系统的各种接口。这种插座系统由不同的通信接口和插座组成，不仅支持语音、数据应用模块，还包括同轴接口、音频/视频接口。

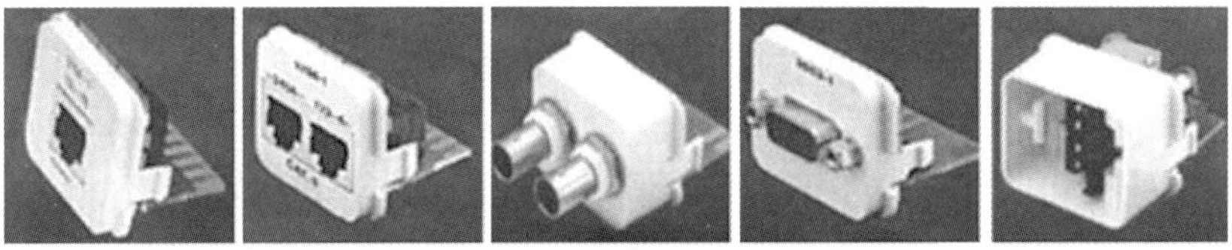

图 2.14　AMP 推出的一种通信插座系统的各种接口

在一些新型的设计中，多媒体所应用的模块接口看起来与标准的数据、语音模块接口没有太大的区别，这种趋于统一模块化的设计方向带来的好处是各模块使用同样大小的空间及安装配件（见图 2.15）。目前，无论是国际上还是国内，一个应用发展的趋势是 VDV（Voice-Data-Video，语音、数据、视频综合应用）的集成。而新型设计的模块已在用户使用性方面做出了很大的努力。

图 2.15　同一安装尺寸设计的模块化应用接口

2. 信息插座的位置和配置

1）信息插座的位置

信息插座的外形类似于电源插座，而且和电源插座一样也是固定于墙壁上的，其作用是为计算机提供一个网络接口。由于使用普通的双绞线或光缆即可将计算机通过该插座连接到主网络，因此信息插座是终端（工作站）与配线子系统连接的接口。配线子系统的布线是直接连接跳线板和各信息插座，也就是说，在配线子系统中双绞线的两端是直接压到配线架和信息插座中的，不需要跳线。图 2.16 所示为信息插座在布线系统中的位置。

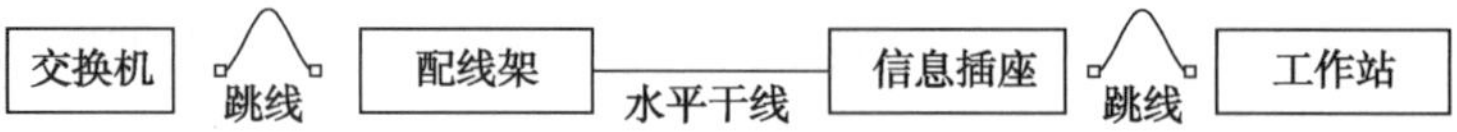

图 2.16　信息插座在布线系统中的位置

2）信息插座的配置

对于整个综合布线系统的设计而言，应该根据实际情况，确定所需信息插座的个数和分布情况。信息插座的个数和位置将决定整个网络的设计和规划。配置信息插座时应注意以下几个方面：

（1）根据楼层平面图来计算每层楼的布线面积。

（2）估算信息插座的数量，一般应设计两种平面图供用户选择。

① 基本型综合布线系统，一般每个房间或每 $10m^2$ 设计一个信息插座。

② 增强型、综合型综合布线系统，一般每个房间或每 $10m^2$ 设计两个信息插座。

（3）确定信息插座的类型。信息插座分为嵌入式和表面安装式两种，不同的安装式样可以满足不同的需要。通常新建的建筑物应采用嵌入式信息插座；而在已有的建筑物上，既可以采用表面安装式信息插座，也可以采用嵌入式信息插座。

3. 信息插座的类型

（1）根据信息插座所使用的面板不同，信息插座可以分为以下 3 类：

① 墙上型。墙上型插座多为嵌入式插座，适用于与主体建筑同时完成的布线工程，主要安装于墙壁内或护壁板中，如图 2.17 所示。

② 桌上型。桌上型插座适用于主体建筑完成后进行的网络布线工程，一般既可以安装于墙壁内，也可以直接固定在桌面上，如图 2.18 所示。

③ 地上型。地上型插座也为嵌入式插座，大多为铜制，而且具有防水的功能，可以根据实际需要随时打开使用，主要适用于地面或架空地板，如图 2.19 所示。

图 2.17　墙上型插座

图 2.18　桌上型插座

图 2.19　地上型插座

（2）根据信息插座所用的信息模块不同，信息插座分为以下 3 种：

① RJ-45 信息模块。RJ-45 信息模块是依据国际标准 ISO/IEC 11801、TIA/EIA-568 设计制造的，该模块为 8 线式插座模块，适用于双绞线电缆的连接。

RJ-45 信息模块的类型与双绞线的类型对应，根据其对应的双绞线的类型，RJ-45 信息模块可以分为三类 RJ-45 信息模块、四类 RJ-45 信息模块、五类 RJ-45 信息模块、超五类 RJ-45 信息模块和六类 RJ-45 信息模块等，如图 2.20 和图 2.21 所示。

图 2.20　RJ-45 信息模块

图 2.21　RJ-45 插座

② 光纤插座模块。光纤插座模块为光纤布线在工作区的信息出口，如图 2.22 所示。为了满足不同场合应用的要求，光纤插座模块有多种类型。

③ 转换插座模块。在综合布线系统中会出现不同类型的线缆连接的情况，而通过转换插座模块可以实现不同类型的水平干线与工作区跳线的连接。目前常见的转换插座是 FA3-10 型转换插座，这种插座可以实现 RJ-45—RJ-11（4 对非屏蔽双绞线与电话线）之间的连接，可以充分应用已有资源，将一个 8 芯信息口转换为 4 个两芯电话线插座，如图 2.23 所示。

图 2.22　光纤插座（ST）

图 2.23　FA3-10 型转换插座

4. 信息插座的制作

图 2.24 详细示意了信息模块的端接过程。

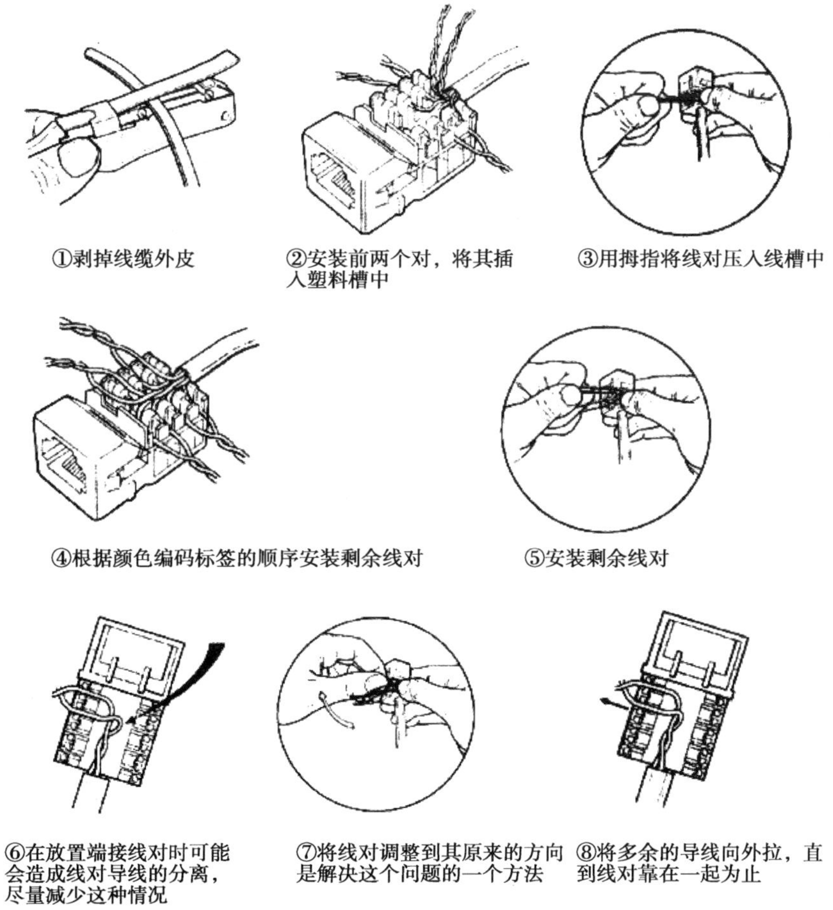

图 2.24　Systimax SCS 61 系列电缆在 MPS100E 模块上的端接过程

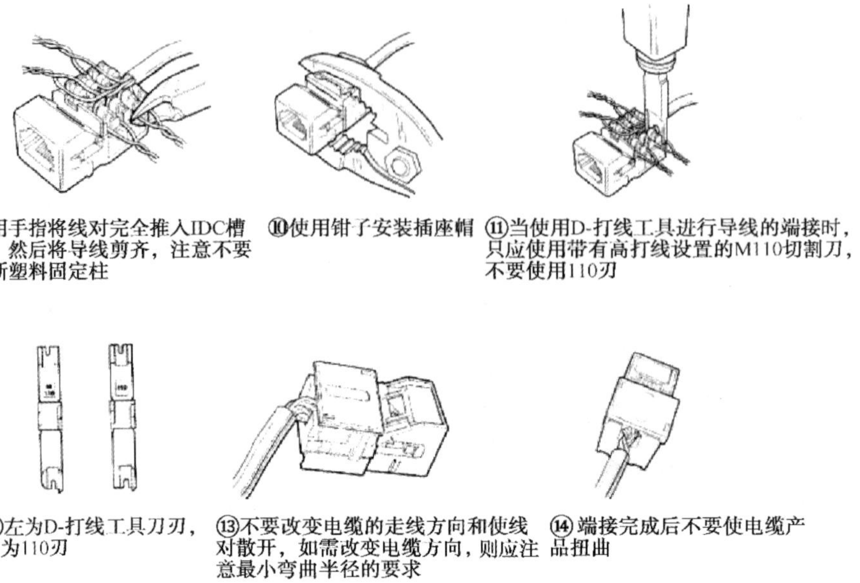

图 2.24　Systimax SCS 61 系列电缆在 MPS100E 模块上的端接过程（续）

2.4.2　网络线缆连接器

就设备规格而言，双绞线连接器包括模块的 RJ 系列，如跳线头、跳线、配线架和理线架，模块式的插头和插座及一体化的连接器；同轴电缆连接器包括 F 型、N 型、BNC 型同轴电缆连接器；而光纤连接器包括在装配时只连接一根光纤和在装配时只连接两根光纤的连接器。按连接器方式，又可分为弹簧夹式（SC、双 ST、FDDI）、卡口式（ST）和旋拧式（FC）几种。

对于双绞线和同轴电缆来说，连接器采用压接或插接的方式与网络连接在一起，依靠机械力量将组件固定在适当位置上，其电气性能要求接触良好，信号衰减尽量小，接头牢固，可靠，耐腐防火。而对于光纤来说，光纤和连接器的连接方式就不同了，每个连接器都要求厂家对产品型号、使用方法、可接受材料，甚至是连接所使用的工具做出详细说明。

对于光纤连接器，除上述技术性能要求外，当连接器插入插座时，插头中的光纤芯就与插座中的芯对准连接在一起了，这时有两个重要问题必须注意：一是光纤芯必须完全对齐，端对端的连接必须达到完全平齐，不能在轴向上有任何改变，一般采用黏合剂黏接或用压接工具固定光纤；二是在有诸如擦痕、凹陷、突起、裂锭之类的缺陷时，必须在连接过程中增加一个打磨的步骤或“切开”固定的步骤。

1. RJ-45 连接器

1）含义

“RJ”是 Registered Jack 的缩写，即“注册的插座”。RJ 在 FCC（美国联邦通信委员会标准和规章）中的定义是，描述公用电信网络的接口，常用的有 RJ-11 和 RJ-45。计算机网络的 RJ-45 是标准 8 位模块化接口的俗称。在以往的四类、五类、超五类，包括刚刚出台的六类布线中，采用的都是 RJ 型接口。在七类布线系统中，将允许“非-RJ 型”接口，如 2002 年 7 月 30 日，西蒙公司开发的 TERA 七类连接件被正式选为“非-RJ 型”七类标准工业接口的标准模式。TERA 连接件的传输带宽高达 1.2GHz，超过目前正在制定中的 600MHz 七类标准传输带宽。

2）常用类型

网络通信领域常见的基本 RJ 模块插座有 4 种，每种基本的插座可以连接不同构造的 RJ。例如，一个 6 芯插座可以连接 RJ-11（1 对）、RJ-14（2 对）或 RJ-25C（3 对）；一个 8 芯插座可以连接 RJ-61C（4 对）和 RJ-48C。8 芯（Keyed）可连接 RJ-45S、RJ-46S 和 RJ-47S。RJ-45 模块与 RJ-45 连接头（水晶头）是综合布线系统中的基本连接器。图 2.25 所示为各种常见的 RJ-45 水晶头。

水晶头——RJ-45 屏蔽水晶头（五/超五类）
主体采用聚碳酸酯（PC），符合 UL94V-0 材料要求。
金片分 15、30、50u 镀金层。
铜合金表面镀锡屏蔽壳。
水晶头插拔 1000 次以上。
导体绝缘电阻最小 100MΩ。
导体接触电阻最大 39MΩ。
耐压强度：AC 1000V 50Hz。
10 磅拉力吊重测试

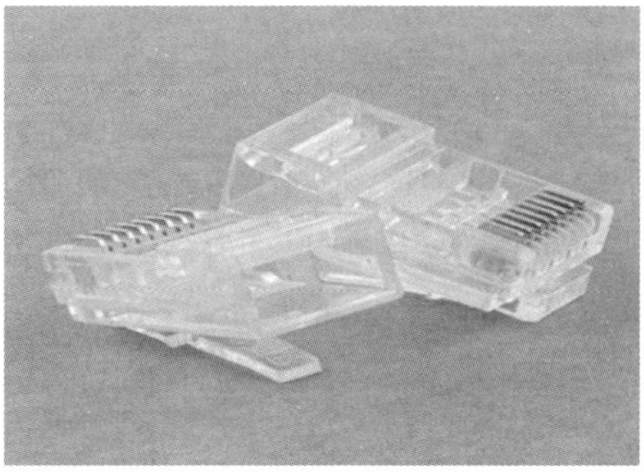

水晶头——RJ-45 非屏蔽水晶头（六类）
主体采用聚碳酸酯（PC），符合 UL94V-0 材料要求。
金片分 15、30、50u 镀金层。
两层式金片压线。
水晶头插拔 1000 次以上。
导体绝缘电阻最小 100MΩ。
导体接触电阻最大 39MΩ。
耐压强度：AC 1000V 50Hz。
10 磅拉力吊重测试

图 2.25　各种常见的 RJ-45 水晶头

3）RJ-45 水晶头的结构

RJ-45 水晶头由金属片和塑料构成，制作网线所需要的 RJ-45 水晶头前端有 8 个凹槽，简称 8P（Position，位置）。凹槽内的金属触点共有 8 个，简称 8C（Contact，触点）。因而，业界对此有“8P8C”的别称。特别需要注意的是 RJ-45 水晶头的引脚序号，当金属片面对我们的时候，从左至右引脚序号是 1～8。序号对网络连接非常重要，不能搞错。图 2.26 所示为常见的 RJ-45 水晶头。

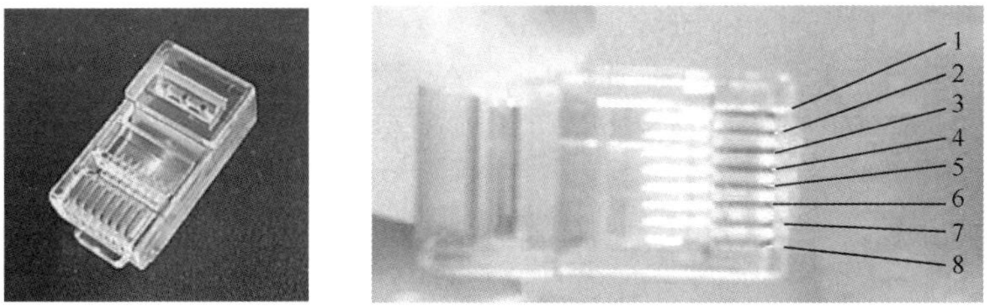

图 2.26　常见的 RJ-45 水晶头

4）RJ-45 跳线

跳线即铜连接线，是不带连接器的电缆线对或电缆单元，由标准的跳线电缆和连接硬件制成。跳线电缆有 2～8 芯不等的铜芯，连接硬件为两个 6 位或 8 位的模块插头，或它们有一个或多个裸线头。跳线主要用在配线架上连接各种链路，可作为配线架或设备连接电缆使用。其中，模块化跳线两头均为 RJ-45 连接头，采用 T568A 针结构，并有灵活的插拔设计，防止松脱和卡死。跳线的长度为 0.305m～15.25m。模块化跳线在工作区中使用，也可作为配线间的跳线。RJ-45 跳线分为直通线和交叉线。

① 直通线。两端 RJ-45 水晶头中的线序排列完全相同的跳线称为直通线，它适用于计算

机到集线设备的连接。线序排列的标准有两个，即 T568A 标准和 T568B 标准。

T568A 标准：绿白—1，绿—2，橙白—3，蓝—4，蓝白—5，橙—6，棕白—7，棕—8。

T568B 标准：橙白—1，橙—2，绿白—3，蓝—4，蓝白—5，绿—6，棕白—7，棕—8。

为了保持最佳的兼容性，普遍采用 T568B 标准来制作网线。无论是采用 T568A 标准还是采用 T568B 标准，在网络中都是可行的。双绞线的顺序与 RJ-45 水晶头的引脚序号一一对应。10M 以太网的网线使用 1、2、3、6 编号的芯线传递数据，而 100M 网卡需要使用 4 对线。由于 10M 网卡能够使用按 100M 方式制作的网线，而且双绞线又提供有 4 对线，因而即使使用 10M 网卡，一般也按 100M 方式来制作网线。

标准中要求 1、2、3、4、5、6、7、8 线必须是双绞线。这是因为，在数据传输中，为了减少和抑制外界的干扰，发送和接收的数据均以差分方式传输，即每一对线互相扭在一起传输一路差分信号（这也是双绞线名称的由来）。

② 交叉线。交叉线适用于计算机与计算机的连接。交叉线在制作时两端 RJ-45 水晶头中的第 1、3 线和第 2、6 线应对换，即在制作两端 RJ-45 水晶头时，一端采用 T568A 标准制作，另一端采用 T568B 标准制作。

图 2.27 所示为各类 RJ-45 跳线。

非屏蔽成型跳线

单屏蔽成型跳线

双屏蔽成型跳线

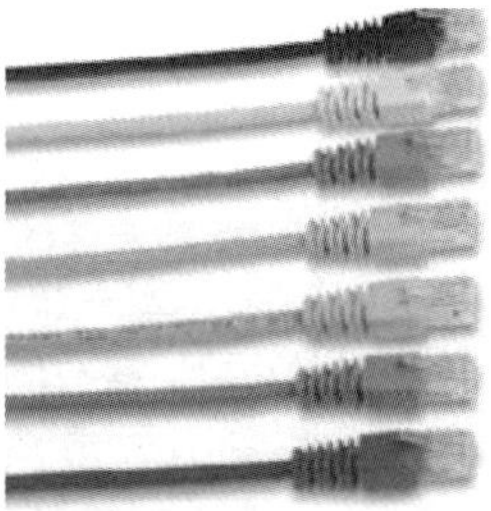

图 2.27　各类 RJ-45 跳线

2. 光纤连接器

在安装任何光纤系统时，都必须考虑以低损耗的方法把光纤或光缆相互连接起来，以实现光纤链路的接续。光纤链路的接续又可以分为永久性的接续和活动性的接续两种。永久性的接续大多采用熔接法、黏接法或固定连接器来实现；活动性的接续一般采用活动连接器来实现。

光纤活动连接器，俗称活接头，一般称为光纤连接器，是用于连接两根光纤或光缆形成连续光通路的可以重复使用的无源器件，已经广泛应用在光纤传输线路、光纤配线架和光纤测试仪器、仪表中，是目前使用数量最多的光无源器件。

1）光纤连接器的基本构成

目前，大多数光纤连接器是由 3 个部分组成的，即两个配合插头和一个耦合管。两个配合插头装进两根光纤尾端；耦合管起对准套管的作用。另外，耦合管多配有金属或非金属法兰盘，以便于连接器的安装固定，如图 2.28 所示。

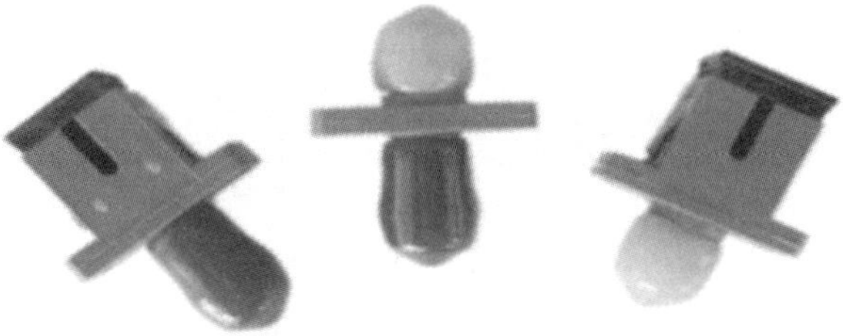

图 2.28　法兰盘

2）光纤连接器的对准方式

光纤连接器的对准方式有两种，即高精密组件对准和主动对准。

① 高精密组件对准是最常用的方式，该方式将光纤穿入并固定在插头的支撑套管中，将对接端口进行打磨或抛光处理后，在套筒耦合管中实现对准。

② 主动对准连接器对组件的精度要求较低，可按低成本的普通工艺制造。另外，利用光学仪表（显微镜、可见光源等）辅助调节，以对准光纤芯。

3）光纤连接器的分类

按照不同的分类方法，光纤连接器可以分为不同的种类，如图 2.29 所示。按照传输媒介的不同，光纤连接器可分为单模光纤连接器和多模光纤连接器；按照结构的不同，光纤连接器可分为 FC、SC、ST、D4、DIN、MT 等类型；按照连接器的插针端面的不同，光纤连接器可分为 FC、PC（UPC）和 APC 3 种类型；按照光纤芯数的差别，光纤连接器还有单芯、多芯之分。在实际应用中，一般按照光纤连接器结构的不同来加以区分。

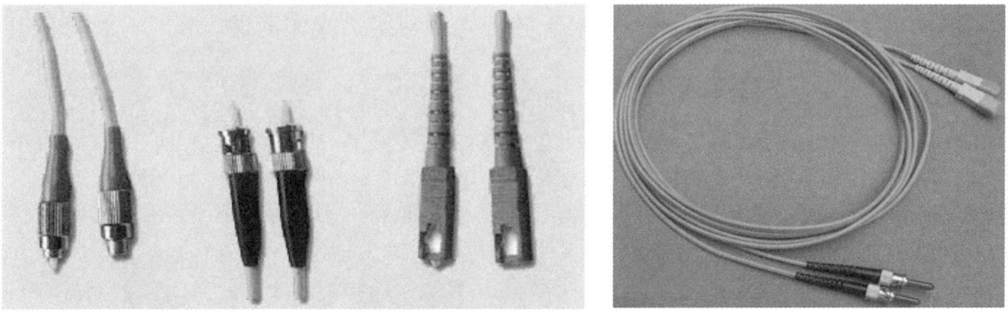

图 2.29　常用的光纤连接器

4）常见的光纤连接器

① FC 型光纤连接器（见图 2.30）。FC 是 Ferrule Connector 的缩写，表明其外部加强方式是采用金属套，紧固方式为螺丝扣。最早，FC 型的连接器采用的陶瓷插针的对接端面是平面接触方式（FC）。此类连接器结构简单，操作方便，制作容易，但光纤端面对微尘较为敏感，且容易产生菲涅耳反射，提高回波损耗性能较为困难。后来，人们对该类型的连接器做了改进，采用对接端面呈球面的插针（PC），但外部结构没有改变，使得插入损耗和回波损耗性能有了较大幅度的提高。

图 2.30　FC 型光纤连接器

② SC 型光纤连接器（见图 2.31）。SC 型光纤连接器外壳呈矩形，所采用的插针与耦合套筒的结构、尺寸与 FC 型光纤连接器完全相同，其中插针的端面多采用 PC 型或 APC 型研磨方式；紧固方式采用插拔销闩式，无须旋转。此类连接器价格低廉，插拔操作方便，介入损耗波动小，抗压强度较高，安装密度高。

图 2.31　SC 型光纤连接器

③ ST 型光纤连接器（见图 2.32）。ST 型光纤连接器外壳呈圆形，所采用的插针与耦合套筒的结构、尺寸与 FC 型光纤连接器完全相同，其中插针的端面多采用 PC 型或 APC 型研磨方式；紧固方式为螺丝扣。此类连接器适用于各种光纤网络，操作简便，且具有良好的互换性。

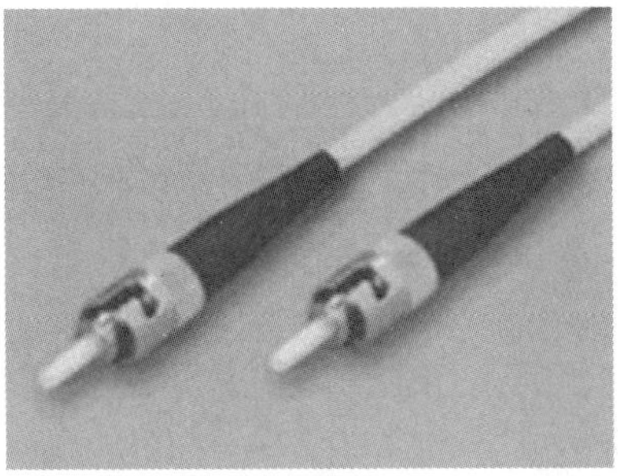

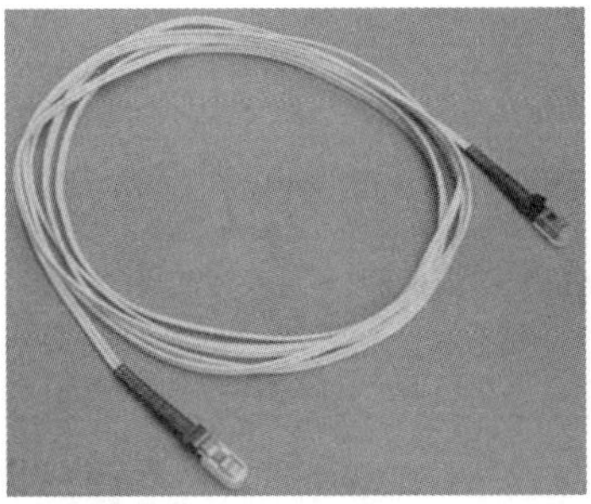

图 2.32　ST 型光纤连接器

④ MT-RJ 型光纤连接器。MT-RJ 型光纤连接器带有与 RJ-45 型 LAN 电连接器相同的闩锁机构，通过安装于小型套管两侧的导向销对准光纤，为便于与光信号收/发机相连，连接器端面光纤为双芯（间隔 0.75mm）排列设计，是用于数据传输的主要高密度光连接器。

⑤ LC 型光纤连接器（见图 2.33）。LC 型光纤连接器是由著名的 Bell 研究所研究开发出来的，采用操作方便的模块化插孔（RJ）闩锁机理制成。该连接器所采用的插针和套筒的尺寸是普通 SC 型、FC 型等光纤连接器所用尺寸的一半，即 1.25m，提高了光纤配线架中光纤连接器的密度。目前，在单模 SFF（小型化光纤连接器件的简称）方面，LC 型的连接器实际上已经占据了主导地位，其在多模方面的应用也在迅速增长。

⑥ MU 型光纤连接器（见图 2.34）。MU（Miniature Unit Coupling）型光纤连接器是以 SC

型光纤连接器为基础研发的世界上最小的单芯光纤连接器。该连接器采用直径为 1.25mm 的套管和自保持机构，其优势在于能实现高密度安装。MU 型光纤连接器系列包括用于光缆连接的插座型光连接器（MU-A 系列）、具有自保持机构的底板连接器（MU-B 系列）及用于连接 LD/PD 模块与插头的简化插座（MU-SR 系列）等。随着光纤网络向更大带宽、更大容量方向迅速发展及 DWDM（Dense Wavelength Division Multiplexing）技术的广泛应用，社会对该类型连接器的需求也将迅速增长。

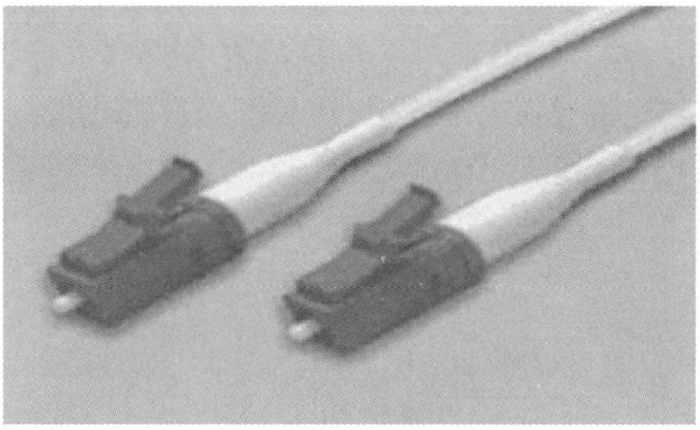

图 2.33　LC 型光纤连接器

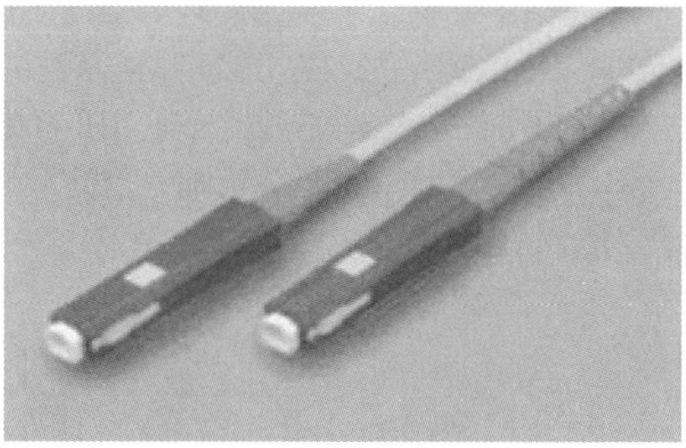

图 2.34　MU 型光纤连接器

5）光纤跳线

光纤跳线（见图 2.35）由一段 1～10m 的光纤与光纤连接器组成。在光纤的两端各接一个连接器，即可做成光纤跳线。光纤跳线可以分为单线和双线。由于光纤一般只进行单向传输，需要通信的设备通常需要连接收/发两根光纤，因此，如果使用单线，则需要两根，而使用双线则只需要一根。

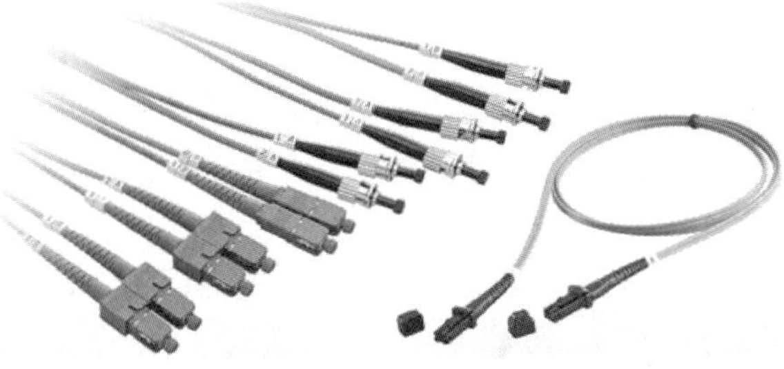

图 2.35　各种光纤跳线

根据光纤跳线两端的连接器的类型不同，光纤跳线有以下几种类型。

- ST-ST 跳线：两端都为 ST 型光纤连接器的光纤跳线。
- SC-SC 跳线：两端都为 SC 型光纤连接器的光纤跳线。
- FC-FC 跳线：两端都为 FC 型光纤连接器的光纤跳线。
- ST-SC 跳线：一端为 ST 型光纤连接器，另一端为 SC 型光纤连接器的光纤跳线。
- ST-FC 跳线：一端为 ST 型光纤连接器，另一端为 FC 型光纤连接器的光纤跳线。
- SC-FC 跳线：一端为 SC 型光纤连接器，另一端为 FC 型光纤连接器的光纤跳线。

2.4.3　配线架

配线架是网络的神经中枢，是管理系统中最重要的组件，是实现垂直干线和水平干线交叉连接的枢纽。配线架通常安装在机柜或墙上。通过安装附件，配线架可以满足 UTP、STP、同轴电缆、光纤及音/视频的需要。

1. 配线架的作用

在小型网络中是不需要使用配线架的。例如，在一间办公室内部建立网络，我们可以根据每台计算机与交换机或集线器的距离剪一根双绞线，然后在每根双绞线的两端接 RJ-45 水晶头做成跳线，用跳线直接把计算机和交换机或集线器连接起来即可。如果计算机要在房间中移动位置，那么只需要更换一根双绞线就可以了。

但是在综合布线系统中，网络一般要覆盖一座楼宇或几座楼宇。在布线过程中，一层楼上的所有终端都需要通过线缆连接到电信间中的分交换机上。这些线缆数量很多，如果都直接接入交换机，则很难辨别交换机接口与各终端间的关系，也就很难在电信间对各终端进行管理；而且在这些线缆中有一些是暂时不使用的，如果将这些不使用的线缆接入了交换机或集线器的端口，那么会浪费很多的网络资源。因此，为了便于管理，节约网络资源，在综合布线系统中必须使用配线架，如图 2.36 所示。

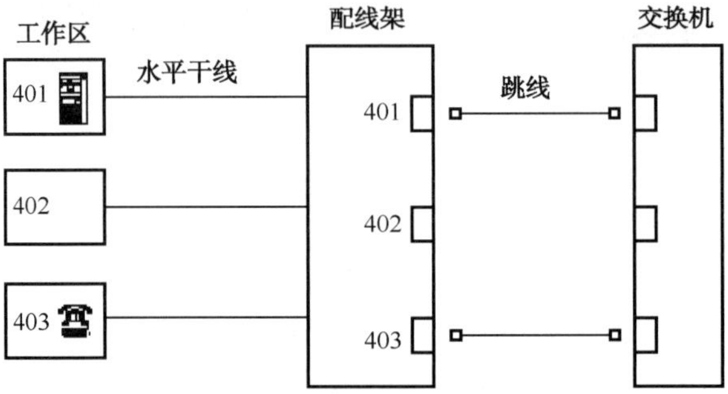

图 2.36　配线架的作用

2. 配线架的分类

1）按照配线架所在位置分类

根据配线架所在位置的不同，配线架可以分为主配线架和中间配线架。主配线架用于建筑物与建筑群的配线，中间配线架用于楼层的配线。

2）按照配线架所接线缆的类型分类

配线架中主要是信息模块的集合，信息模块的类型必须与连接线缆的类型对应。在网络工程中，常分为双绞线配线架和光纤配线架。

3）按照配线架的端口数量分类

配线架的端口主要有 24 口和 48 口两种形式，应根据所需管理的终端的数量进行选择。

3. 双绞线配线架

双绞线配线架的作用是在电信间中将双绞线进行交叉连接，用在主配线间和各分配线间。双绞线配线架的型号很多，每个厂商都有自己的产品系列，并且对应三类、五类、超五类、六类和七类线缆分别有不同的规格和型号，在具体项目中，应参阅产品手册，根据实际情况进行配置。

1）端接双绞线配线架的工具

将干线接入双绞线配线架时使用的工具主要有两种：一种是线缆准备工具，另一种是打线工具。

2）端接双绞线配线架的具体步骤

① 在双绞线配线架上安装理线器，用于支撑和理顺过多的电缆。

② 利用尖嘴钳将线缆剪至合适的长度。

③ 利用线缆准备工具（剥线钳）剥除双绞线的绝缘层包皮。

④ 依据所执行的标准和配线架的类型，将双绞线的 4 对线按正确颜色顺序一一分开。

⑤ 依据配线架上所指示的颜色，将导线一一置入线槽。

⑥ 利用打线工具端接配线架与双绞线，既可以使用普通打线工具端接，也可以使用多对打线工具端接。多对打线工具在使用上和普通打线工具没有区别，只是能同时打 8 条线。

⑦ 重复②～⑥的操作，端接其他双绞线。

⑧ 将线缆理顺，并利用尼龙扎带将双绞线与理线器固定在一起。

⑨ 利用尖嘴钳整理扎带，使各条线缆能够整齐排列。

端接好的双绞线配线架背面和正面如图 2.37 和图 2.38 所示。

图 2.37　双绞线配线架背面

图 2.38　双绞线配线架正面

4. 光纤配线架

光纤配线架（Optical Distribution Frame，ODF）是光传输系统中一个重要的配套设备，它主要用于光缆终端的光纤熔接、光连接器安装、光路的调节、多余尾纤的存储及光缆的保护等，对光纤通信网络安全运行和灵活使用有着重要的作用。

1）光纤配线架的功能

光纤配线架作为光缆线路的终端设备拥有 4 项基本功能，即固定功能、熔接功能、调配功能及存储功能。

2）光纤配线架的类型选择

光纤配线架根据结构的不同可分为壁挂式光纤配线架和机架式光纤配线架。壁挂式光纤配线架可直接固定于墙体上，一般为箱体结构，适用于光缆条数和光纤芯数都较小的场所。机架式光纤配线架可直接安装在标准机柜中，适用于较大规模的光纤网络。图 2.39 所示为光纤配线架。

图 2.39　光纤配线架

机架式配线架又分为两种，一种是固定配置的配线架，光纤耦合器被直接固定在机箱上；另一种采用模块化设计，用户可根据光缆的数量和规格选择相对应的模块，便于网络的调整和扩展。图 2.40 所示为各种光纤配线架。

图 2.40　各种光纤配线架

2.4.4　管材和桥架

在网络综合布线系统中，除线缆外，布线用的线槽和管材及桥架也是重要的组成部分。管材一般采用金属管或 PVC 管。一般要求采用的管材应该具有一定的抗压力，可明敷或暗敷在混凝土内，不怕受压破裂；需具有耐一般酸碱性的能力，耐腐蚀、防虫、防鼠害；要求阻燃性能好，能避免火势蔓延；同时要求传热性能差，能长时间有效保护线路，保证系统的运行。另外，还要求在外观上做到表面光滑、壁厚、均匀。

1. 管材

在网络综合布线系统中，金属槽、PVC 槽，金属管、PVC 管是综合布线系统的基础性材料。在综合布线系统中使用的线槽主要有以下几种：

- 金属槽和附件。
- 金属管和附件。
- PVC 塑料槽和附件。
- PVC 塑料管和附件。

1）金属槽和 PVC 塑料槽

金属槽由槽底和槽盖组成，每根槽的长度一般为 2m，槽与槽连接时使用相应尺寸的铁板和螺丝固定，如图 2.41 所示。

在综合布线系统中，一般使用的金属槽有 50mm×100mm、100mm×100mm、100mm×200mm、100mm×300mm、200mm×400mm 等多种规格。

但 PVC 塑料槽的品种规格更多，从型号上来说有 PVC-20 系列、PVC-25 系列、PVC-25F 系列、PVC-30 系列、PVC-40 系列、PVC-40Q 系列等；从规格上来说有 20mm×12mm、25mm×12.5mm、25mm×25mm、30mm×15mm、40mm×20mm 等多种规格。PVC 塑料槽的外形如图 2.42 所示。

与 PVC 塑料槽配套的附件有阳角、阴角、直转角、平三通、左三通、右三通、连接头、终端头、接线盒（暗盒、明盒）等。

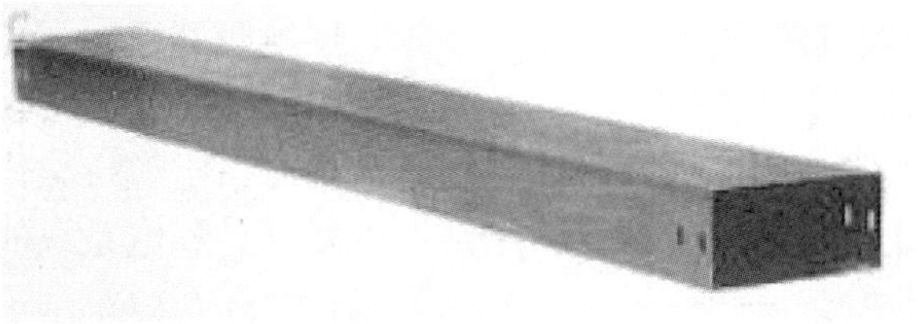

图 2.41　金属槽

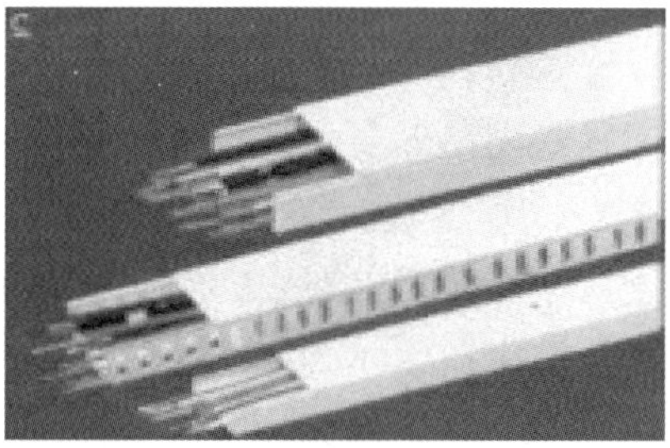

图 2.42　PVC 塑料槽的外形

2）金属管和 PVC 塑料管

金属管用于分支结构或暗埋的线路，它的规格也有很多种，按外径（以 mm 为单位）的不同，工程施工中常用的金属管有 D16、D20、D25、D32、D40、D50、D63、D110 等规格。

在金属管内穿线比线槽布线难度更大一些，在选择金属管时要注意管径选择得大一些，一般管内填充物占 30%左右，以便于穿线。金属管还有一种软管（俗称蛇皮管），供弯曲的地方使用。

PVC 塑料管（见图 2.43）产品分为两大类，即 PE 阻燃导管和 PVC 阻燃导管。

PE 阻燃导管是一种塑制半硬导管，按外径的不同有 D16、D20、D25、D32 4 种规格。其外观为白色，具有强度高、耐腐蚀、挠性好、内壁光滑等优点，明、暗装穿线兼用。它以盘为单位，每盘重 25kg。

PVC 阻燃导管是以聚氯乙烯树脂为主要原料，加入适量的助剂，经过加工设备挤压成型的刚性导管，其中小管径 PVC 阻燃导管可在常温下进行弯曲。按外径的不同，PVC 阻燃导管有 D16、D20、D40、D45、D63、D25、D110 等规格。

与 PVC 塑料管安装配套的附件有接头、螺圈、弯头、弯管弹簧；一通接线盒、二通接线盒、三通接线盒、四通接线盒、开口管卡、专用截管器、PVC 黏合剂等。图 2.44 所示为部分 PVC 塑料管附件。

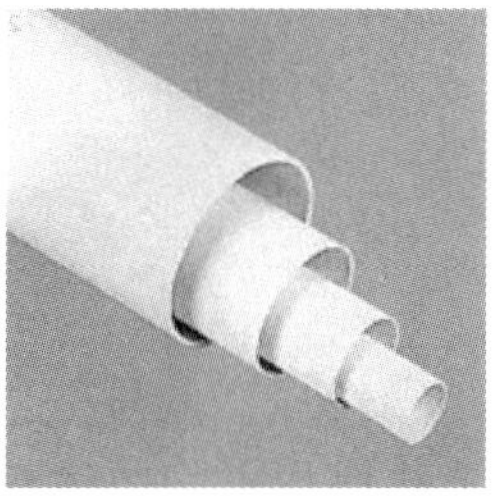

图 2.43　PVC 塑料管

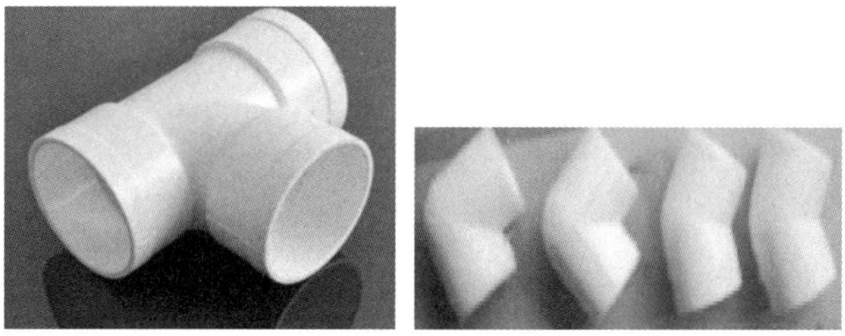

图 2.44　部分 PVC 塑料管附件

2. 桥架

“桥架”是布线行业的一个术语，是建筑物内布线不可缺少的部分。桥架分为普通桥架、重型桥架和槽型桥架。其中，普通桥架还可以分为普通型桥架和直边普通型桥架。

普通型桥架主要有以下配件供组合：梯架、弯架、三通、四通、多节二通、凸弯通、凹弯通、调高板、端向连接板、调宽板、垂直转角连接件、连接板、小平转角连接板、隔离板等。

直边普通型桥架主要有以下配件供组合：梯架、弯通、三通、四通、多节二通、凸弯通、凹弯通、盖板、弯通盖板、三通盖、凸弯通盖板、凹弯通盖板、花孔托盘、花孔弯通、花孔四通托盘、垂直转角连接板、小平转角连接板、端向连接板护板、隔离板、调宽板、端头挡板等。

重型桥架和槽型桥架在网络布线中很少使用，所以这里不再叙述。

由于建筑物内多种管线平行交叉，空间有限，特别是大型写字楼、金融商厦、酒店、场馆等建筑，信息点密集，线缆敷设除采用楼板沟槽和墙内埋管方式外，在竖井和屋内天棚吊顶内还广泛采用电缆桥架。其中有些属于有源线缆，有些则是无源线缆（如数据电缆、视频同轴电缆等）。因此，在对布线方式和路由选择的排列进行设计时，应该加以区别，不但要符合规范的要求，还要考虑布线的安全性、可扩性、经济性和美观性，以便于后期维修。电缆桥架作为承载各种电缆敷设的载体，从属于布线的需要，同样应遵循上述原则加以实施。弱电系统的各种线缆分别布放在桥架内，其最佳路由选择和安装方式要根据走向的要求，并结合建筑结构和空调、电气等管线协商的位置加以确定。无源线缆不能与有源电缆并排铺设，如受条件所限只能铺放在同一桥架内，则其间必须采用金属隔板分隔，引出的线缆尽量避免平面交叉。桥架穿越楼板、墙体或伸缩缝时，应该在建筑图上标出预留相应的空间和位置，避免因遗漏等到施工时临时钻孔而伤及土建结构。为了防止电磁辐射的干扰，在桥架的设计中应考虑桥架的封闭性。

电缆桥架又分为槽式、托盘式等结构，由支架、托臂和安装附件等组成。选型时应注意桥架的所有零部件是否符合系列化、通用化及标准化的成套要求。建筑物内桥架可以独立架设，也可以附设在各种建（构）筑物和管廊支架上，应体现结构简单、造型美观、配置灵活和维修方便等特点。全部零件均需进行镀锌处理，安装在建筑物外、露天的桥架，如果邻近海边或处于腐蚀区，则材质必须具有防腐、耐潮气、附着力好、耐冲击、强度高的物理特点。

为了减轻质量，还可以采用铝合金电缆和玻璃钢桥架，其外形尺寸、荷载特性均与钢质桥架基本相近。由于铝、钢比重不同，按质量计算，铝、钢之比约为 1∶3，根据两种材质的市场价折算，铝合金桥架的造价费用较同类镀锌钢桥架要高出 1.5～2.0 倍。但因为铝合金桥架具有美观、质量轻、安装方便等优点，近年来已在一些工程中加以应用。

2.4.5　电缆支撑硬件

在综合布线工程中，必须对所有安装在开放式吊顶上方的通信电缆进行支撑，因此在布线工业中有很多电缆支撑产品可以支撑通信电缆。最常见的电缆支撑设备如下：

- J 形钩。
- 吊线环。
- 电缆夹。
- 电缆扎带。

1. J 形钩

J 形钩是指形状像字母“J”的电缆支撑硬件，其设计使得通信电缆可以轻易地安装在 J 形钩硬件内。J 形钩是一个预制电缆支撑设备，它接在建筑物的墙壁上或横梁上，放置在电缆路径间隔 1.2～1.5 m 的位置上，或者放置在指定的支撑点上。

2. 吊线环

吊线环是末端有开环的电缆支撑设备。在综合布线工程中，吊线环用螺钉固定在木制横梁上，或者用夹子固定在钢制横梁上。吊线环对于支撑一条电缆或由 5～10 条电缆组成的小型电缆组非常方便。

3. 电缆夹

电缆夹是一种常见的电缆支撑元件，许多生产厂商都在生产。电缆夹是很小的、弯曲的金属夹，它可以通过吸附作用直接固定在建筑物横梁或悬线上。在综合布线工程中，电缆夹通常用来支撑一条电缆。

4. 电缆扎带

电缆扎带是一种相对新型的电缆支撑设备，通常是一些塑料宽带子。这种电缆支撑设备包在一组电缆外，电缆扎带的两端必须挂在 J 形钩、支架或某种电缆支撑设备上。

2.4.6 机柜

标准机柜和墙柜广泛应用于计算机网络设备、有/无线通信器材、电子设备的叠放。机柜具有增强电磁屏蔽、削弱设备工作噪声和减少设备地面面积占用的优点。对于一些高档机柜，还具备空气过滤功能，以提高精密设备工作环境的质量。很多工程级的设备的面板宽度都采用 19 英寸，所以 19 英寸的机柜是最常见的一种标准机柜。

标准机柜的结构比较简单，主要包括基本框架、内部支撑系统、布线系统和通风系统。标准机柜外形有宽度、高度及深度 3 个常规指标。高度一般为 0.7～2.4m，根据柜内设备的多少和统一格调而定，通常厂商可以定制特殊的高度，常见的成品 19 英寸机柜高度为 1.6m 和 2m。机柜的深度一般为 400～800mm，根据柜内设备的尺寸而定，通常厂商也可以定制特殊深度的产品，常见的成品 19 英寸机柜深度为 500mm、600mm 及 800mm。19 英寸标准机柜内设备安装所占高度用 U 表示（1U=44.45mm）。使用 19 英寸标准机柜的设备面板一般都是按 *n*U 的规格制造的。对于一些非标准设备，大多可以通过附加适配挡板装入 19 英寸机柜并固定。

机柜的材料与机柜的性能有密切的关系，制造 19 英寸标准机柜的材料主要有铝型材料和冷轧钢板。由铝型材料制造的机柜比较轻便，适合堆放轻型器材，且价格相对便宜。铝型材料也有进口和国产之分，由于质地不同，所以制造出来的机柜物理性能也有一定的差别，尤其是一些较大规格的机柜，更容易出现差别。冷轧钢板制造的机柜具有机械强度高、承重量大的特点。同类产品中钢板用料的厚薄和质量及工艺都直接关系到产品的质量和性能，有些廉价的机柜使用普通薄铁板制造，虽然价格便宜，外观也不错，但性能大打折扣。

19 英寸标准机柜从组装方式来看，大致有一体化焊接型和组装型。一体化焊接型价格相对便宜，焊接工艺和产品材料是关键，而劣质产品遇到较重的负荷时容易产生变形。组装型是目前比较流行的形式，包装中都是散件，需要时可以迅速组装起来，而且调整方便，灵活性强。另外，机柜的制作水准和表面油漆工艺，以及内部隔板、导轨、滑轨、走线槽、插座的精细程度和附件质量也是衡量标准机柜品质的参考指标。好的标准机柜不但符合主流的安全规范，而且设备装入平稳、固定稳固。机柜前、后门和两边侧板密闭性好，柜内设备受力均匀，而且配件丰富，能适合各种应用的需要。

与机柜相比，机架具有价格相对便宜、搬动方便的优点。不过机架一般为敞开式结构，不像机柜采用全封闭或半封闭结构，所以自然不具备增强电磁屏蔽、削弱设备工作噪声等特性。同时，在空气洁净程度较差的环境中，设备表面更容易积灰。机架主要适合一些要求不高的设备叠放，以减少占地面积。由于机架价格比较便宜，所以对于要求不高的场合，采用机架可以节省不少费用。

图 2.45～图 2.47 所示分别为 19 英寸标准机柜、挂墙式网络机柜及开放式机架实物图。

图 2.45　19 英寸标准机柜

图 2.46　挂墙式网络机柜

图 2.47　开放式机架

2.4.7　常用压接工具

图 2.48 所示为常用压接工具。

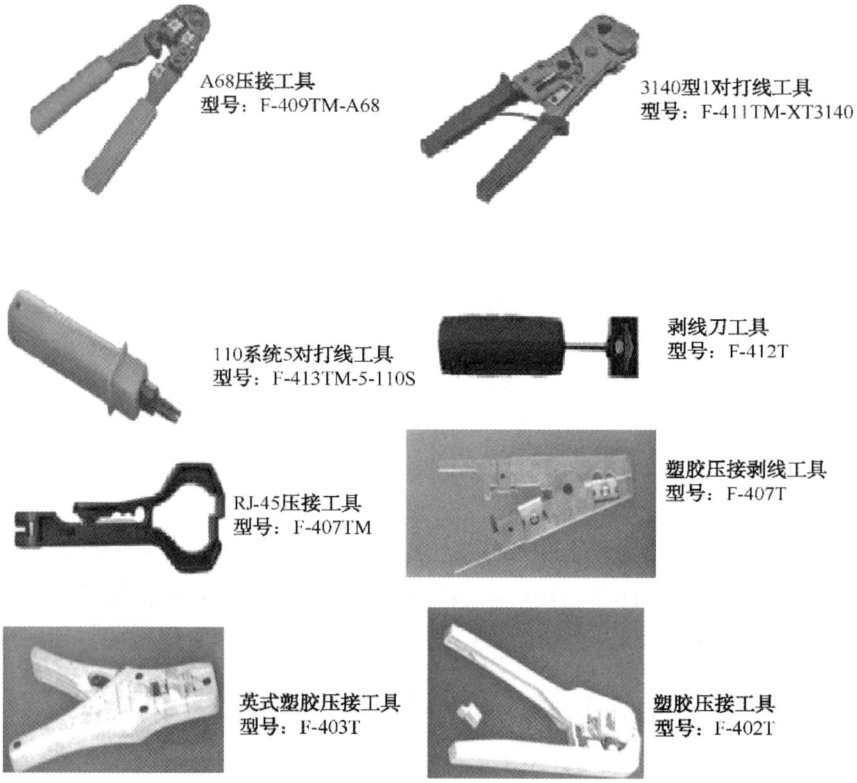

图 2.48　常用压接工具

实训 1　水晶头端接和跳线制作

扫码观看水晶头端接和跳线制作微课视频。

1. 实训目的

（1）理解水晶头端接和跳线的制作方法。

（2）了解水晶头端接和跳线的测试方法。

2. 实训内容

（1）观看视频制作过程。

（2）制作 RJ-45 水晶头。

（3）测试。

3. 实训方法

双绞线是网络工程中最常用的一种传输介质。双绞线由两根具有绝缘保护层的铜导线组成，其直径一般为 0.4～0.65mm，常用直径为 0.5mm。它们各自包在彩色绝缘层内，按照规定的绞距互相扭绞成一对双绞线。把两根绝缘的铜导线按一定密度互相绞在一起，可降低信号干扰的程度，一根导线在传输中辐射的电波会被另一根导线上发出的电波抵消。双绞线一般由两根 22～26 号的绝缘铜导线相互缠绕而成。

下面介绍 RJ-45 水晶头端接步骤。

（1）利用斜口钳剪下所需要的双绞线长度，至少 8cm，最多不超过 10cm。用双绞线剥线器将双绞线的外皮除去 2～3cm。有一些双绞线电缆上含有一条柔软的尼龙绳，如果在剥除双绞线的外皮时，觉得裸露出的部分太短，不利于制作 RJ-45 水晶头，那么可以紧握双绞线外皮，再捏住尼龙线往外皮的下方剥开，这样就可以得到较长的裸露线，如图 2.49 所示。

剥线完成后的双绞线电缆如图 2.50 所示。

图 2.49　剥开双绞线

图 2.50　剥线完成后的双绞线电缆

（2）进行理线操作。将裸露的双绞线中的橙色对线拨向自己的前方，棕色对线拨向自己的方向，绿色对线拨向左方，蓝色对线拨向右方（上橙，左绿，下棕，右蓝），如图 2.51 所示。

将绿色对线与蓝色对线放在中间位置，而橙色对线与棕色对线保持不动，即放在靠外的位置，如图 2.52 所示，左一为橙，左二为蓝，左三为绿，左四为棕。

图 2.51　分开后的双绞线

图 2.52　双绞线的顺序

小心地拨开每一对线，白色混线朝前。因为我们是遵循 T568B 标准来制作水晶头的，所以线对颜色是有一定顺序的，如图 2.53 所示。

需要特别注意的是，绿色线应该跨越蓝色线。这里最容易犯错的地方就是将白绿线与绿色线相邻放在一起，这样会造成串扰，使传输效率降低。正确顺序（左起）为：白橙、橙、白绿、蓝、白蓝、绿、白棕、棕。常见的错误接法是将绿色线放到第 4 只脚的位置，如图 2.54 所示。

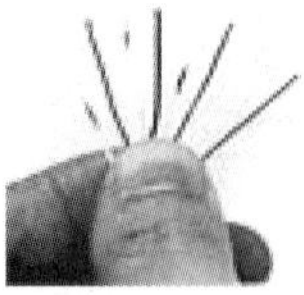

图 2.53　将双绞线分开

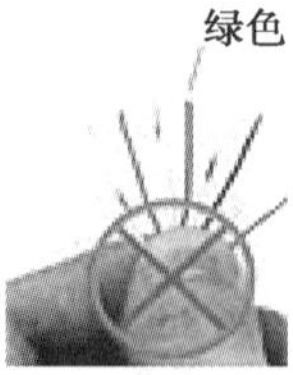

图 2.54　错误接法

应该将绿色线放在第 6 只脚的位置，因为在 100Base-T 网络中，第 3 只脚与第 6 只脚是同一对的，所以需要使用同一对线（见标准 T568B）。

（3）将裸露出的双绞线用剪刀或斜口钳剪下只剩约 14mm 的长度。之所以剩下这个长度，是为了符合 EIA/TIA 标准，大家可以参考有关 RJ-45 水晶头和双绞线制作标准的介绍。

（4）将双绞线的每根线依序放入 RJ-45 水晶头的引脚内，第 1 只引脚内应该放白橙色的线，其余类推，如图 2.55 所示。

（5）确定双绞线的每根线已经正确放置后，如图 2.56 所示，就可以用 RJ-45 压线钳压接 RJ-45 水晶头。市面上还有一种 RJ-45 水晶头的保护套，可以防止水晶头在拉扯时造成接触不良。使用这种保护套时，需要在压接 RJ-45 水晶头之前就将这种胶套插在双绞线电缆上。

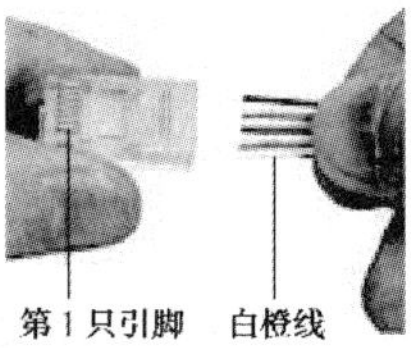

图 2.55　插入双绞线

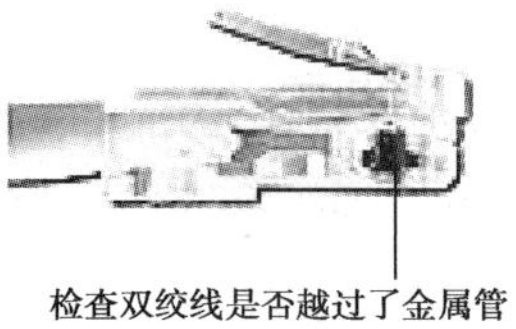

图 2.56　检查双绞线是否到位

（6）重复（1）～（5），另一端 RJ-45 水晶头的引脚接法完全一样。这种连接方法适用于计算机和集线设备的连接，称为直通线。完成的 RJ-45 水晶头应该如图 2.57 所示。

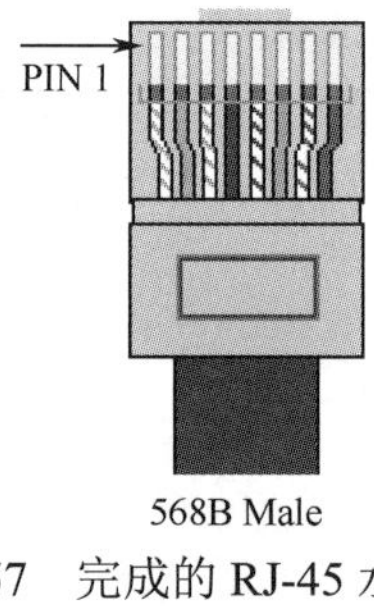

图 2.57　完成的 RJ-45 水晶头

跳线就是指铜连接线，由标准的跳线电缆和连接硬件制成。跳线用在配线架上连接各种链路，可作为配线架或设备连接电缆使用。经常提到的双机互连跳线并非综合布线中使用的标准跳线，而是一种特殊的硬件设备连接线。当用双绞线将两台计算机直接连接时，或两台交换机要通过 RJ-45 口对接时，就需要使用跳线（又称交叉线）。跳线也有专门的连接顺序。

跳线用于计算机与计算机的连接或集线设备的级联。制作方法与水晶头端接基本相同，只是在线序上采用了第 1、3 线和第 2、6 线交换的方式，也就是一端采用 T568B 标准制作，另一端采用 T568A 标准制作，如图 2.58 所示。

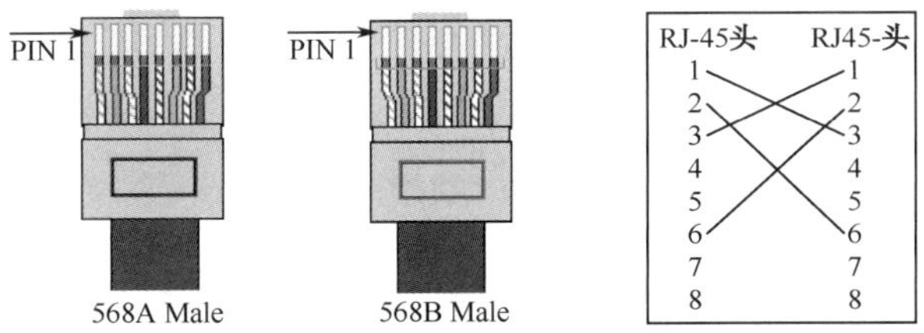

图 2.58　跳线的排列

实训任务单

一、实训指南
观看微课视频——预操作练习——听课（老师讲解、示范）——再操作——完成实训任务单
二、实训内容
制作 RJ-45 水晶头
三、实训工具
双绞线、剥线钳、压线钳、测试仪、水晶头
四、实训步骤
1. 剪下所需要的双绞线长度 2. 利用剥线钳剥去双绞线外皮 3. 按照 T568B 标准的线序要求进行理线 4. 剪齐 5. 将线芯按照线序插入水晶头 6. 用压线钳进行压接 7. 做另一端水晶头 8. 测试
五、实训思考
（1）T568B 标准规定的线序分别是什么？ （2）简述如何利用测试仪检查双绞线的导通性。 （3）双绞线连接分为直通双绞线的连接和交叉双绞线的连接，简述它们之间的区别。 （4）可否用万用表测试双绞线的导通性？

实训 2　信息模块的制作

扫码观看信息模块的制作微课视频。

1. 实训目的

通过练习掌握信息模块的制作方法与步骤。

2. 实训内容

要求学生首先将一根双绞线连接两个信息模块，其次利用做好的两根网线各连接一个信息模块，最后用测试仪测试导通情况。

3. 实训方法

（1）从双绞线头部开始将外套层去掉 20mm 左右，并将 8 根导线理直。

（2）按照信息模块的标识色块，将双绞线的线色与其对应一致，卡入信息模块端口中。RJ-45 信息模块满足超五类传输标准，符合 T568A 和 T568B 线序，适用于设备间与工作区的通信插座连接。信息模块的端接方式的主要区别在于模块的内部固定连线方式。

（3）用打线工具将双绞线打入信息模块中。

（4）将信息模块卡入信息插座面板。

（5）检查后进行测试。

器材配备：按实验组提供（2 人一组）：信息模块 2 个、双绞线 1.2m、打线工具一把、测试仪一套、制作好的网线两根。

实训任务单

一、实训指南
观看微课视频——预操作练习——听课（老师讲解、示范）——再操作——完成实训任务单
二、实训内容
信息模块的制作
三、实训工具
双绞线、信息模块、水晶头、剥线钳、打线钳、测试仪
四、实训步骤
1. 工具及线缆准备 2. 剥线 3. 按照线序将 8 根线芯卡入信息模块对应槽中 4. 利用打线钳进行打线 5. 将信息模块卡入信息插座面板 6. 测试
五、实训思考
（1）请在实验报告中画出信息模块的外形图，并在图上标记线序。 （2）比较信息模块与 RJ-45 水晶头制作的方法与步骤，总结出要领。

实训 3　六类屏蔽模块的制作

扫码观看六类屏蔽模块的制作微课视频。

1. 实训目的

（1）熟悉六类屏蔽模块的功能和使用方法。

（2）通过练习掌握六类屏蔽模块的制作方法与步骤。

2. 实训内容

（1）观看视频制作过程。

（2）进行六类屏蔽模块的制作，并测试其导通情况。

3. 实训方法

（1）使用剥线器将外护套剥除 20mm 左右的长度，如图 2.59 所示。

图 2.59　剥除外护套

（2）将屏蔽层沿外护套末端翻折，使其紧贴外护套，同时将接地线翻折并紧贴屏蔽层，最后去除裸露在外的透明薄膜和撕裂线及十字骨架，如图 2.60 所示。

图 2.60　剪掉十字骨架

（3）将线芯按照 T568B 标准的线序要求依次嵌在对应的端线模块线槽中，如图 2.61 所示。

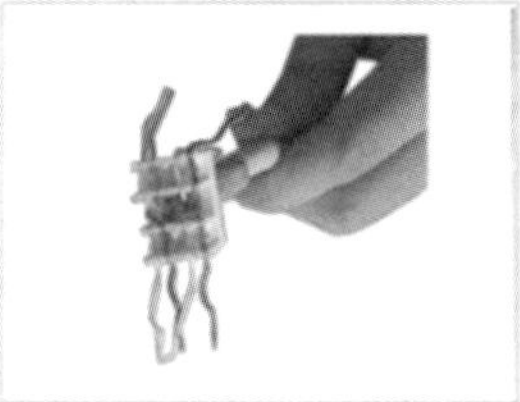

图 2.61　压入线槽

（4）按照颜色线序带上扣锁式端接帽，并去除多余的导线，如图 2.62 所示。

图 2.62　去除多余导线

（5）锁上两边的外罩侧盖，如图 2.63 所示。

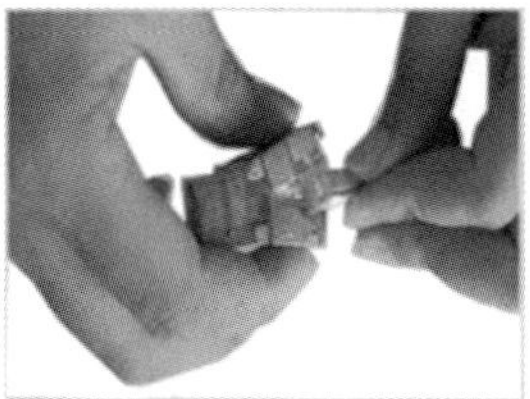

图 2.63　锁上外罩侧盖

（6）使模块屏蔽层与线缆屏蔽层实现 360° 接触，同时做好接地处理，如图 2.64 所示。

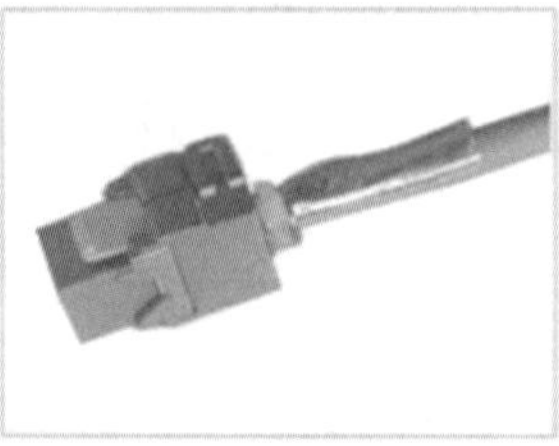

图 2.64 接地处理

实训任务单

一、实训指南
观看微课视频——预操作练习——听课（老师讲解、示范）——再操作——完成实训任务单
二、实训内容
六类屏蔽模块的制作
三、实训工具
六类屏蔽双绞线、六类屏蔽模块、剥线钳、测试仪
四、实训步骤
1．使用剥线器剥除外护套 2．去除透明薄膜、撕裂线及十字骨架 3．将线芯压入模块线槽 4．带上扣锁式端接帽 5．锁上外罩侧盖 6．接地处理 7．进行测试
五、实训思考
（1）比较屏蔽线缆和非屏蔽线缆、屏蔽模块和非屏蔽模块的区别。 （2）如何进行接地处理？总结出要领。

实训 4　光纤的熔接

扫码观看光纤的熔接微课视频。

1．实训目的

（1）熟悉光纤熔接工具的功能和使用方法。

（2）熟悉光缆的开剥及光纤端面制作。

（3）掌握光纤熔接技术。

（4）学会使用光纤熔接机熔接光纤。

2．实训内容

（1）观看视频制作过程。

（2）熟悉光纤熔接工具。

（3）要求学生严格按照光纤熔接的程序进行操作。

3. 实训方法

光纤熔接是光纤传输系统中工程量最大、技术要求最复杂的重要工序，其质量好坏直接影响光纤线路的传输质量和可靠性。光纤熔接的方法一般有熔接、活动连接和机械连接 3 种。其中，熔接法的节点损耗小、反射损耗小、可靠性高，在实际工程中经常使用。

1）光纤熔接时应遵循的原则

当芯数相同时，将同束管内的对应光纤熔接；当芯数不同时，按顺序先熔接大芯数，再熔接小芯数。常见的光缆有层绞式、骨架式和中心管束式光缆，纤芯的颜色按顺序分为蓝、橘、绿、棕、灰、白、红、黑、黄、紫、粉、青。多芯光缆把不同颜色的光纤放在同一管束中成为一组，这样一根光缆内可能有好几个管束。正对光纤横切面，把红管束看作光缆的第一管束，顺时针依次为绿、白 1、白 2、白 3 等。

2）准备熔接工具

光纤熔接过程中使用的主要工具有光纤熔接机、光纤切割机、光纤剥纤钳、光纤多孔钳、剪刀、酒精棉、热缩套管、卫生纸、标签等。其中，光纤熔接机用来熔接光纤，光纤切割机用来制作光纤端面，剥纤钳用来剥去光纤管束和涂覆层，热缩套管放在光纤熔接处保护光纤。工具准备好后，把光纤熔接机放在整洁、水平的地面或平台上，准备开始熔接。

3）熔接光纤

① 去皮工作。使用光纤多孔钳剥除光纤表面皮层约 16cm 的长度（见图 2.65），使用凯夫拉剪刀剪掉纺纶线，用卫生纸擦拭涂覆层（见图 2.66），并使用光纤剥纤钳剥去 5～6cm 长的光纤，使用光纤剥线钳前面的粗口剥掉光纤包裹层，用里面的小口剥去光纤表面的透明包裹层（见图 2.67）。注意不要用力过大，以免弄断光纤。

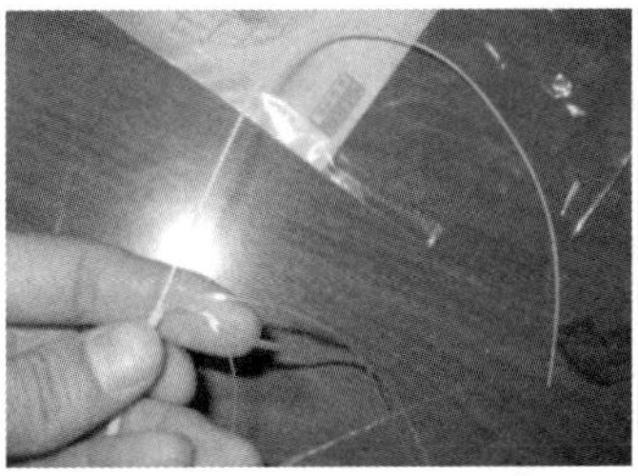

图 2.65　剥皮后的光纤

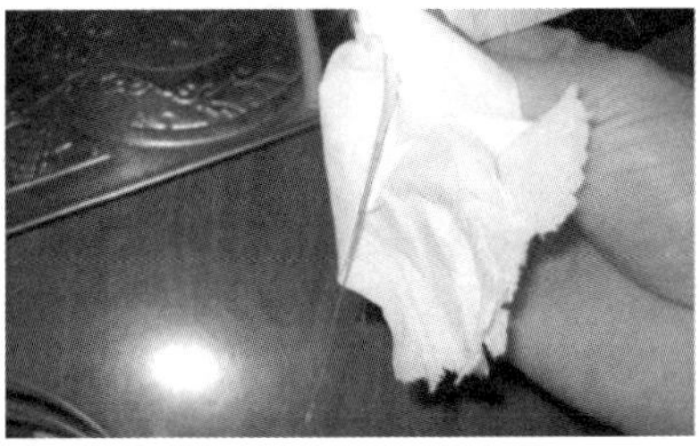

图 2.66　擦拭涂覆层

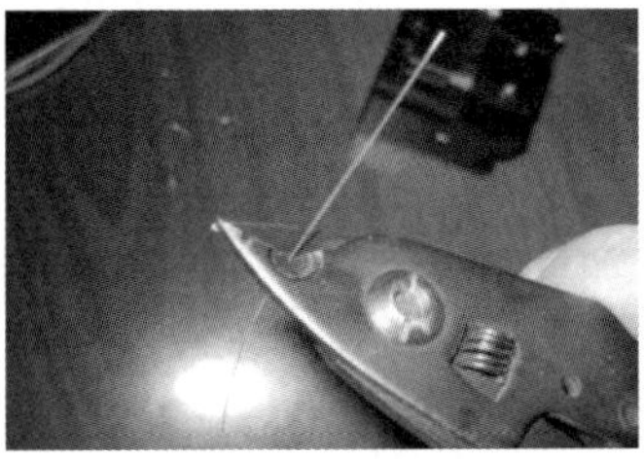

图 2.67　剥掉光纤包裹层

② 清洗工作。使用酒精棉对剥好的光纤进行擦拭，用力要适度，确保光纤上无异物，如图 2.68 所示。

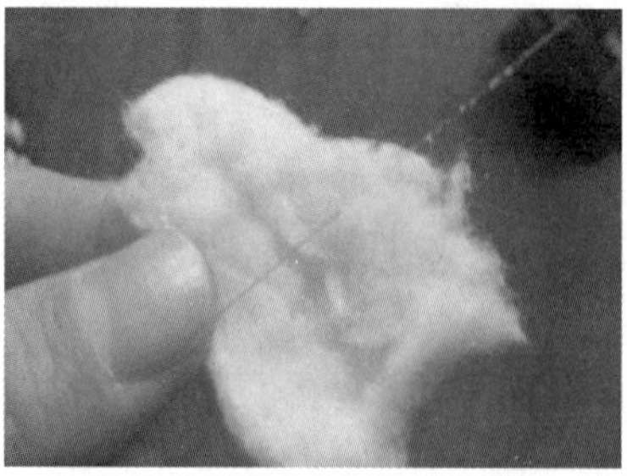

图 2.68　用酒精棉擦拭光纤

③ 切割工作。将光纤切割机归位，并将擦拭好的光纤轻放在光纤切割机上，如图 2.69 所示。注意，在放光纤的过程中不要推拉，以免粘上异物。盖好盖子进行光纤的切割，如图 2.70 所示。注意，在切割好拿出的过程中不要触碰物体，以免损伤光纤。切割后的光纤如图 2.71 所示。

图 2.69　将光纤轻放在光纤切割机上

图 2.70　切割光纤

图 2.71　切割后的光纤

④ 熔接工作。光纤切割好后要立即放到熔接机中。熔接机平台要保证洁净、无灰尘，如有灰尘则要用酒精棉擦拭干净。放置光纤时要放到熔接机的 V 形槽中，小心压上光纤压板和光纤夹具，要根据光纤切割长度设置光纤在压板中的位置。将另一根光纤也放入熔接机，并将热缩套管套在光纤上。关上防风罩，按“Auto”键自动熔接。过程如图 2.72～图 2.75 所示。

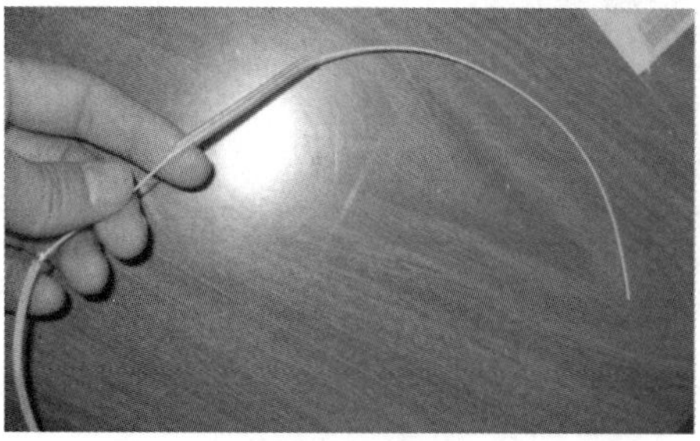

图 2.72　将热缩套管套在光纤上

图 2.73　将光纤放在熔接机上

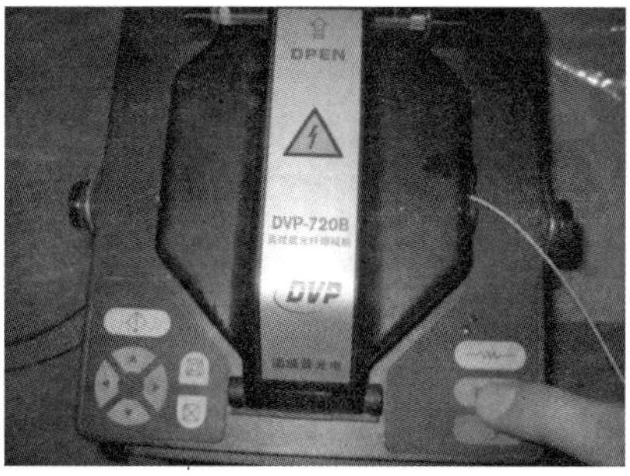

图 2.74 进行熔接

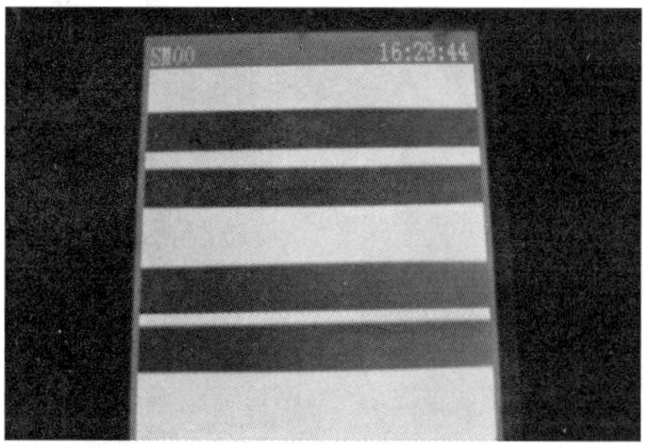

图 2.75 熔接成功

⑤ 加热工作。用加热炉加热热缩套管。打开防风罩，把光纤从熔接机上取下来，再将热缩套管放在裸纤中心，放到加热炉中加热。大约 40～60s 后，加热指示灯熄灭，这时不要着急拿出光纤，待热缩套管晾一会定型后再取出，如图 2.76～图 2.78 所示。

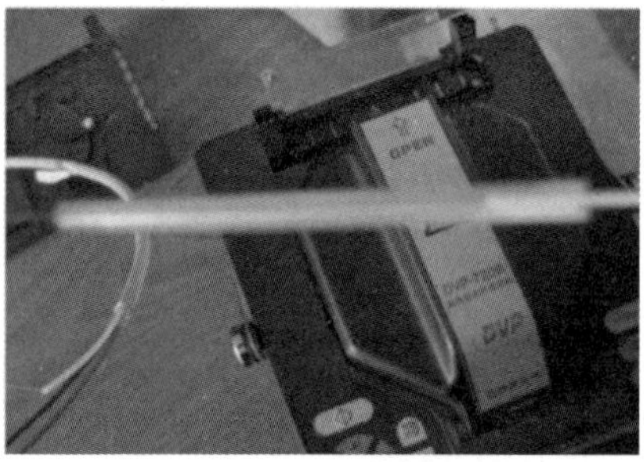

图 2.76 套热缩套管

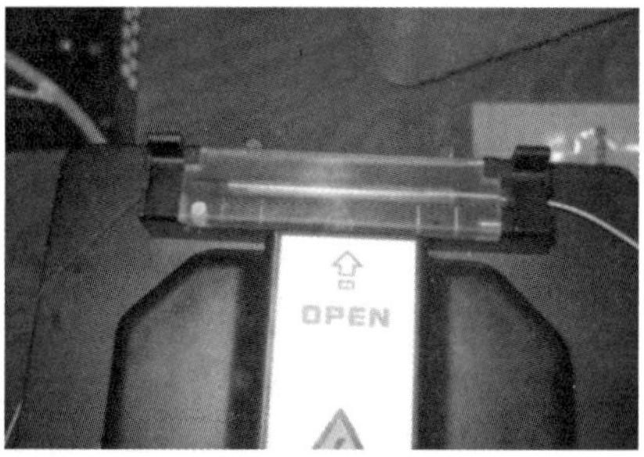

图 2.77 加热热缩套管

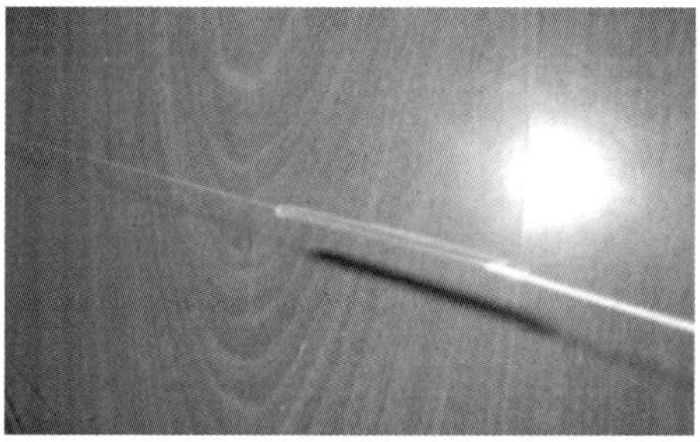

图 2.78 熔接好的光纤

⑥ 检查设备、工具是否齐全完好并清理现场垃圾。

实训任务单

一、实训指南
观看微课视频——预操作练习——听课（老师讲解、示范）——再操作——完成实训任务单
二、实训内容
光纤的熔接
三、实训工具
光纤熔接机、光纤切割机、光纤剥纤钳、光纤多孔钳、剪刀、酒精棉、热缩套管、卫生纸、标签等

续表

四、实训步骤
1. 去皮工作
2. 使用酒精棉对剥好的光纤进行擦拭
3. 利用光纤切割机切割擦拭好的光纤
4. 熔接工作
5. 用加热炉加热热缩套管
6. 检查设备、工具是否齐全完好并清理现场垃圾
五、实训思考
（1）为什么熔接后的光功率应比熔接之前大？
（2）在目测光纤接头质量时，出现以下不良状态的原因是什么？如何处理？
① 接头有痕迹；② 轴向偏移；③ 接头成球状。

思考与练习

一、选择题

1. EIA/TIA 标准规定的 6 类综合布线系统中最大带宽为（　　）。

A. 100MHz　　B. 250MHz　　C. 200MHz　　D. 600MHz

2. 光纤分为单模光纤和多模光纤，与多模光纤相比，单模光纤的主要特点是（　　）。

A. 高速度、短距离、高成本、粗芯线

B. 高速度、长距离、低成本、粗芯线

C. 高速度、短距离、低成本、细芯线

D. 高速度、长距离、高成本、细芯线

3. 双绞线可分为非屏蔽双绞线和屏蔽双绞线两大类，它们的英文缩写是（　　）。

A. UTP 和 STP　　B. FTP 和 STP

C. STP 和 FTP　　D. STP 和 UTP

4. 下列参数中，（　　）是测试值越小越好的参数。

A. 衰减　　B. 远端串扰　　C. 近端串扰　　D. 衰减串扰比

5. 光纤规格 62.5 / 125 中的“125”表示（　　）。

A. 光纤纤芯的直径　　B. 光纤包层直径

C. 光纤中允许通过的光波波长　　D. 允许通过的最高频率

二、简答题

1. 表征双绞线性能的指标有哪些？

2. 试比较 UTP 和 STP 的优点和缺点。

3. 请简要叙述光缆的结构和传输原理。

4. 光缆主要有哪些类型？

5. 如何制作 RJ-45 水晶头并进行测试？

6. 如何制作信息模块并进行测试？

7. 简述配线架的作用及接入方法。

第3章

综合布线系统设计与实施

结构化布线系统是基于模块化子系统的概念构筑而成的，每个模块化子系统既相互独立，又相互协作，构成了一个完整的建筑综合布线系统。结构化布线系统的每个子系统的设计和安装都独立于其他的布线子系统。所有的结构化布线子系统都互相连接，并以一个单独的布线系统的形式共同工作，这使得在不影响其他子系统的情况下可以对某个子系统进行更改，从而推进了系统的发展，并增加了灵活性。

综合布线系统的基本构成应包括建筑群子系统、干线子系统和配线子系统，如图 3.1 所示。

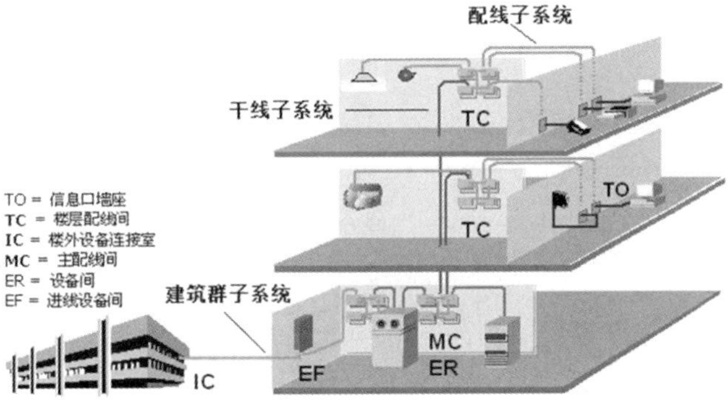

图 3.1　综合布线系统

综合布线系统工程设计应符合下列规定：

（1）一个独立的需要设置终端设备（TE）的区域宜划分为一个工作区。工作区应包括信息插座模块（TO）、终端设备处的连接缆线及适配器。

（2）配线子系统应由工作区内的信息插座模块、信息插座模块至电信间配线设备的水平缆线、电信间的配线设备及设备缆线和跳线等组成。

（3）干线子系统应由设备间至电信间的主干缆线、安装在设备间的建筑物配线设备及设备缆线和跳线组成。

（4）建筑群子系统应由连接多个建筑物之间的主干缆线、建筑群配线设备及设备缆线和跳线组成。

（5）设备间应为在每栋建筑物的适当地点进行配线管理、网络管理和信息交换的场地。综合布线系统设备间宜安装建筑物配线设备、建筑群配线设备、以太网交换机、电话交换机、计算机网络设备。入口设施也可安装在设备间内。

（6）进线间应为建筑物外部信息通信网络管线的入口部位，并可作为入口设施的安装场地，

（7）管理应对工作区、电信间、设备间、进线间、布线路径环境中的配线设备、缆线、信息插座模块等设施按一定的模式进行标识、记录和管理。

3.1 工作区

局域网络由多个工作区组成，工作区是一个从信息插座延伸至终端设备的区域。工作区布线要求相对简单，从而容易移动、添加和变更设备。工作区包括水平配线系统的信息插座、连接信息插座和终端设备的跳线及适配器。

一个独立的工作区通常拥有一台计算机和一部电话机，设计等级分为基本型、增强型和综合型。目前绝大部分新建工程采用增强型设计等级，为语音点和数据点互换奠定基础。

一个语音点可端接的电话机数量应视用户采用的线路而定。如果是二线制电话机，则可端接四部电话机；如果是四线制电话机，则只能端接两部电话机；如果是六线、八线制电话机，则只能端接一部电话机，应根据用户的实际情况来决定。

工作区在终端设备和输入/输出之间实现搭接，它相当于电话配线系统中连接电话机的用户线及电话机部分，如图 3.2 所示。终端设备可以是电话机、微型计算机和数据终端，也可以是仪器仪表、传感器的探测器。

工作区可支持电话机、数据终端、微型计算机、电视机、监视及控制等终端设备的设置和安装。

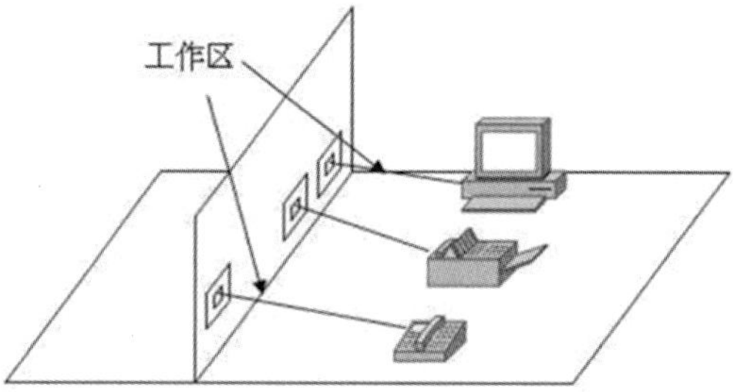

图 3.2　工作区

3.1.1　设计要点

工作区设计要考虑以下要点：

（1）工作区内线槽要布置得合理、美观。

（2）信息插座要设计在距离地面 30cm 以上（见图 3.3）。

（3）信息插座与计算机设备的距离保持在 5m 的范围内。

（4）购买的网卡接口类型要与线缆接口类型保持一致。

（5）明确所有工作区信息模块、信息插座、面板的数量。

（6）明确 RJ-45 的数量。

（7）基本链路长度限定在 90m 内，信道长度限定在 100m 内。

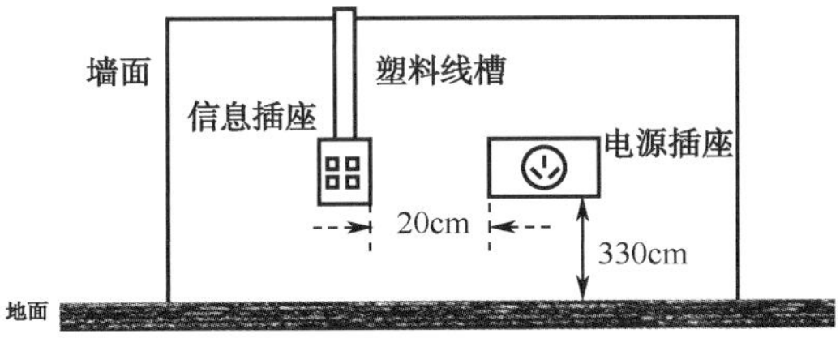

图 3.3 信息插座距离地面的高度

建筑物的功能类型较多，大体上可以分为商业、文化、媒体、体育、医院、学校、交通、住宅、通用工业等。因此，工作区面积的划分应对应用场合进行具体分析后再确定。工作区面积需求如表 3.1 所示。

表 3.1 工作区面积划分表

建筑物类型及功能	工作区面积（m^2）
网管中心、呼叫中心、信息中心等终端设备较为密集的场地	3～5
办公区	5～10
会议、会展	10～60
商场、生产机房、娱乐场所	20～60
体育场馆、候机室、公共设施区	20～100
工业生产区	60～200

3.1.2 布线方案

工作区内的布线主要包括高架地板布放式、护壁板式和埋入式等几种布线方式。

1. 高架地板布放式

若服务器机房或其他重要场合采用高架防静电地板（见图 3.4），则可采用高架地板布放式方式布线。该方式施工简单、管理方便、布线美观，并且可以随时扩充。

图 3.4 高架防静电地板

首先在高架地板下安装布线管槽，其次将缆线穿入管槽，最后分别连接至安装于地板上的信息插座和配线架即可。当采用该方式布线时，应当选用地上型信息插座，并将其固定在高架地板上。

2. 护壁板式

所谓护壁板式，是指将布线管槽沿墙壁固定并隐藏在护壁板内的布线方式。该方式由于无须挖墙壁和地面，因而不会对原有建筑造成破坏，主要用于集中办公场所、营业大厅等机房的布线。该方式通常使用桌上型信息插座，并且被明装固定于墙壁上，如图 3.5 所示。

图 3.5　护壁板式布线

3. 埋入式

如果要布线的楼宇还在施工，那么可以采用埋入式布线方式，将线缆穿入 PVC 管槽内、地板垫层中或墙壁内。该方式通常使用墙上型信息插座，并且底盒被暗埋于墙壁中，如图 3.6 所示。

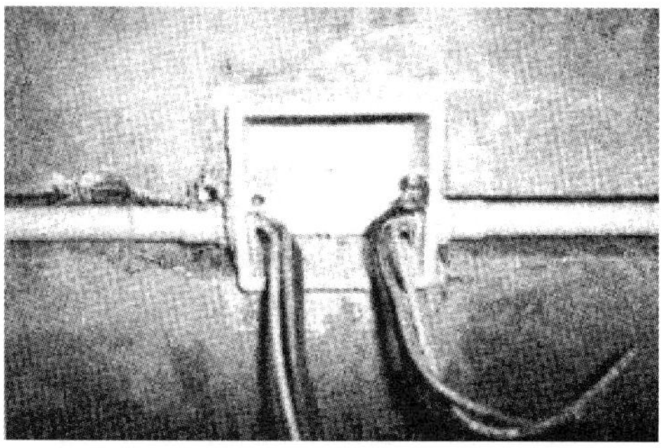

图 3.6　埋入式布线

3.1.3　布线材料及设备的选择

工作区的每个信息插座都应该支持电话机、数据终端、计算机及监视器等终端设备，同时，为了便于管理和识别，有些厂家的信息插座做成了多种颜色：黑、白、红、蓝、绿、黄。这些颜色的设置应符合 TIA/EIA 606 标准。工作区的布线材料主要是连接信息插座与计算机的跳线及必要的适配器。

1. 跳线

对跳线的选择，应当遵循以下规定：

- 跳线使用的线缆必须与水平布线完全相同，并且完全符合布线系统标准的规定。
- 每个信息点需要一条跳线。
- 跳线的长度通常为 2～3m，最长不超过 5m。
- 如果水平布线采用超五类非屏蔽双绞线，那么从节约投资的角度来看，可以手工制作跳线。
- 如果采用六类或七类双绞线布线，则建议购置成品跳线。
- 如果水平布线采用光缆，那么光纤跳线的芯径与类别必须与水平布线保持一致。

2. 适配器

工作区适配器的选用应符合下列要求：

- 在设备连接器处采用不同信息插座的连接器时，可以使用专用电缆或适配器。
- 当在单一信息插座上进行两项服务时，应用 Y 形适配器。
- 在配线子系统中选用的电缆类别（介质）不同于设备所需的电缆类别时，应采用适配器。
- 在连接使用不同信号的数模转换或数据速率转换等相应的装置时，应采用适配器。

- 对于网络规程的兼容性，可用协议转换适配器。
- 根据工作区内不同的电信终端设备（如 ISDN 终端），可配备相应的终端匹配器。

3.1.4 工作区的安装技术

1. 信息插座安装位置

在《综合布线系统工程设计规范》（GB 50311—2016）第 6 章安装工艺要求内容中，对工作区的安装工艺提出了具体要求。

（1）地面安装的信息插座必须选用地弹插座，嵌入地面安装，使用时打开盖板，不使用时盖板应该与地面高度相同。

（2）墙面安装的信息插座底部离地面的高度宜为 0.3m，嵌入墙面安装，使用时打开防尘盖插入跳线，不使用时防尘盖自动关闭，与电源插座保持一定的距离。

2. 信息插座安装原则

（1）对于教学楼、学生公寓、实验楼、住宅楼等不需要进行二次区域分割的工作区，信息插座宜设计在非承重的隔墙上，并靠近设备使用的位置。

（2）对于写字楼、大厅等需要二次分割和装修的区域，信息插座宜设置在四周墙面上，也可以设置在中间的立柱上，但要考虑二次隔断和装修时的扩展方便性和美观性。对于大厅、展厅、商业收银区，在设备安装区域的地面上要设置足够的信息插座。墙面插座底盒下边缘距离地面的高度为 0.3m，地面插座底盒应低于地面。

（3）对于学生公寓等信息点密集的隔墙，宜在隔墙两面对称设置信息插座。

（4）对于银行营业大厅的对公区、对私区和 ATM 自助区，信息插座的设置要考虑隐蔽性和安全性。特别是离行式 ATM 机的信息插座，不能暴露在客户区。

（5）对于电子屏幕、指纹考勤机、门警系统，信息插座的高度应参考设备的安装高度设置。

3. 插座底盒安装步骤

安装插座底盒时，一般按照下列步骤进行。

（1）检查质量和螺丝孔。打开产品包装，检查合格证，目视检查产品的外观质量情况和配套螺丝。重点检查底盒螺丝孔是否正常，如果其中有 1 个螺丝孔损坏，则坚决不能使用。

（2）去掉挡板。根据进/出线方向和位置，取掉底盒预留孔中的挡板。注意，需要保留其他挡板，否则在施工中水泥砂浆会灌入底盒。

（3）固定底盒。明装底盒按照设计要求用膨胀螺丝直接固定在墙面上。安装底盒首先使用专门的管接头把线管和底盒连接起来，这种专用接头的关口有圆弧，既方便穿线，又能保护线缆不被划伤或损坏。然后用膨胀螺丝或水泥砂浆固定底盒。

需要注意的是，底盒嵌入墙面不能太深，如果太深，配套的螺丝长度不够，就无法固定面板。

（4）成品保护。暗装底盒的安装一般在土建施工过程中进行，因此在底盒安装完毕后，必须进行成品保护，特别要保护螺丝孔，防止水泥砂浆灌入螺丝孔或穿线管内。一般做法是在底盒外侧盖上纸板，也有用胶带纸保护螺丝孔的做法。具体过程如图 3.7～图 3.10 所示。

图 3.7 检查底盒

图 3.8 去掉上方挡板

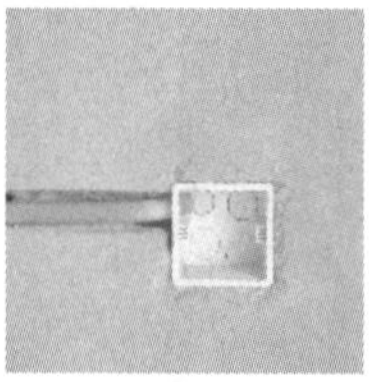

图 3.9　固定底盒

图 3.10　底盒保护

4．网络模块安装步骤

这里指的是 RJ-45 信息模块，满足超五类传输标准，符合 T568A 和 T568B 线序，适用于设备间与工作区的通信插座连接。信息模块的端接方式的主要区别在于模块的内部固定连线方式。两种端接方式所对应的接线顺序如下。

T568A 线序模式：白绿、绿、白橙、蓝、白蓝、橙、白棕、棕。

T568B 线序模式：白橙、橙、白绿、蓝、白蓝、绿、白棕、棕。

1）需打线型 RJ-45 信息模块安装

RJ-45 信息模块前面插孔内有 8 芯线针触点，分别对应着双绞线的 8 根线；后部两边分列各 4 个打线柱，外壳为聚碳酸酯材料，打线柱内嵌有连接各线针的金属夹子；有通用线序色标清晰注于模块两侧面上，分两排，A 排表示 T568A 线序模式，B 排表示 T568B 线序模式。这是最普通的需打线工具打线的 RJ-45 信息模块，如图 3.11 所示。

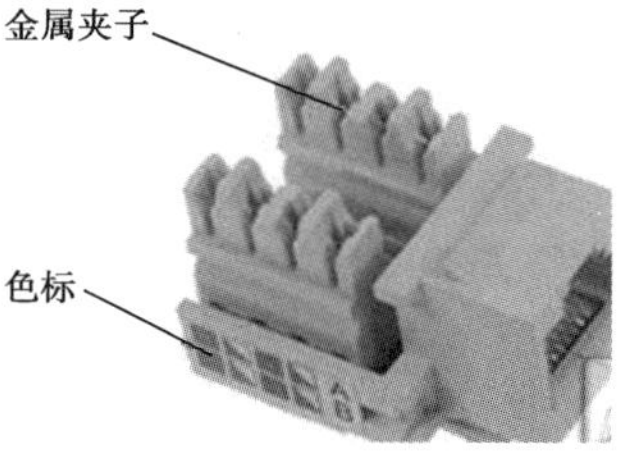

图 3.11　需打线型 RJ-45 信息模块

具体的制作步骤如下。

① 将双绞线从暗盒里抽出，预留 40cm 的线头，剪去多余的线。用剥线工具或压线钳的刀具在离线头 10cm 左右处将双绞线的外包皮剥去，如图 3.12 所示。

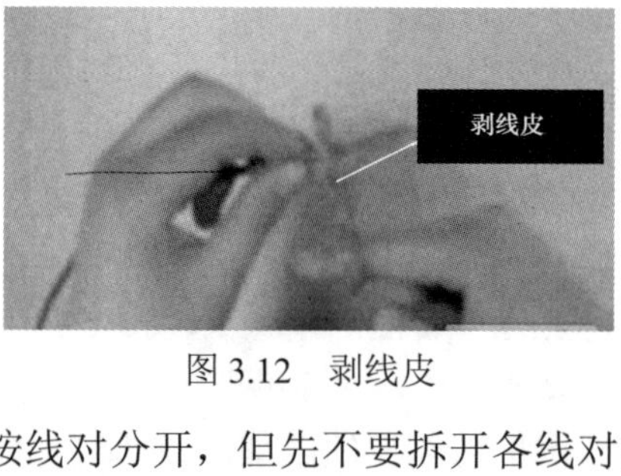

图 3.12　剥线皮

② 把剥开的双绞线线芯按线对分开，但先不要拆开各线对，在将相应线对预先压入打线柱时再拆开。按照信息模块上所指示的色标选择我们偏好的线序模式（注意：在一个布线系统中最好统一采用一种线序模式，否则接乱的话，网络不通很难排查），使剥皮处与模块后端面平行，两手稍旋开绞线对，将其压入相应的线槽内，如图 3.13 所示。

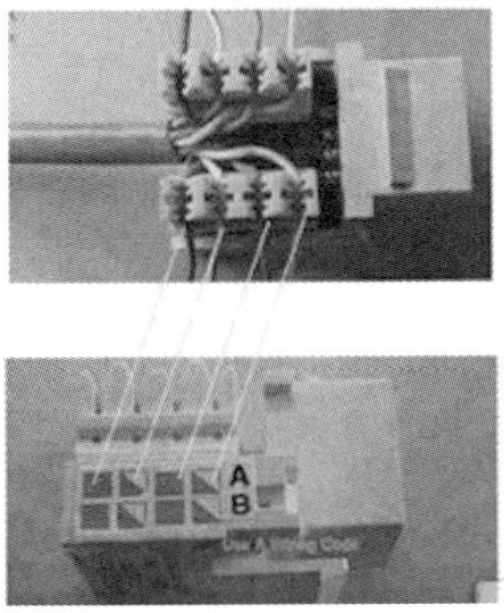

图 3.13　压线

③ 全部线对都压入各槽位后，用 110 打线工具（见图 3.14）将一根根线芯进一步压入线槽中。

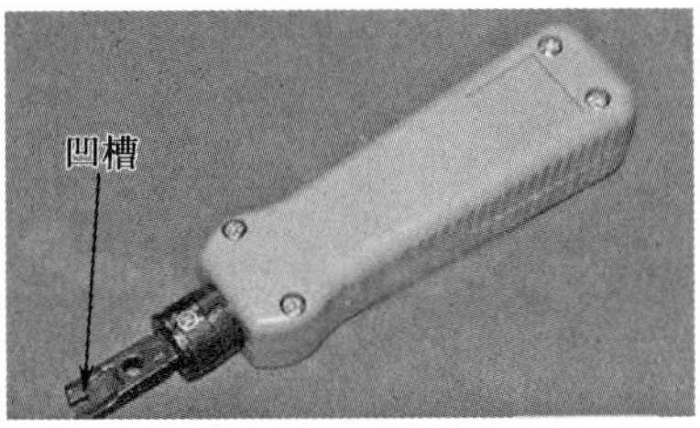

图 3.14　110 打线工具

110 打线工具的使用方法是切割余线的刀口永远朝向模块的外侧，打线工具与模块垂直插入槽位，垂直用力打线，听到“咔嗒”一声，说明工具的凹槽已经将线芯压到位，已经嵌入金属夹子里，并且金属夹子已经切入绝缘皮咬合铜线芯形成通路。这里特别要注意以下两点：一是刀口向外。若忘记，变成向内，那么压入的同时也会切断本来应该连接的铜线。二是垂直插入。打斜了的话，将使金属夹子的口撑开，从而失去咬合的能力，并且打线柱也会歪掉，难以修复，从而造成模块报废。打线工具在打线的同时应能切掉多条线芯，若不行，多打线几次，并可以用手拧掉，如图 3.15 所示。

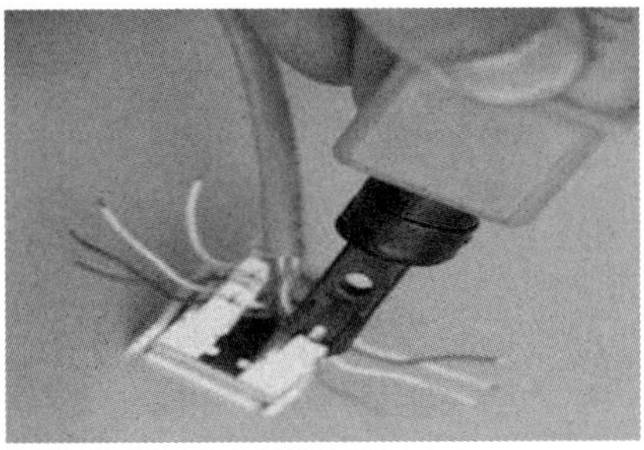

图 3.15　打线

④ 将信息模块的塑料防尘片扣在打线柱上，并将打好线的模块扣在信息面板上。打线时务必选用质量有保证的打线钳，否则一旦打线失败，就会使模块造成不必要的损失。

2）免打线型 RJ-45 信息模块安装

免打线型 RJ-45 信息模块无须打线工具就能准确、快速地完成端接，没有打线柱，而是在模块里面有两排各 4 个金属夹子，而锁扣机构集成在扣锁帽里，色标也标注在扣锁帽后端。端接时，用剪刀裁出约 4cm 的线，按色标将线芯放进相应的槽位并扣上，再用钳子压一下扣锁帽即可（有些可以用手压下并锁定）。扣锁帽能够确保铜线全部端接并防止滑动，多为透明，以方便观察线与金属夹子的咬合情况，如图 3.16 所示。

下面介绍 RJ-45 水晶头的压接方法。前面我们按 T568A 标准打线，所以这里的水晶头也按 T568A 标准压接。

将五类双绞线外皮剥掉 2cm，绞开线对拉直，按 T568A 标准要求的线序将各色线紧密平行在手上排列，再留约 1cm，裁平线头。左手抓住水晶头，右手小心地将排好线序的网线插入水晶头。注意，水晶头里有槽位，只容一条线芯通过，一线一槽才插得进去。右手要尽力插入，同时左右摇一摇，以求让线芯插到尽头，并在尽头也平整。这一点可以从水晶头的端面观察到，若能见到 8 根铜线的亮截面，则说明已经插到尽头，否则抽出重插，并可能要再次修剪线头。当见到 8 根铜线的亮截面以后，就可以用 RJ-45 压线工具压接了。压接时，也要有意识地向钳内顶线。压接完成后，还要再看一下 8 根铜线的亮截面是否能看到，如果看不到，则可能没有压接成功。

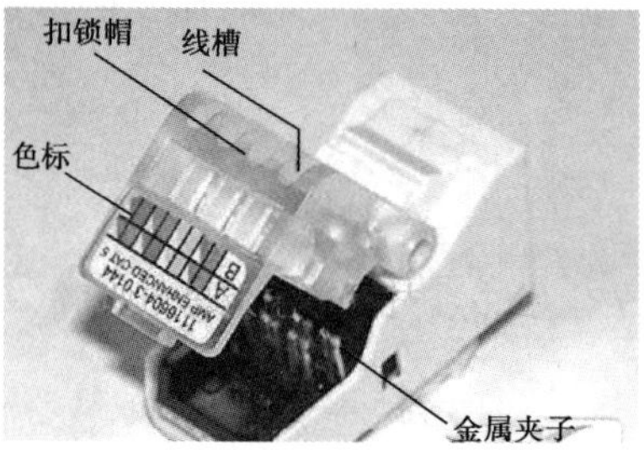

图 3.16　免打线型 RJ-45 信息模块

3.2　配线子系统

配线子系统（见图 3.17）是指从工作区的信息点出发，到水平配线间（楼层弱电间）的配线架（一般在一个楼层上）。基于智能大厦对通信系统的要求，需要把通信系统设计成易于维护、更换和移动的配置结构，以适应通信系统及设备未来发展的需要。配线子系统分布于智能大厦的各个角落，绝大部分通信电缆包括在这个子系统中。相对于干线子系统而言，配线子系统一般安装得十分隐蔽。在智能大厦交工后，该子系统很难接近，因此更换和维护水平线缆的费用很高，技术要求也很高，如果经常对水平线缆进行维护和更换，就会影响大厦内用户的正常工作，严重时会中断用户的通信系统。由此可见，配线子系统的管路敷设、线缆选择将成为综合布线系统中重要的一环。因此，电气工程师应初步掌握综合布线系统的基本知识，从施工图中领悟设计者的意图，并从实用角度出发为用户着想，减少或消除日后用户对配线子系统的更改，这是十分重要的。

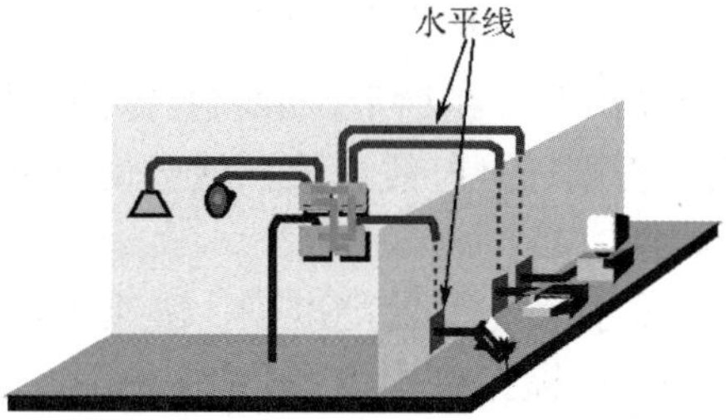

图 3.17　配线子系统

3.2.1 配线子系统设计规范

配线子系统设计应根据工程提出的近期和远期终端设备的设置要求、用户性质、网络构成及实际需要，确定建筑物各层需要安装的信息插座模块的数量及其位置，且配线应留有扩展余地。

1. 配线子系统结构

星型结构是配线子系统最常用的拓扑结构，每个信息点都必须通过一根独立的线缆与电信间的配线架连接。每个楼层都有一个通信配线间为此楼层的各个工作区服务。为了使每种设备都连接到星型结构的布线系统上，在信息点上可以使用外接适配器，这样有助于提高配线子系统的灵活性。图 3.18 所示为配线子系统结构图。

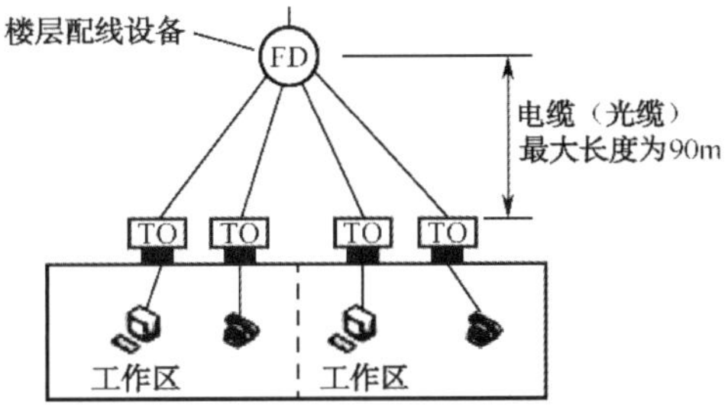

图 3.18 配线子系统结构图

2. 设计要点

配线子系统应根据楼层用户类别及工程提出的近、远期终端设备要求确定每层的信息点（TO）数量。在确定信息点数量及位置时，应考虑终端设备将来可能发生的移动、修改、重新安排，以便于对一次性建设和分期建设方案的选定。

当工作区为开放式大密度办公环境时，宜采用区域式布线方法，即从楼层配线设备（FD）上将多对数电缆布至办公区域。根据实际情况采用合适的布线方法，也可通过集合点（CP）将线引至信息点。

配线电缆宜采用 8 芯非屏蔽双绞线，语音口和数据口宜采用五类、超五类或六类双绞线，以增强系统的灵活性。对于高速率应用场合，宜采用多模或单模光纤，每个信息点的光纤宜为 4 芯。

信息点应为标准的 RJ-45 型插座，并与线缆类别相对应。多模光纤插座宜采用 SC 插接形式，单模光纤插座宜采用 FC 插接形式。信息插座应在内部做固定连接，不得空线、空脚。在要求屏蔽的场合，插座必须有屏蔽措施。

每个工作区的信息点数量可根据用户性质、网络构成和需求来确定。表 3.2 对此进行了一些分类，供设计时参考。

表 3.2 信息点数量的确定

建筑物功能区	信息点数量（每个工作区）			备 注
	电 话	数 据	光纤（双工端口）	
办公区（一般）	1 个	1 个		
办公区（重要）	1 个	2 个	1 个	对数据信息有较大需求
出租或大客户区域	2 个或以上	2 个或以上	1 个或以上	指整个区域的配置量
办公区（e2 工程）	2～5 个	2～5 个	1 个或以上	涉及内、外网络

3. 配线子系统长度

按照 GB 50311—2016 国家标准的规定，配线子系统对缆线的长度做了统一规定。配线子系统各缆线长度（见图 3.19）的划分应符合下列要求。

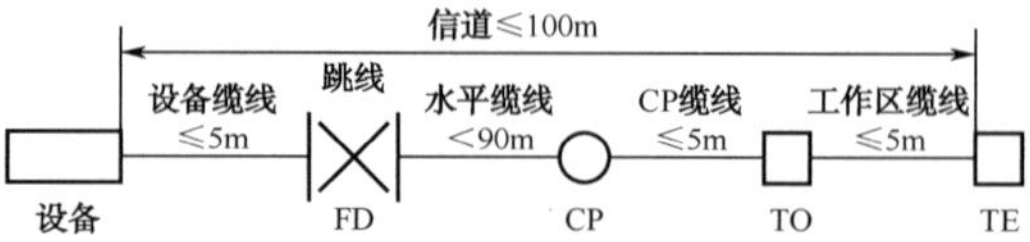

图 3.19 配线子系统各缆线长度

配线子系统信道的最大长度不应大于 100m。其中，水平缆线的长度不大于 90m，一端工作区设备连接跳线不大于 5m，另一端设备间（电信间）的跳线不大于 5m，如果两端的跳线之和大于 10m，则水平缆线长度（90m）应适当减小，以保证配线子系统信道最大长度不大于 100m。

信道总长度不应大于 2 000m。信道总长度等于综合布线系统水平缆线、建筑物主干缆线及建筑群主干缆线长度之和。

建筑物或建筑群配线设备之间（FD 与 BD、FD 与 CD、BD 与 BD、BD 与 CD 之间）组成的信道出现 4 个连接器件时，主干缆线的长度不应小于 15m。

开放型办公室布线系统长度的计算。对于商用建筑物或公共区域大开间的办公楼、综合楼等场地，由于其使用对象数量的不确定性和流动性等因素，宜按开放办公室综合布线系统要求进行设计，并应符合下列规定：采用多用户信息插座时，每个多用户信息插座包括适当的备用量在内，宜能支持 12 个工作区所需的 8 位模块式通用插座；各段缆线长度可按表 3.3 选用。

表 3.3 各段缆线长度

电缆总长度（m）	水平布线电缆 H（m）	工作区电缆 W（m）	电信间跳线和设备电缆 D（m）
100	90	5	5
99	85	9	5
98	80	13	5
97	75	17	5
97	70	22	5

CP 集合点的设置。如果在配线子系统施工中需要增加 CP 集合点，那么同一根水平线缆上只允许有一个 CP 集合点，而且 CP 集合点与 FD 配线架之间水平线缆的长度应大于 15m。

CP 集合点的端接模块或配线设备应安装在墙体或柱子等建筑物固定的位置上，不允许随意放置在线槽或线管内，更不允许暴露在外面。

CP 集合点只允许在实际布线施工中应用，规范了线缆端接做法，适合解决布线施工中个别线缆穿线困难时中间接续的问题。但在实际施工中要尽量避免出现 CP 集合点，在前期项目设计中不允许出现 CP 集合点。

3.2.2 布线材料

水平布线所需要的布线材料包括线缆（光缆或双绞线）和信息插座，以及桥架、管材等辅料。

1. 线缆

配线子系统线缆应采用超五类或六类双绞线，电磁干扰较为严重的位置可采用超五类或六类屏蔽双绞线，个别对安全性、稳定性和传输速率要求较高的位置（如网络服务器或图形工作站的连接）也可采用室内多模光缆。

2. 信息插座

每个工作区信息插座模块的数量不宜少于 2 个，并能够满足各种业务需求。因此，在通常情况下，宜采用双口面板（见图 3.20）。底盒数量应根据插座盒面板设置的开口数确定，每个底盒支持安装的信息点数量不宜大于 2 个。

图 3.20　双口面板

工作区的信息插座模块应支持不同的终端设备接入，每个 8 位模块式通用插座应连接一根 4 对双绞线电缆，每个双工或两个单工光纤连接器件及适配器连接一根 2 芯光缆。

光纤信息插座模块安装的底盒大小应充分考虑水平光缆（2 芯或 4 芯）终接处的光缆盘留空间，以及满足光缆对弯曲半径的要求。

信息模块的需求量一般为

$$m=n\times(1+3\%)$$

其中，m 表示信息模块的总需求量；n 表示信息点的总量；3%表示富余量。

3. 配线架

配线架应当根据水平布线的线缆类别选择。如果水平布线使用双绞线作为传输介质，那么应当采用双绞线配线架，并且与线缆采用统一标准，如统一采用 CAT5e 或 CAT6 标准；如果水平布线使用光缆作为传输介质，那么应当采用光缆终端盒作为配线设备。此外，配线架所提供的端口数量应当与信息模块的数量相匹配。由于水平布线往往拥有大量的信息点，因此通常选择 24 口或 48 口配线架。图 3.21 所示为 48 口超五类配线架。

图 3.21　48 口超五类配线架

3.2.3　布线方案

设计者要根据建筑物的结构特点，从路由最短、造价最低、施工方便、布线规范等几个方面考虑布线方案。但由于建筑物中的管线较多，往往某些方面会存在矛盾，所以设计配线子系统时必须折中考虑，优选最佳的水平布线方案。一般有 3 种类型的布线方案可供选择，介绍如下。

1. 直接埋管方式

直接埋管方式指通过一系列密封在混凝土里的金属布线管道进行布线，如图 3.22 所示。

图 3.22　直接埋管方式

这些金属管道从配线间向信息插座的位置辐射。根据通信和电源布线要求、地板厚度和占用的地板空间等条件，直接埋管方式可能要采用厚壁镀锌管或薄型电线管。为了经济合理地利用金属管，允许在同一金属管内穿几条综合布线水平电缆。这种方式在以前的设计中普遍使用。

现代楼宇不仅有较多的电话语音点，还有较多的计算机数据点，并且要求语音点与数据点互换，以增加综合布线系统的使用灵活性。因此，综合布线的水平线缆比较粗，如三类 4 对非屏蔽双绞线外径为 4.7mm，截面积为 17.3mm^2；五类 4 对非屏蔽双绞线外径为 5.6mm，截面积为 24.62mm^2，各厂家的线缆基本相同。屏蔽双绞线则更粗。在设计中，三类、五类双绞线混用，统一取截面积为 20 mm^2。对于目前使用较多的 SC 镀锌钢管及阻燃高强度 PVC 管，占空比取 30%～50%。

现代楼宇房间内的信息点较多，一般 10m^2 布 1 个语音点和 1 个数据点。按一个房间的面积为 60m^2 计算，一个房间内有 6 个语音点和 6 个数据点，共 12 个信息点。如果用一根 SC40 管来穿 12 根电缆，那么由弱电间出来的 SC40 管就较多，常规做法是将这些管子埋在走廊的垫层中形成排管。

由于排管数量比较多，钢管的费用相应增加，相对于吊顶内走线槽方式的价格优势不大，而局限性较大，直接埋管方式在现代建筑中慢慢已被其他方式取代。不过在地下层，信息点比较少，且没有吊顶，一般还继续使用直接埋管方式。

此外，直接埋管方式的改良方式也有应用，即由弱电井到各房间的排管不打在地面垫层中，而是吊在走廊的吊顶中，到各房间的适当位置后，再用分线盒分出较细的支管，沿房间吊顶顺墙而下到信息出口中。由于排管走吊顶，可以隔一段距离加过线盒以便穿线，所以远端房间离弱电井的距离不受限制；吊顶内排管的管径也可选择较大的，如 SC50。但这种改良方式明显不如先走桥架再走支管的方式灵活，因此应用范围不广，一般用在塔楼的塔身层面积不大且没有必要架设线槽的场合。

2. 先走桥架再走支管方式

线槽由金属或阻燃高强度 PVC 材料制成，有单件扣合方式和双件扣合方式两种类型，并配有转弯线槽、T 字形线槽等。图 3.23 所示为金属桥架。常用的金属线槽规格如表 3.4 所示。

图 3.23　金属桥架

表 3.4 常用的金属线槽规格

单位：mm

宽×厚	镀锌钢板壁厚
50×25	1.0
75×50	1.0
100×75	1.2
150×100	1.4
300×100	1.6

线槽通常安装在吊顶内或悬挂在天花板上方的区域，用在大型建筑物或布线系统比较复杂且需要有额外支撑物的场合，用横梁式线槽将线缆引向所要布线的区域。由弱电间出来的线缆先走吊顶内的线槽，到各房间后，经分支线槽从横梁式电缆管道分叉后将电缆穿过一段支管引向墙壁，顺墙而下到本层的信息出口中，或顺墙而上引到上一层的信息出口中，最后端接在用户的信息插座上，如图 3.24 所示。

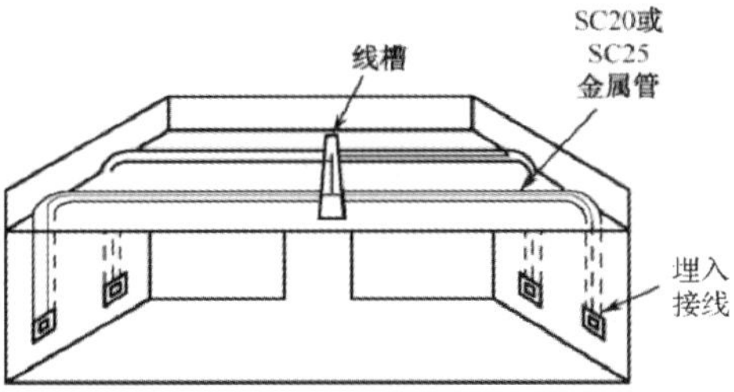

图 3.24 先走桥架再走支管方式

3. 地面线槽方式

地面线槽方式是把长方形的线槽打在地面垫层中，每隔 4～8m 设置一个过线盒或出线盒（在支路上出线盒也起分线盒的作用），直到信息出口的接线盒，如图 3.25 所示。70 型外形尺寸为 70mm×25mm（宽×厚），有效截面积为 1 470mm^2，占空比取 30%，可穿 24 根水平线（三类、五类可以混用）；50 型外形尺寸为 50mm×25mm，有效截面积为 960mm^2，可穿 15 根水平线。分线盒与过线盒有两槽和三槽两种，端面均为正方形，每面可接两根或三根地面线槽。因为分线盒与过线盒均有 4 个端面，所以它们均具有将 2～3 个分路汇成一个主路的功能或 90°转弯的功能。四槽以上的分线盒都可用两槽或三槽分线盒拼接。

图 3.25 地面线槽方式

3.2.4 配线子系统的安装技术

1. 桥架吊装安装方式

在楼道有吊顶时，配线子系统桥架一般吊装在楼板下，如图 3.26 所示。具体步骤如下：

（1）确定桥架安装高度和位置。

（2）安装膨胀螺栓、桥架吊杆、桥架挂板，调整好高度。

（3）安装桥架，并且用固定螺栓把桥架与桥架挂板固定牢固。

（4）安装电缆和桥架盖板。

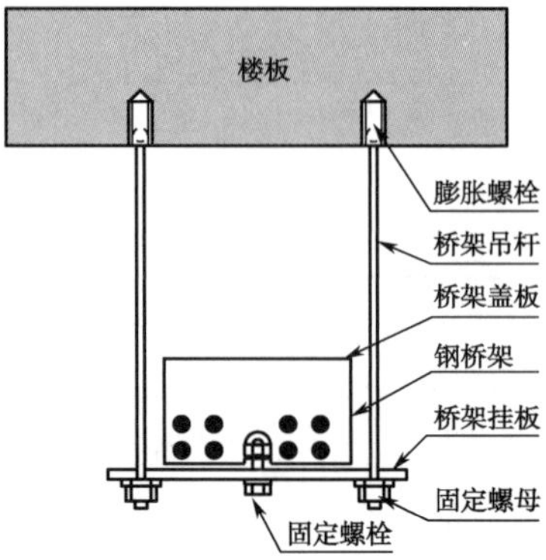

图 3.26　吊装桥架

2. 桥架壁装安装方式

在楼道没有吊顶的情况下，桥架一般采用壁装方式，如图 3.27 所示。具体安装步骤如下：

（1）确定桥架安装高度和位置，并且标记安装高度。

（2）安装膨胀螺栓、桥架支架，并调整好高度。

（3）安装桥架，并且用固定螺栓把桥架与桥架支架固定牢固。

（4）安装电缆和桥架盖板。

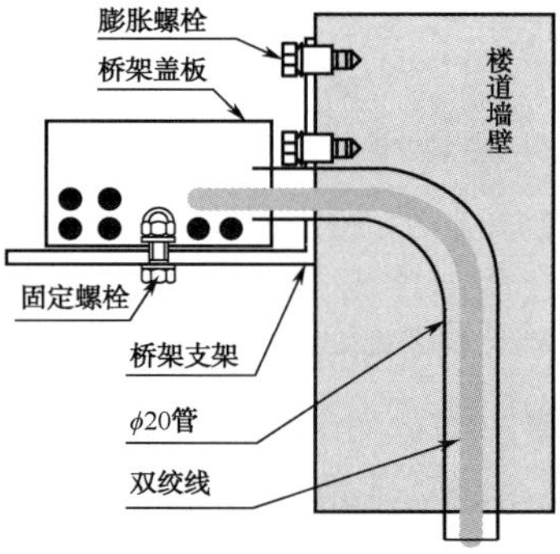

图 3.27　壁装桥架

3. 楼道线槽安装方式

在一般小型工程中，有时采取暗管明槽布线方式，在楼道使用较大的 PVC 线槽代替金属桥架，不仅成本低，而且比较美观。一般安装步骤如下：

（1）根据出线管口高度，确定线槽安装高度并画线。

（2）固定线槽。

（3）布线。

（4）安装盖板。

配线子系统也可以在楼道墙面安装比较大的塑料线槽，如宽度为 60mm、100mm、150mm 的白色 PVC 塑料线槽，线槽具体高度必须根据需要容纳双绞线的数量来确定。安装方法是：首先根据各个房间信息点出线管口在楼道的高度，确定楼道大线槽安装高度并画线；其次按照 2～3 处/m 将线槽固定在墙面上，楼道线槽的高度宜遮盖墙面出线管口，并且在线槽遮盖的出线管口处开孔，如图 3.28 所示。

如果各个信息点出线管口高度偏差太大，那么宜将线槽安装在出线管口的下方，将双绞线通过弯头引入线槽，这样施工方便、外形美观。

将楼道全部线槽固定好后，再将各个出线管口的出线逐一放入线槽，边放线边盖板，放线时注意拐弯处保持比较大的曲率半径，如图 3.28 所示。

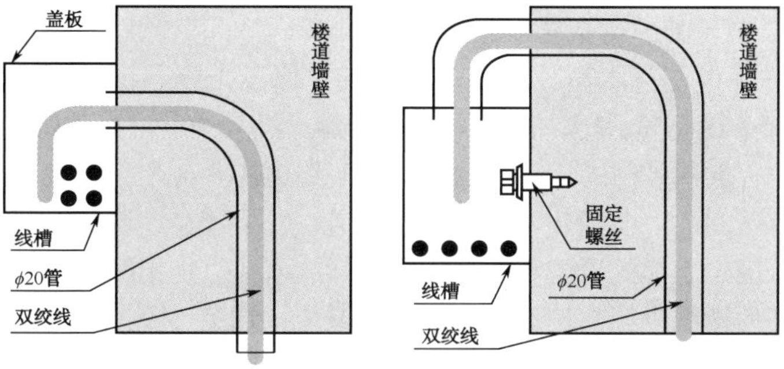

图 3.28 楼道线槽安装方式

3.3 干线子系统

干线子系统用于连接各配线室，实现计算机设备、交换机、控制中心与各电信间之间的连接，主要包括主干传输介质和介质终端连接的硬件设备。干线子系统由设备间的配线设备和跳线，以及设备间至各楼层配线间的连接电缆组成，如图 3.29 所示。

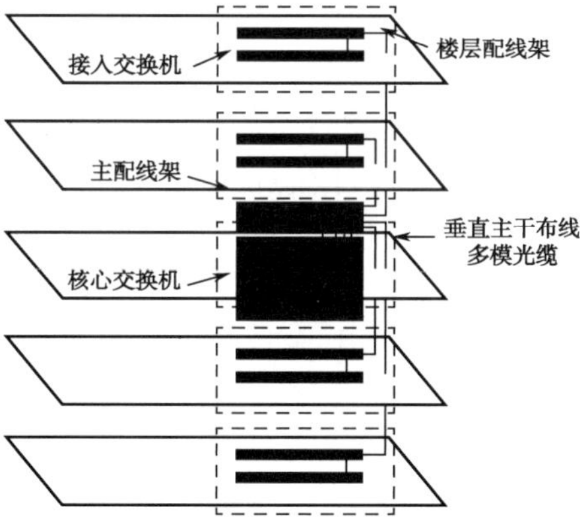

图 3.29 干线子系统

3.3.1 设计要点

1. 干线子系统设计原则

干线子系统布线要采用星型拓扑结构，接地应符合 EIA/TIA 607 规定的要求。如果设备间与计算机机房处于不同的地点，而且需要把语音电缆连至设备间，把数据电缆连至计算机机房，则应在设计中选取不同的干线电缆或干线电缆的不同部分来分别满足不同路由语音和数据的需要。必要时，也可以采用光缆系统予以满足。

图 3.30 所示为垂直干线星型结构。干线子系统负责把各个电信间的干线连接到设备间。

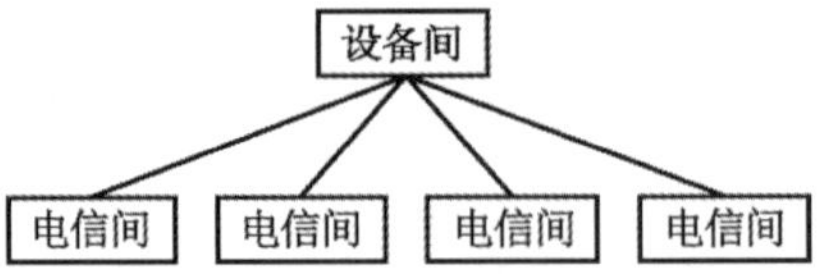

图 3.30　垂直干线星型结构

在确定干线子系统所需要的电缆总对数之前，必须确定电缆中语音和数据信号的共享原则。对于基本型，每个工作区可选定 2 对双绞线；对于增强型，每个工作区可选定 3 对双绞线；对于综合型，每个工作区可在基本型或增强型的基础上增设光缆系统。

布线走向应选择干线电缆最短，确保人员安全和最经济的路由。建筑物有两大类型的通道，即封闭型和开放型，宜选择带门的封闭型通道敷设干线电缆。封闭型通道是指一连串上下对齐的交接间，每层楼都有一间，电缆竖井、电缆孔、管道、托架等穿过这些房间的地板层。每个交接间通常还有一些便于固定电缆的设施和消防装置。开放型通道是指从建筑物的地下室到楼顶的开放空间，中间没有任何楼板隔开。例如，通风通道或电梯通道，不能敷设干线子系统电缆。

干线电缆可采用点对点端接，也可采用分支递减端接及电缆直接连接的方法。点对点端接是最简单、最直接的接合方法，干线子系统每根干线电缆直接延伸到指定的楼层和交接间。分支递减端接是用一根大容量（足以支持若干个交接间或若干楼层的通信容量）的干线电缆，经过电缆接头保护箱分出若干根小电缆，分别延伸到每个交接间或每个楼层，并端接于目的地的连接硬件上。而电缆直接连接方法是特殊情况下使用的技术，一种情况是一个楼层的所有水平端接都集中在干线交接间；另一种情况是二级交接间太小，要在干线交接间内完成端接。

综合布线系统中的干线子系统并非一定是垂直布置的。从概念上讲，它是楼群内的主干通信系统。在某些特定环境中，如在低矮而又宽阔的单层平面的大型厂房内，干线子系统就是平面布置的，它同样起着连接各配线间的作用。而且在大型建筑物中，干线子系统可以由两级甚至更多级组成。主干线敷设在弱电井内，移动、增加或改变比较容易。很显然，一次性安装全部主干线是不经济的，也是不可能的。通常分阶段安装主干线，每个阶段为 3～5 年，以适应不断增长和变化的业务需求。当然，每个阶段的长短还受使用单位的稳定性和变化的影响。在每个设计阶段开始前，需要系统规划一下电信间、设备间和不同类型的服务，应估算一下在该阶段的最大规模连接，以便确定该阶段所需要的最大规模的主干线总量。

另外，还需注意以下几点：

（1）网线一定要与电源线分开敷设，可以与电话线及电视天线放在一个线管中。布线时拐角处不能将网线折成直角，以免影响正常使用。

（2）网络设备必须分级连接，主干线是多路复用的，不可能直接连接到用户端设备，所以不必安装太多缆线。如果主干距离不超过 100m，那么当网络设备主干高速端口选用 RJ-45 铜缆口时，采用单根 8 芯五类或六类双绞线作为网络主干线即可。

（3）五类的大对数电缆容易引起线对之间的近端串扰及它们之间近端串扰的叠加问题，这对高速传输数据十分不利。

（4）五类 25 对线缆在 110 跳线架上的安装比较复杂，如果不细心，则很难达到五类的安装要求。这是很多布线系统设计者常犯的错误之一。在主干电缆中，电话系统、网络系统等都不要用同一保护层内的不同线芯。这样做的原因是，在同一保护层内的线芯上传输不同性质、不同速率的信号时容易造成干扰，如非平衡的 RS-232 和平衡的网络传输信号就可能存在这样的问题；在管理、维护上容易造成误操作，如击穿通信设备或造成相关系统中断正常工作；法规上也不允许。

2. 干线子系统的长度

主交连（Main Cross-connect，MC）和任意水平交连（Horizontal Cross-connect，HC）之间的缆线总长度不能超过下列限制：

- 单模光纤不能超过 3 000m。
- 62.5/125μm 或 50/125μm 多模光纤不能超过 2 000m。
- 作为语音应用的双绞线不能超过 800m。

对于水平交连与中间交连（Intermediate Cross-connect，IC）之间的线缆信道总长度，双绞线或光纤均不能超过 300m。

用于数据传输的铜缆，最大不能超过 100m。

当主干电缆少于 90m 时，允许有一个中间交连。图 3.31 所示为主交连、水平交连和中间交连之间的相互关系示意图。

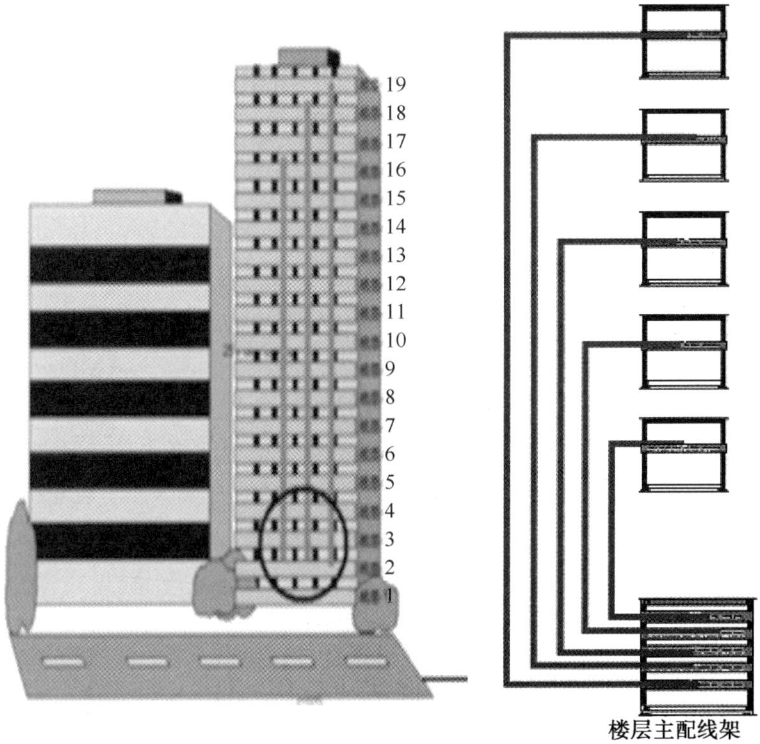

图 3.31　干线子系统中的交连关系示意图

3.3.2 布线材料

在通常情况下，主干线缆采用 8～12 芯 50/125μm 室内多模光纤，以确保接入层交换机与汇聚层交换机之间实现千兆网络连接，并保留未来升级至万兆网络连接的潜力。当然，主干线缆选用铜缆还是光缆，应根据建筑物的业务流量和有源设备的档次来确定。如果主干距离不超过 100m，并且网络设备主干连接采用 1000Base-T 端口接口，那么从节约成本的角度考虑，可以采用 CAT 6 双绞线作为网络主干线缆。图 3.32 所示为 12 芯室内多模光缆。

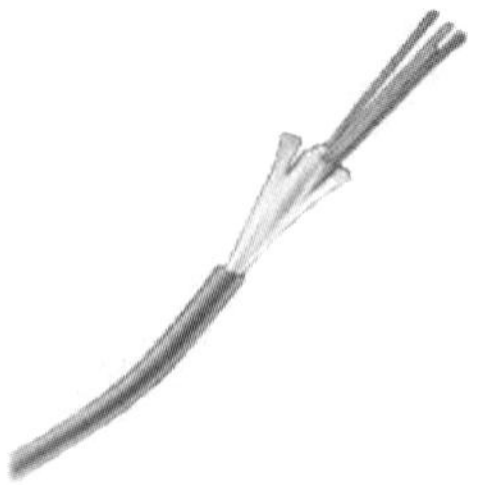

图 3.32　12 芯室内多模光缆

在通常情况下，干线子系统采用 8～12 芯多模光纤作为传输介质，并辅之以少量的六类双绞线作为冗余，以及部分大对数电缆作为语音通信介质。

配线设备则主要采用光缆终端盒，实现对主干光缆的终接。同时，根据需要选用少量双绞线配线架，实现对主干电缆的终接。

在干线子系统中常用以下几种线缆：

（1）五 E 以上 4 对双绞线电缆（UTP 或 STP），一般用于传输数据和图像。

（2）三类 100Ω大对数双绞线电缆（UTP 或 STP），一般用于电话语音传输。

（3）62.5/125μm 多模光纤。

（4）8.3/125μm 单模光纤。

3.3.3　布线方法

确定从电信间到设备间的干线路由，应选择干线段最短、最安全和最经济的路由，在大厦内通常有如下两种方法。

（1）电缆孔方法。干线通道中所用的电缆孔是很短的管道，通常用直径为 10cm 的钢性金属管做成。它们嵌在混凝土地板中，这是在浇注混凝土地板时嵌入的，比地板表面高出 2.5～10cm。电缆往往捆在钢绳上，而钢绳又固定在墙上已铆好的金属条上。当配线间上下都对齐时，一般采用电缆孔方法，如图 3.33 所示。

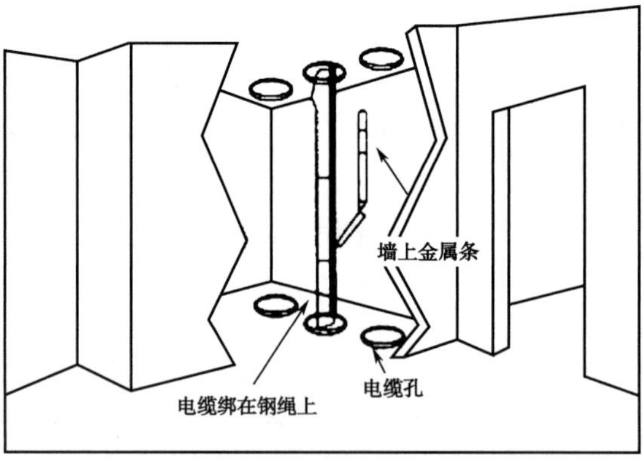

图 3.33　电缆孔方法

（2）电缆井方法。电缆井方法常用于干线通道。电缆井是指在每层楼板上开出一些方孔，使电缆可以穿过这些方孔从某层楼延伸到相邻的楼层。电缆井的大小根据所用电缆的数量而定。与电缆孔方法一样，电缆井方法的电缆也捆在或箍在支撑用的钢绳上，钢绳靠墙上金属条或地板三脚架固定住。离电缆井很近的墙上立式金属架可以支撑很多电缆。电缆井的选择性非常灵活，可以让粗细不同的各种电缆以任何组合方式通过，如图 3.34 所示。电缆井方法虽然比电缆孔方法灵活，但在原有建筑物中开电缆井安装电缆造价较高，而且使用的电缆井很难防火。如果在安装过程中没有采取措施去防止损坏楼板支撑件，则楼板结构的完整性将受到破坏。在多层楼房中，经常需要使用干线电缆的横向通道才能从设备间连接到干线通道，以及在各个楼层上从二级交接间连接到任何一个配线间。请记住，横向走线需要寻找一个易于安装的方便通道，因而两个端点之间很少是一条直线。

干线子系统一般在大楼的弱电井内（建筑上一般把方孔称为井，圆孔称为孔），位于大楼的中部，它将每层楼的通信间与本大楼的设备间连接起来，构成综合布线系统的星型结构。星位在各楼层配线间，中心位在设备间。

图 3.34 电缆井

3.3.4 干线子系统的安装技术

在敷设线缆时，对不同的介质要区别对待。

1. **光缆**

- 光缆敷设时不应该绞结。
- 光缆在室内布线时要走线槽。
- 光缆在地下管道中穿过时要用 PVC 管。
- 光缆需要拐弯时，其曲率半径不得小于 30cm。
- 光缆的室外裸露部分要加铁管保护，并且铁管要固定牢固。
- 光缆不要拉得太紧或太松，并要有一定的膨胀、收缩余量。
- 光缆埋地时，要加铁管保护。

2. **双绞线**

- 双绞线敷设时要平直，走线槽，不要扭曲。
- 双绞线的两端点要标号。
- 双绞线的室外部分要加套管，严禁搭接在树干上。
- 双绞线不要硬拐弯。

在智能建筑的设计中，一般都有弱电竖井，用于干线子系统的布线。在竖井中敷设缆线时一般有两种方式，即向下垂放电缆和向上牵引电缆。相比较而言，向下垂放电缆比较容易。

3. **向下垂放线缆**

（1）把线缆卷轴放到顶层。

（2）在离房子的开口 3～4m 处安装线缆卷轴，并从卷轴顶部馈线。

（3）在线缆卷轴处安排布线人员，每层楼上都要有一个工人，以便引寻下垂的线缆。

（4）旋转卷轴，将线缆从卷轴上拉出。

（5）将拉出的线缆引至竖井中的孔洞中。在此之前，先在孔洞中安放一个塑料的套状保护物，以防止孔洞不光滑的边缘擦破线缆的外皮。

（6）慢慢地从卷轴上放线缆并进入孔洞向下垂放，注意速度不要过快。

（7）继续放线，直到下一层布线人员将线缆引到下一个孔洞。

（8）按前面的步骤继续慢慢地放线，直至线缆到达指定楼层进入横向通道为止。

4. 向上牵引线缆

向上牵引线缆需要使用电动牵引绞车。其主要步骤如下：

（1）按照线缆的质量选定绞车型号，并按说明书进行操作。先往绞车中穿一条绳子。

（2）启动绞车，并往下垂放一条绳子，直到安放线缆的底层。

（3）如果线缆上有一个拉眼，则将绳子连接到此拉眼上。

（4）启动绞车，慢慢地将线缆通过各层的孔向上牵引。

（5）线缆的末端到达顶层时，停止操作绞车。

（6）在地板孔边沿上用夹具将线缆固定。

（7）完成牵引之后，从绞车上释放线缆的末端。

3.4 电信间

电信间也称配线间，是专门安装楼层机柜、配线架、交换机和配线设备的楼层管理间，如图 3.35 所示。

电信间一般设置在每个楼层的中间位置，主要安装建筑物楼层配线设备。电信间连接干线子系统和配线子系统。当楼层信息点很多时，可以设置多个电信间。

在综合布线系统中，电信间包括楼层配线间、二级交接间的缆线、配线架及相关接插跳线等。通过综合布线系统的电信间，可以直接管理整个应用系统的终端设备，从而实现综合布线的灵活性、开放性和扩展性。

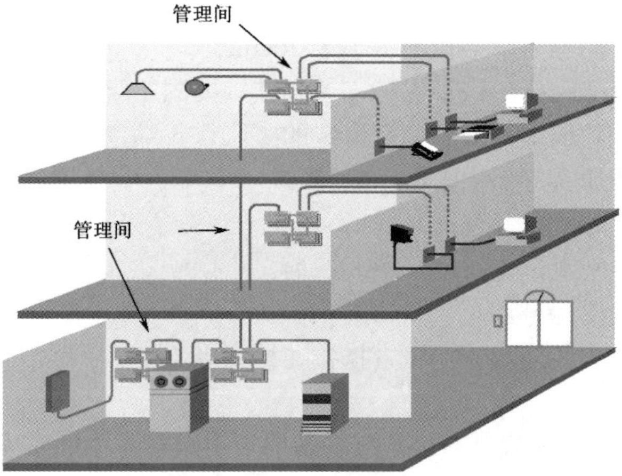

图 3.35 电信间

3.4.1 设计要点

在一般情况下，综合布线系统的配线设备和计算机网络设备采用 19 英寸标准机柜安装，如图 3.36 所示。机柜尺寸通常为 600mm（宽）×900mm（深）×2 000mm（高），共有 42U 的安装空间。机柜内可安装光纤连接盘、RJ-45（24 口）配线模块、多线对卡接模块（100 对）、理线架、计算机、集线器或交换机设备等。如果按建筑物每层电话和数据信息点各为 200 个考虑配置上述设备，则大约需要 2 个 42U 的 19 英寸标准机柜，以此测算电信间面积至少为 $5m^2$（2.5m × 2.0m）。对于涉及布线系统设置内、外网或专用网时，19 英寸标准机柜应分别设置，并在保持一定间距的情况下预测电信间的面积。

电信间温/湿度按配线设备要求提供，如在机柜中安装计算机网络设备（集线器或交换机）时环境应满足设备提出的要求，温/湿度的保证措施由空调专业人员负责提供。

电信间的设计和安装要求均以总配线设备所需的环境要求为主，适当考虑安装少量计算机网络等设备制定的规定。如果与程控电话交换机、计算机网络等主机和配套设备合装在一起，则安装工艺要求应执行相关规范的规定。

图 3.36 19 英寸标准机柜

3.4.2 设计步骤

1. 确定电信间的位置

电信间的位置直接决定了配线子系统的缆线长度，也直接决定了工程总造价。为了降低工程造价及施工难度，也可以在同个楼层设立多个分电信间。

2. 确定电信间的数量

每个楼层一般至少设置 1 个电信间。但在每层楼信息点数量较少，且水平缆线长度不大于 90m 的情况下，宜几个楼层合设一个电信间。

如果一个楼层信息点数量不大于 400 个，且水平缆线长度在 90m 的范围内，则宜设置一个电信间；当超出这个范围时，宜设置两个或多个电信间。

3. 确定电信间的面积

GB 50311 中规定，电信间的使用面积不应小于 $5m^2$（也可根据工程中配线管理和网络管理的容量进行调整）。楼层的电信间基本都设计在建筑物竖井内，面积在 $3m^2$ 左右。在一般小型网络工程中，电信间也可能只是一个网络机柜。

电信间安装落地式机柜时，机柜前面的净空不应小于 800mm，后面的净空不应小于 600mm，从而方便施工和维修。安装壁挂式机柜时，一般在楼道安装高度不小于 1.8m。图 3.37 所示为电信间机柜布置图。

4. 保证电信间的电源要求

电信间应提供不少于两个 220V 带保护接地的单相电源插座。

电信间如果安装电信管理或其他信息网络管理，则管理供电应符合相应的设计要求。

5. 电信间的门

电信间应采用外开丙级防火门，门宽大于 0.7m。

6. 保证电信间的环境要求

电信间内的温度应为 10℃～35℃，相对湿度宜为 20%～80%。一般应该考虑网络交换机等设备发热对电信间温度的影响，夏季必须保证电信间的温度不超过 35℃。

图 3.37　电信间机柜布置图

3.4.3　电信间的安装技术

1. 机柜安装

在安装机柜之前，首先需要对可用空间进行规划。为了便于散热和设备维护，建议机柜前后与墙面或其他设备的距离不应小于 0.8m，机房的净高不能小于 2.5m。安装流程如图 3.38 左图所示。

（1）将机柜安放到规划好的位置，确定机柜的前、后面，并使机柜的地脚对准相应的地脚定位标记。

（2）在机柜顶部平面两个相互垂直的方向放置水平尺，检查机柜的水平度。用扳手旋动地脚上的螺杆调整机柜的高度，使机柜达到水平状态，然后锁紧机柜地脚上的锁紧螺母（见图 3.38 右图），使锁紧螺母紧贴在机柜的底平面。

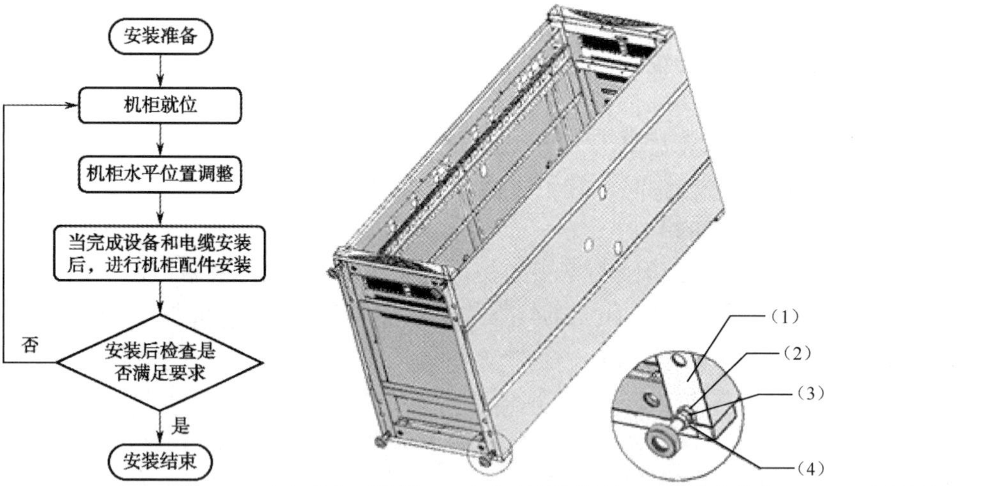

（1）机柜下围框　（2）机柜锁紧螺母　（3）机柜地脚　（4）压板锁紧螺母

机柜安装流程　　　　机柜地脚锁紧示意图

图 3.38　机柜安装

（3）机柜配件安装包括机柜门、机柜铭牌和机柜门接地线的安装，流程如图 3.39 左图所示。机柜前、后门相同，都是由左门和右门组成的双开门结构，如图 3.39 右图所示。

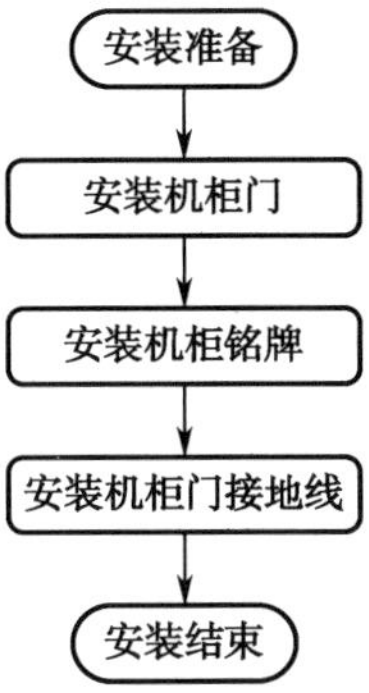

机柜配件安装流程

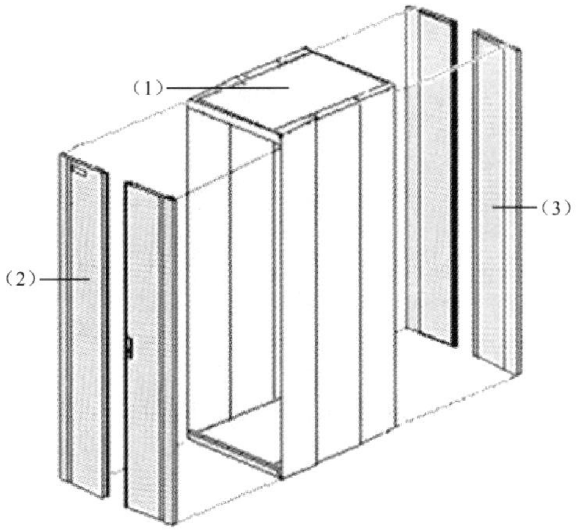

（1）机柜　（2）机柜前门　（3）机柜后门

机柜前、后门示意图

图 3.39　机柜配件安装

机柜门可以作为机柜内设备的电磁屏蔽层，保护设备免受电磁干扰。另外，机柜门还可以避免设备暴露在外，防止设备受到破坏。

机柜前、后门的安装示意图如图 3.40 所示。其安装步骤如下：

（1）将门的底部轴销与机柜下围框的轴销孔对准，将门的底部装上。

（2）用手拉下门的顶部轴销，将轴销的通孔与机柜上门楣的轴销孔对齐。

（3）松开手，在弹簧作用下轴销往上复位，使门的顶部轴销插入机柜上门楣的对应孔位，将门安装在机柜上。

（4）按照上述步骤，完成其他机柜门的安装。

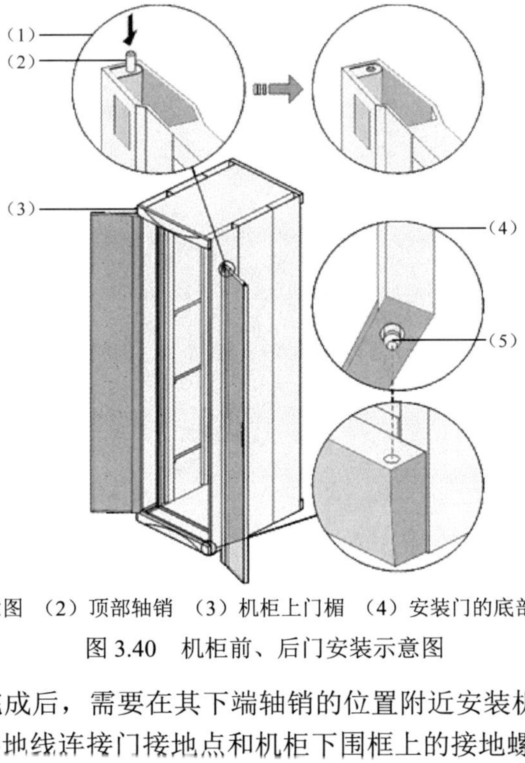

（1）安装门的顶部轴销放大示意图　（2）顶部轴销　（3）机柜上门楣　（4）安装门的底部轴销放大示意图　（5）底部轴销

图 3.40　机柜前、后门安装示意图

机柜前、后门安装完成后，需要在其下端轴销的位置附近安装机柜门接地线，使机柜前、后门可靠接地。机柜门接地线连接门接地点和机柜下围框上的接地螺钉，如图 3.41 所示。

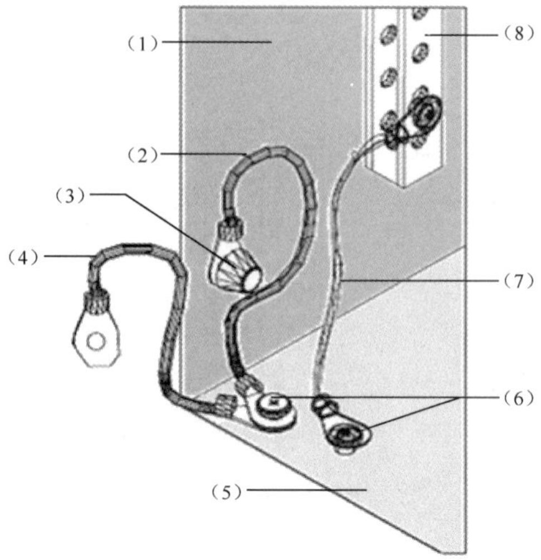

（1）机柜侧门 （2）机柜侧门接地线 （3）侧门接地点 （4）门接地线 （5）机柜下围框 （6）机柜下围框接地点 （7）下围框接地线 （8）机柜接地条

图 3.41 机柜门接地线安装前示意图

安装机柜门接地线的操作步骤如下：

（1）安装机柜门接地线前，先要确认机柜前、后门已经完成安装。

（2）旋开机柜某一扇门下部接地螺柱上的螺母。

（3）将相邻的机柜门接地线（一端与机柜下围框连接，另一端悬空）的自由端套在该门的接地螺柱上。

（4）装上螺母并拧紧，如图 3.42 所示，完成了一条机柜门接地线的安装。

（5）按照上述步骤，完成另外 3 扇门的接地线的安装。

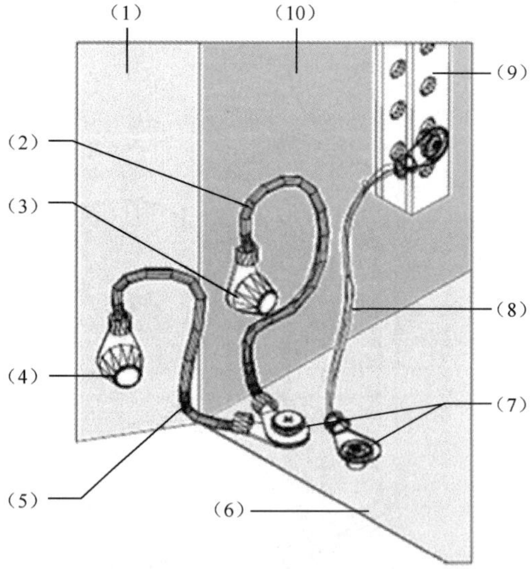

（1）机柜前、后门 （2）侧门接地线 （3）侧门接地点 （4）前、后门接地点 （5）门接地线 （6）机柜下围框 （7）下围框接地点 （8）下围框接地线 （9）机柜接地条 （10）机柜侧门

图 3.42 机柜门接地线安装后示意图

2. 电源安装

电信间的电源一般安装在网络机柜的旁边，安装 220V（三孔）电源插座。如果是新建建筑，则一般要求在土建施工过程中按照弱电施工图上标注的位置安装到位。

3. 语音配线架的安装

（1）将配线架固定在机柜的合适位置。

（2）从机柜进线处开始整理电缆，将电缆沿机柜两侧整理至配线架处，并留出大约 25cm 的大对数电缆，用电工刀或剪刀把大对数电缆的外皮剥去，使用绑扎带固定好，并使其穿过 110 语音配线架一侧的进线孔，摆放至配线架打线处，如图 3.43 所示。

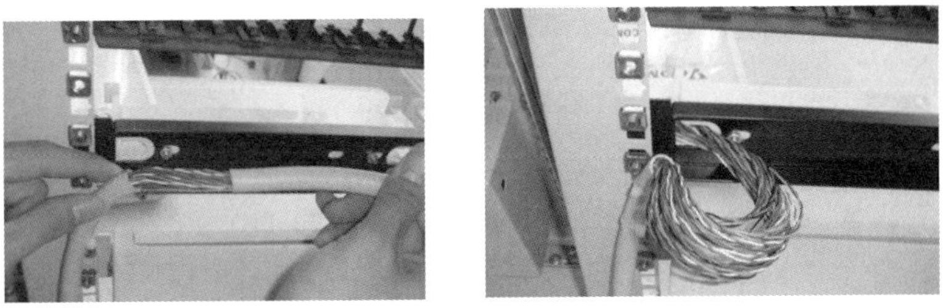

图 3.43　整理电缆

（3）25 对线缆进行线序排列，首先进行主色分配，然后按配色分配，其分配原则如下。

通信电缆色谱排列：

- 线缆主色为白、红、黑、黄、紫。
- 线缆配色为蓝、橙、绿、棕、灰。

一组线缆为 25 对，以色带来分组，共有 25 组，分别为：

① 白蓝、白橙、白绿、白棕、白灰。

② 红蓝、红橙、红绿、红棕、红灰。

③ 黑蓝、黑橙、黑绿、黑棕、黑灰。

④ 黄蓝、黄橙、黄绿、黄棕、黄灰。

⑤ 紫蓝、紫橙、紫绿、紫棕、紫灰。

1 到 25 对线为第 1 小组，用白蓝相间的色带缠绕。

26 到 50 对线为第 2 小组，用白橙相间的色带缠绕。

51 到 75 对线为第 3 小组，用白绿相间的色带缠绕。

76 到 100 对线为第 4 小组，用白棕相间的色带缠绕。

此 100 对线为 1 大组，用白蓝相间的色带把 4 小组缠绕在一起。200 对、300 对、400 对……2 400 对，以此类推，如图 3.44 所示。

图 3.44　电缆分组

（4）根据电缆色谱排列顺序，将对应颜色的线对逐一压入槽内，然后使用 110 打线工具固定线对连接，同时将伸出槽位外多余的导线截断。注意，刀要与配线架垂直，刀口向外。完成后的效果如图 3.45 所示。

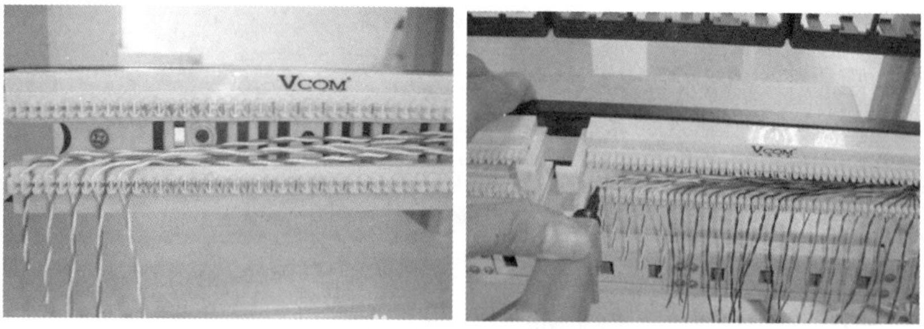

图 3.45　对接电缆

（5）准备 5 对打线工具和 110 连接块，将连接块放入 5 对打线工具中，把连接块垂直压入槽内，并贴上编号标签。注意连接端子的组合：在 25 对的 110 配线架基座上安装时，应选择 5 个 4 对连接块和 1 个 5 对连接块，或 7 个 3 对连接块和 1 个 4 对连接块。从左到右完成白区、红区、黑区、黄区和紫区的安装，这与 25 对大对数电缆的安装色序一致。完成后的效果如图 3.46 所示。

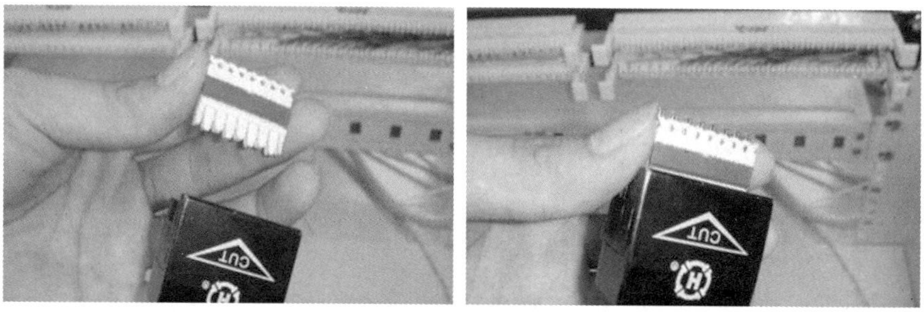

图 3.46　连接块

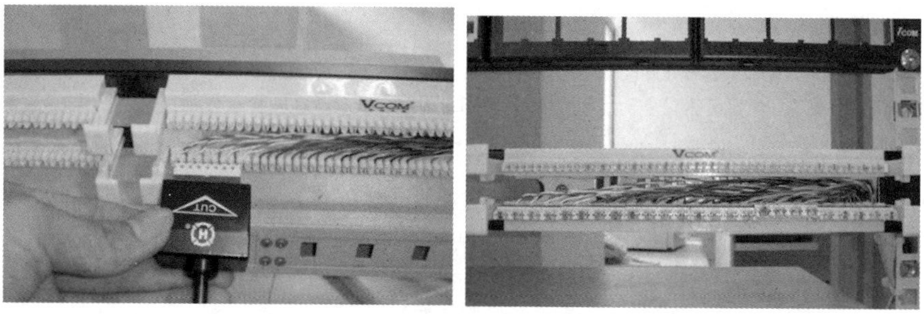

图 3.46　连接块（续）

4. 网络配线架的安装

网络配线架是用于光纤通信网络中对光缆、光纤进行终接、保护、连接及管理的配线设备。配线架可以实现对光缆的固定、开剥、接地保护，以及各种光纤的熔接、跳转、冗纤盘绕、合理布放、配线调度等功能，是传输媒体与传输设备之间的配套设备。如果没有配线架，前端的信息点直接接入到交换机上，那么线缆一旦出现问题，就要面临重新布线。此外，管理上也比较混乱，多次插拔可能会引起交换机端口的损坏。

配线架的安装有以下步骤：

（1）检查配线架和配件是否完整。

（2）将配线架安装在机柜设计位置的立柱上。

（3）理线。

（4）端接打线。

（5）做好标记，安装标签条。

安装配线架应注意以下事项：

（1）配线架应安装在机柜中间偏下方。

（2）配线架的安装方向为插水晶头面向外。

（3）安装时要注意水平安装并固定配线架。

5. 交换机的安装

交换机的安装步骤如下：

（1）从包装箱内取出交换机设备。

（2）给交换机安装两个支架，安装时要注意支架的方向。

（3）将交换机放到机柜中提前设计好的位置，用螺钉固定到机柜立柱上。一般交换机上下要留一些空间用于空气流通和设备散热。

（4）使交换机外壳接地，将电源线拿出来插在交换机后面的电源接口上。

（5）完成上述操作后就可以打开交换机电源了，在开启状态下查看交换机是否出现了抖动现象，如果出现了，则需要检查脚垫高低或机柜上的固定螺丝松紧情况。

注 意 拧取这些螺钉的时候不要过于紧，否则会使交换机倾斜，但也不能过于松垮，会造成交换机在运行时不稳定，在工作状态下设备会抖动。

6. 理线环的安装

理线环的安装步骤如下：

（1）取出理线环和所带的配件——螺丝包。

（2）将理线环安装在网络机柜的立柱上。

注 意 在机柜内，设备之间至少要留 1U 的空间，从而便于设备散热。

3.5 设备间

设备间是在每幢大楼的适当地点（一般位于中间高度的中间平面位置，以便连接更多的对称距离楼层）设置进线设备、进行网络管理及管理人员值班的场所。设备间的主要设备有数字程控交换机、计算机网络设备、服务器、楼宇自控设备主机等。图 3.47 所示为设备间。

图 3.47 设备间

3.5.1　设计要点

设备间的电话、数据、计算机主机设备及其配线设备宜集中设在一个房间内，机架设备可以通过机柜统一安装在一起。在设备间的布线过程中要注意，设备间内的所有进线终端设备宜采用色标区别各类用途的配线区，如图 3.48 所示。

图 3.48　电缆和工作区标注

在较大型的综合布线中，可以将计算机设备、数字程控交换机、楼宇自控设备主机设置于机房，把与综合布线密切相关的硬件设备放置在设备间，计算机网络设备的机房设置在离设备间不远的位置。注意和其他条件的配合，比如地板荷载、房间照度、温/湿度等环境条件。按规模的重要性选择双电源末端互投供电，再设置 UPS；或者单电源加 UPS 供电。但程控电话交换机及计算机主机房离设备间的距离不宜太远。在设备间中，主要布线就是各种规格的跳线，可以是双绞线、光纤，也可以是电话线或同轴电缆等，根据实际端口连接需求而定。

设备间空间用于安装电信设备、连接硬件、接头套管等，为接地和连接设施、保护装置提供控制环境，是系统进行管理、控制、维护的场所，可以说是整个网络系统的核心所在，非常重要。设备间的位置及大小应根据设备的数量、重量、规模、地板承受能力、最佳网络中心等内容综合考虑确定；设备间所在的空间还有对门窗、天花板、电源、照明、接地的要求。另外，因为设备间安装了大量的设备，会散发大量的热量，所以对设备间的温度和通风散热要求比较高，通常安装有空调，要求通风良好。这一点相当重要，一方面是为了满足设备保养的需求；另一方面，一般会有维护管理人员在设备间内工作，通风不良的设备间会对工作人员的身心健康造成非常不良的影响，甚至会引起疾病。对于这一点，笔者是深有感触的。

另外，在湿度、防鼠咬、防虫蚀和安全性等方面也有严格的要求。湿度要控制在一个适宜（50%左右）的范围内，否则可能会引起设备和布线系统屏蔽性能下降、漏电，甚至导致设备打电、烧坏。防鼠咬、防虫蚀等方面也非常重要，因为鼠、虫的存在可能会使整个布线系统毁于一旦，以及经常出现布线系统故障，而且这类故障通常很难查找。在设备间也不允许有安全性方面的问题，主要措施是制定进出机房的管理制度，还要有安全可靠的门禁措施，包括牢固的大门和门锁等。

3.5.2　设计步骤

1. 确定设备间的数量

每幢建筑物内应至少设置 1 个设备间，如果电话交换机与计算机网络设备分别安装在不同的场地或根据安全需要，那么也可设置 2 个或 2 个以上设备间，以满足不同设备的安装需要。

2. 确定设备间的位置

一般而言，设备间应尽量建在建筑平面及其综合布线干线子系统的中间位置。在高层建筑物内，设备间也可以设置在一、二层。

确定设备间的位置时需要参考以下设计规范。

（1）应尽量建在综合布线干线子系统的中间位置，并尽可能靠近建筑物电缆引入区和网络接口，以方便干线线缆的进出。

（2）应尽量避免设在建筑物的高层或地下室及用水设备的下层。

（3）应尽量远离强震动源和强噪声源。

（4）应尽量避开强电磁场的干扰。

（5）应尽量远离有害气体源及易腐蚀、易燃、易爆物。

（6）应便于接地装置的安装。

3. 确定设备间的面积

设备间的使用面积要考虑所有设备的安装面积，还要考虑预留工作人员管理操作设备的地方，一般使用面积不得小于 $20m^2$ 。

设备间的使用面积可按照下述两种方法确定。

方法一：已知 Sb 为设备所占面积，S 为设备间的使用总面积。

$$S=(5\sim7)\sum Sb$$

方法二：当设备尚未选型时，设备间使用总面积 S 为

$$S=KA$$

其中，A 为设备间的所有设备台（架）的总数；K 为系数，取值 4.5～5.5m^2/台（架）。

4. 确定设备间的建筑结构

设备间的建筑结构主要依据设备大小、设备搬运及设备重量等因素进行设计。设备间的高度一般为 2.5～3.2m。设备间门的大小至少为高 2.1m、宽 1.5m。

设备间一般安装有不间断电源的电池组，由于电池组非常重，因此对楼板承重设计有一定的要求。一般分为两级：A 级≥500kg/m^2；B 级≥300kg/m^2 。

5. 明确设备间的环境要求

1）温/湿度

在综合布线系统中，有关设备的温/湿度要求可分为 A、B、C 3 级，设备间的温/湿度也可参照这 3 个级别进行设计，具体要求如表 3.5 所示。

表 3.5　设备间的温/湿度要求

项　　目	A 级	B 级	C 级
温度（℃）	夏季：22±4；冬季：18±4	12～30	8～35
相对湿度（%）	40～65	35～70	20～80

2）尘埃

设备间内的电子设备对尘埃要求较高，尘埃过高会影响设备的正常工作，降低设备的使用寿命。设备间的尘埃指标一般可分为 A、B 两级，如表 3.6 所示。

表 3.6　设备间的尘埃指标要求

项　　目	A 级	B 级
粒度/μm	最大 0.5	最大 0.5
个数/粒/dm^3	<10 000	<18 000

降低设备间尘埃度的关键在于定期清扫灰尘，工作人员进入设备间应更换干净的鞋具。

3）空气

设备间内应保持空气洁净且有防尘措施，并防止有害气体侵入。允许的有害气体限值如表 3.7 所示。

表 3.7　允许的有害气体限值

有害气体/mg/m³	二氧化硫（SO_2）	硫化氢（H_2S）	二氧化氮（NO_2）	氨（NH_3）	氯（Cl_2）
平均限值	0.2	0.006	0.04	0.05	0.01
最大限值	1.5	0.03	0.15	0.15	0.3

4）照明

设备间内距地面 0.8m 处，照明度不应低于 200lx。设备间配备的事故应急照明，在距地面 0.8m 处，照明度不应低于 5lx。

5）噪声

为了保证工作人员的身心健康，设备间内的噪声应小于 70dB。如果长时间在 70～80dB 的噪声环境中工作，那么不但会影响工作人员的身心健康和工作效率，还可能会造成人为的噪声事故。

6）电磁场干扰

根据综合布线系统的要求，设备间内无线电干扰的频率应在 0.15～1 000MHz 的范围内，噪声不大于 120dB，磁场干扰场强不大于 800A/m。

7）电源要求

电源频率为 50Hz，电压为 220V 和 380V，三相五线制或单相三线制。

设备间供电电源允许变动的范围如表 3.8 所示。

表 3.8　设备间供电电源允许变动的范围

项目	A 级	B 级	C 级
电压变动（%）	−5～+5	−10～+7	−15～+10
频率变动（%）	−0.2～+0.2	−0.5～+0.5	−1～+1
波形失真率（%）	<±5	<±7	<±10

6. 设备间的管理

为了管理好各种设备及线缆，设备间内的设备应分类、分区安装，所有进/出线装置或设备应采用不同色标，以区别各类用途的配线区，方便线路的维护和管理。

7. 安全分类

设备间的安全分为 A、B、C 3 个类别，具体规定如表 3.9 所示。

表 3.9　设备间的安全要求

安 全 项 目	A 类	B 类	C 类
场地选择	有要求或增加要求	有要求或增加要求	无要求
防火	有要求或增加要求	有要求或增加要求	有要求或增加要求
内部装修	要求	有要求或增加要求	无要求
供配电系统	要求	有要求或增加要求	有要求或增加要求
空调系统	要求	有要求或增加要求	有要求或增加要求

续表

安全项目	A 类	B 类	C 类
火灾报警及消防设施	要求	有要求或增加要求	有要求或增加要求
防水	要求	有要求或增加要求	无要求
防静电	要求	有要求或增加要求	无要求
防雷击	要求	有要求或增加要求	无要求
防鼠害	要求	有要求或增加要求	无要求
电磁波防护	有要求或增加要求	有要求或增加要求	无要求

8. 防火结构

为了保证设备使用安全，设备间应安装相应的消防系统，配备防火/防盗门。对于规模较大的建筑物，在设备间或机房应设置直通室外的安全出口。

9. 散热

机柜、机架与缆线的走线槽道摆放位置，对于设备间的气流组织设计至关重要。图 3.49 所示给出了各种设备的建议安装位置。

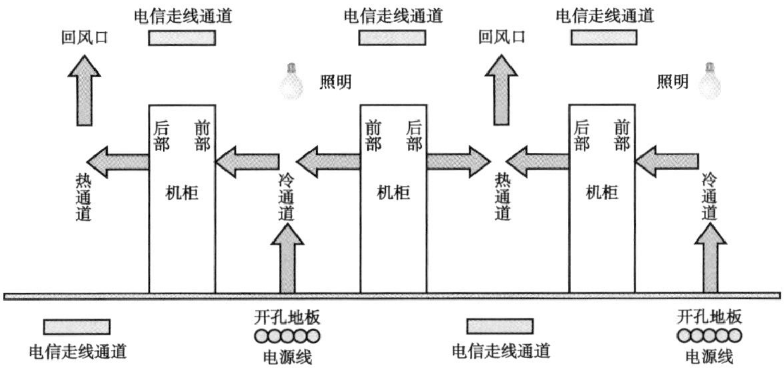

图 3.49 设备间内设备的摆放位置

以交替模式排列设备行，即机柜/机架面对面排列以形成热通道和冷通道。冷通道是机架/机柜的前面区域，热通道位于机架/机柜的后部，形成从前到后的冷却路由。对于高散热、高精度设备集装架，可采用弧形高密度孔门。

10. 设备间接地

（1）直流工作接地电阻一般要求不大于 4Ω，交流工作接地电阻也不应大于 4Ω，防雷保护接地电阻不应大于 10Ω。

（2）建筑物内应设有网状接地系统，保证所有设备等电位。如果综合布线系统单独设接地系统，且能保证与其他接地系统之间有足够的距离，则接地电阻应小于或等于 4Ω。

（3）为了使接地良好，推荐采用联合接地方式。当采用联合接地方式时，通常利用建筑钢筋作为防雷接地引下线，联合接地电阻要求不大于 1Ω。

（4）接地所使用的铜线电缆规格与接地的距离有直接关系，一般接地距离在 30m 以内，接地导线采用直径为 4mm 的带绝缘套的多股铜线缆。

11. 设备间内部装饰

设备间的装修材料使用《建筑设计防火规范》（GB 50016—2014）中规定的难燃材料或阻燃材料，应能起到防潮、吸音、不起尘、防静电等作用。

1）地面

为了方便敷设缆线和电源线，设备间的地面最好采用防静电活动地板，具体要求应符合《计算机机房用地板技术条件》（GB 6650）。

2）墙面

墙面应选择不易产生灰尘，也不易吸附灰尘的材料，如涂阻燃漆或使用耐火胶合板。

3）顶棚

为了吸音及布置照明灯具，吊顶材料应满足防火要求。目前，我国主要采用铝合金或轻钢龙骨，安装吸音铝合金板、阻燃铝塑板、喷塑石英板等。

4）隔断

隔断可以选用防火的铝合金或轻钢龙骨，安装 10mm 厚玻璃；或从地板面至 1.2m 处安装难燃双塑板，1.2m 以上安装 10mm 厚玻璃。

3.5.3　设备间的安装技术

1. 设备间机柜安装

设备间内机柜的安装标准如表 3.10 所示。

表 3.10　设备间机柜安装标准

项　目	标　准
安装位置	应符合设计要求，机柜应离墙 1m，便于安装和施工。所有安装螺丝不得有松动，保护橡皮垫应安装牢固
底座	安装牢固，应按设计图的防震要求进行施工
安放	安放应竖直，柜面水平，垂直偏差≤1%，水平偏差≤3mm，机柜之间缝隙≤1mm
表面	完整、无损伤，螺丝坚固，每平方米表面凹凸度应<1mm
接线	接线应符合设计要求，接线端子各种标志应齐全，保持良好
配线设备	接地体、保护接地、导线截面、颜色应符合设计要求
接地	应设接地端子
线缆预留	（1）对于固定安装的机柜，在机柜内不应有预留线长，预留线应预留在可以隐藏的地方，长度为 1～1.5m； （2）对于可移动的机柜，连入机柜的全部线缆在连入机柜的入口处，应至少预留 1m，同时各种线缆的预留长度相互之间的差别应不超过 0.5m
布线	机柜内走线应全部固定，并要求横平竖直

2. 设备间线缆敷设

1）活动地板方式

活动地板方式指在活动地板下的空间内敷设缆线的方式。由于地板下的空间大，缆线敷设和拆除均简单、方便，但造价较高，会减少房屋的净高，对地板表面材料也有一定要求。

2）地板或墙壁沟槽方式

地板或墙壁沟槽方式指在建筑预先建成的墙壁或地板内的沟槽中敷设缆线的方式。该方式要求沟槽设计和施工必须与建筑设计和施工同时进行，使用时会受到限制，缆线路由不能自由选择和变动。

3）预埋管路方式

预埋管路方式是在建筑的墙壁或楼板内预埋管路，其管径和根数根据缆线需要来设计。该方式穿放缆线比较容易，维护、检修和扩建均有利，造价低廉，技术要求不高，是最常用的方式。

4）机架走线架方式

机架走线架方式指在设备或机架上安装桥架或槽道的敷设方式。桥架和槽道的尺寸根据缆线需要设计，可以在建成后安装，便于施工和维护，也有利于扩建。在机架上安装桥架或槽道时，应结合设备的结构和布置来考虑，在层高较低的建筑中不宜使用。

3. 中央机房、设备间的高架防静电地板的安装

（1）清洁地面。用水冲洗或拖湿地面，必须等到地面完全干了以后才可施工。

（2）画地板网格线和线缆管槽路径标识线，这是确保地板横平竖直的必要步骤。首先将每个支架的位置正确标注在地面坐标上，然后马上将地板下面集中的大量线槽线缆的出口、安放方向、距离等一同标注在地面上，并准确画出定位螺丝的孔位，而不能急于安放支架。

（3）敷设线槽线缆。先敷设防静电地板下面的线槽，这些线槽都是金属可锁闭和开启的，因而这一工序是将线槽位置全面固定，并同时安装接地引线，然后布放线缆。

（4）支架及线槽系统的接地保护。这一工序对于网络系统的安全性至关重要。特别注意连接在地板支架上的接地铜带，作为防静电地板的接地保护。注意，一定要等到所有支架都安放完成后再统一校准支架高度。

3.6　进线间

进线间是建筑物外部通信和信息管线的入口部位，并可作为入口设施和建筑群配线设备的安装场地。一座建筑物宜设置 1 个进线间，一般位于地下一层。外线宜从两个不同的路由引入进线间，从而有利于与外部管道沟通。进线间如图 3.50 所示。

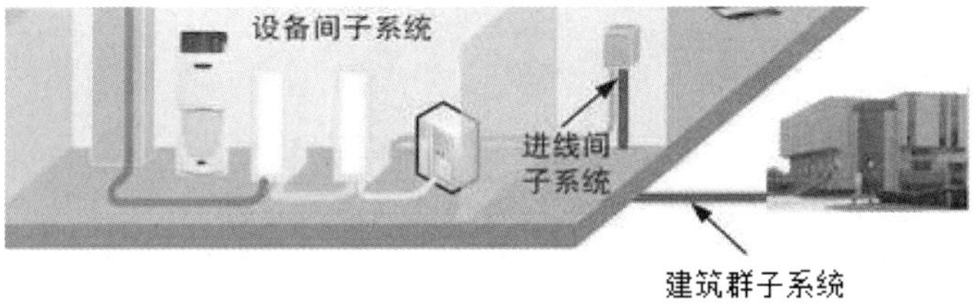

图 3.50　进线间

3.6.1　进线间设计要点

（1）一般一座建筑物宜设置 1 个进线间，供多家电信运营商和业务服务商使用，通常设于地下一层。

（2）进线间因涉及因素较多，难以统一提出具体所需面积，可根据建筑物实际情况，并参照通信行业和国家的现行标准要求进行设计。

（3）建筑群主干电缆及光缆、公用网和专用网电缆及光缆、天线馈线等室外缆线进入建筑物时，应在进线间成端转换成室内电缆、光缆，并可在缆线的终端处由多家电信业务经营者设置入口设施。入口设施中的配线设备应按引入的电缆、光缆容量配置。

（4）进线间应设置管道入口。进线间缆线入口处的管孔数量应留有充分的余量，以满足业务服务商缆线接入的需求，建议留有 2～4 孔的余量。

3.6.2　进线间设计注意事项

（1）进线间应防止渗水，宜设有抽/排水装置。

（2）进线间应与布线系统垂直竖井连通。

（3）进线间应采用相应防火级别的防火门，门向外开，宽度不小于 1 000mm。

（4）进线间应设置防有害气体措施和通风装置，排风量按每小时不小于 5 次容积计算。

（5）进线间在安装配线设备和信息通信设施时，应符合设备安装设计的要求。

（6）与进线间无关的管道不宜通过。

3.7　建筑群子系统

建筑群子系统是整个布线系统中的一部分，它将一座建筑物中的电缆延伸到建筑群的另外一些建筑物中的通信设备和装置上，支持提供楼群之间通信设施所需的硬件，其中有导线电缆、光缆和防止电缆的浪涌电压进入建筑群的电器保护设备。建筑群子系统如图 3.51 所示。

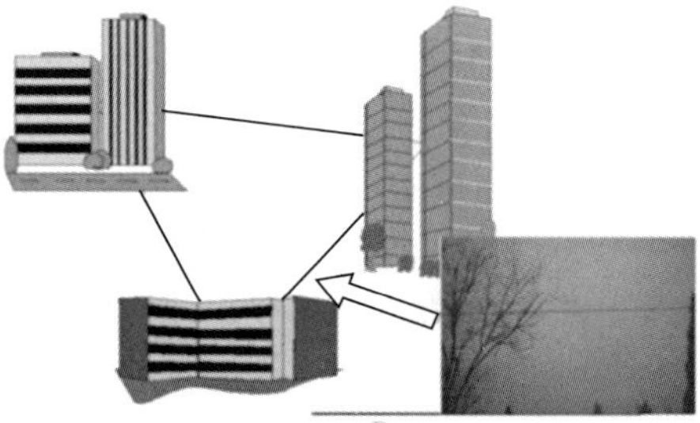

图 3.51　建筑群子系统

3.7.1　建筑群子系统设计规范

（1）建筑群数据网主干线缆一般应选用多模或单模室外光缆。

（2）建筑群数据网主干线缆需使用光缆与电信公用网连接时，应采用单模光缆，芯数应根据综合通信业务的需要确定。

（3）建筑群主干线缆宜采用地下管道方式进行敷设，设计时应预留备用管孔，从而方便扩充使用。

（4）当采用直埋方式时，电缆通常位于离地面 60～90cm 深的地方或按当地法规铺设。如果在同一个沟内埋入了其他传输图像、监控信息的电缆，则应设立明显的共用标志。

3.7.2　建筑群子系统设计步骤

当设计建筑群电缆布线方案时，推荐的设计步骤如下。

1. 确定敷设现场的特点

- 确定整个工地的大小。
- 确定工地的地界。
- 确定共有多少座建筑物。

2. 确定电缆系统的一般参数

- 确定起点位置。
- 确定端接点位置。

- 确定涉及的建筑物和每座建筑物的层数。
- 确定每个端接点所需的双绞线对数。
- 确定有多个端接点的每座建筑物所需的双绞线总对数。

3. 确定建筑物的电缆入口

对于现有建筑物：

（1）了解各个入口管道的位置。

（2）确定每座建筑物有多少入口管道可供使用。

（3）确定入口管道数目是否满足系统的需要。

如果入口管道不够用，则：

（1）确定在移走或重新布置某些电缆时是否能腾出某些入口管道。

（2）确定在实在不够用的情况下应另装多少入口管道。

如果建筑物尚未建起来：

（1）根据选定的电缆路由去完成电缆系统设计，并标出入口管道的位置。

（2）选定入口管道的规格、长度和材料。

（3）要求在建筑物施工过程中安装好入口管道。

建筑物入口管道的位置应便于连接公用设备。应根据需要在墙上穿过一根或多根管道。应查阅当地的建筑法规对承重墙穿孔有无特殊要求。所有易燃材料，如聚丙烯管道、聚乙烯管道衬套等应端接在建筑物的外面。外线电缆的聚丙烯护皮可以例外，只要它在建筑物内部的长度（包括多余电缆的卷曲部分）不超过 15m。反之，如果外线电缆延伸到建筑物内部的长度超过 15m，就应使用合适的电缆入口器材，在入口管道中填入防水和气密性很好的密封胶，如 B 型管道密封胶。

4. 确定明显障碍物的位置

（1）确定土壤类型，如沙质土、黏土、砾土等。

（2）确定电缆的布线方法。

（3）确定地下公用设施的位置。

（4）查清在拟定的电缆路由中沿线的各个障碍物的位置或地理条件。

- 铺路区。
- 桥梁。
- 铁路。
- 树林。
- 池塘。
- 河流。
- 山丘。
- 砾石地。
- 截留井。
- 人孔。
- 其他。

（5）确定对管道的需求。

5. 确定主电缆路由和另选电缆路由

（1）对于每种待定的路由，确定可能的电缆结构。

- 所有建筑物共用一根电缆。

- 对所有建筑物进行分组，每组单独分配一根电缆。
- 每座建筑物单用一根电缆。

（2）查清在电缆路由中哪些地方需要获准后才能通过。

（3）比较每个路由的优点和缺点，从而选定最佳路由方案。

6. 选择所需电缆类型和线规

（1）确定电缆长度。

（2）画出最终的结构图。

（3）画出所选定路由的位置和挖沟详图，包括公用道路图或任何需要经审批才能动用的地区草图。

（4）确定入口管道的规格。

（5）选择每种设计方案所需的专用电缆。

- 参考《ORTRONICS Open System ARCHITECTURE 元件手册》中有关电缆部分，线号、双绞线对数和长度应符合有关要求。
- 保证电缆可放进入口管道里。

（6）如果需用管道，则应选择其规格和材料；如果需用钢管，则应选择其规格、长度和类型。

7. 确定每种选择方案所需的劳务成本

（1）确定布线时间，包括迁移或改变道路、草坪、树木等所花费的时间。如果使用管道，则应包括敷设管道和穿电缆的时间。

（2）确定电缆接合时间。

（3）确定其他时间，如拿掉旧电缆、避开障碍物所需的时间。

（4）计算总时间（前 3 项时间之和）。

（5）计算每种设计方案的劳务成本，即总时间乘以当地的工时费。

8. 确定每种选择方案所需的材料成本

（1）确定电缆成本。

- 确定每米电缆的成本。
- 参考《ORTRONICS Open System ARCHITECTURE 元件手册》。
- 针对每根电缆，查清 30m 的成本。
- 将上述成本除以 100。
- 用每米电缆的成本乘以米数。

（2）确定所有支撑结构的成本。

- 查清并列出所有的支撑成本。
- 根据价格表查明每项用品的单价。
- 用单价乘以所需的数量。
- 确定所有支撑硬件的成本。
- 对于所有支撑硬件的成本，重复（2）所列的前 3 个步骤。

9. 选择最经济、最实用的设计方案

（1）把每种设计方案的劳务成本和材料成本加在一起，得到每种设计方案的总成本。

（2）比较各种设计方案的总成本，选择成本较低者。

（3）确定这个比较经济的设计方案是否有重大缺点，以致抵消了经济性优点。如果发生了这种情况，则应取消此方案，考虑经济性次好的设计方案。

注意　如果牵涉干线电缆，则应把有关的成本和设计规范也列进来。

3.7.3　布线方案

在建筑群子系统中，线缆布线方式有 4 种，即管道、直埋、架空和通道。

1. 管道

管道内布线是由管道和人孔组成的地下系统，用来对网络内的各个建筑物进行互连。地下线是大楼引进设备的一部分，应注意以下几个问题：

- 拓扑的限制规定。
- 地下线分层要注意下水管道。
- 要有通气孔。
- 要考虑地下线地表的交通量和是否铺设水泥路面。

地下线由电缆管道、通气管道和电缆输送架组成，同时还要考虑人为检修管道。

- 所有的电缆管道和通气管道的直径达 100mm。
- 不要有弯曲管道。如果必须要有，则弯度不要超过 90°。

我们建议在施工中使用管道内布线法。

图 3.52 所示表示一根或多根管道通过基础墙进入建筑物内部。由于管道是由耐腐蚀材料做成的，所以这种方法给电缆提供了最好的机械保护，使电缆受损和维修停用的概率降到最低，同时能保持建筑物的外貌。

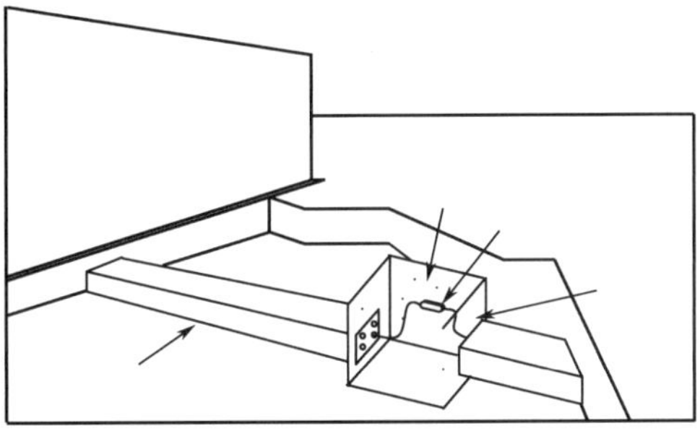

图 3.52　管道方式

一般来说，埋设的管道起码要低于地面 45.72cm，或者应符合本地有关法规规定的深度。在电源人孔和通信人孔合用的情况下（人孔里有电力电缆），通信电缆切忌在人孔里进行端接，通信管道与电力管道必须至少用 7.62cm 的混凝土或 30.48cm 的压实土层隔开，安装时至少应埋设一个备用管道放进一根拉线，供以后扩充之用。

2. 直埋

直埋线是大楼引进设备的一部分。用直埋布线法需要注意以下问题：

- 直埋线是完全埋藏在土里面的通信电缆。
- 埋设通信电缆要挖沟钻土或打眼（铺管）。
- 不需要犁地。

当选择路径时，一定要考虑地面风景、围墙、树木、铺路区域及其他可能的服务设备。对此，我们建议在施工中采用直埋布线法，如图 3.53 所示。

图 3.53 所示为直埋布线电缆，除穿过基础墙的那部分电缆外，电缆的其余部分没有给予保护，基础墙的电缆孔应尽量向外延伸，延伸至没有动土的地方，以免以后有人在墙边挖土时

损坏电缆。直埋布线法可保持建筑物的外貌，但在以后可能动土的地方，还是以不使用这种方法为上策。直埋电缆通常应埋在距地面 60.96cm 以下的地方，或者应按照当地的有关法规去做。如果在同一土沟里同时埋入了通信电缆和电力电缆，则应设立明显的共用标志。

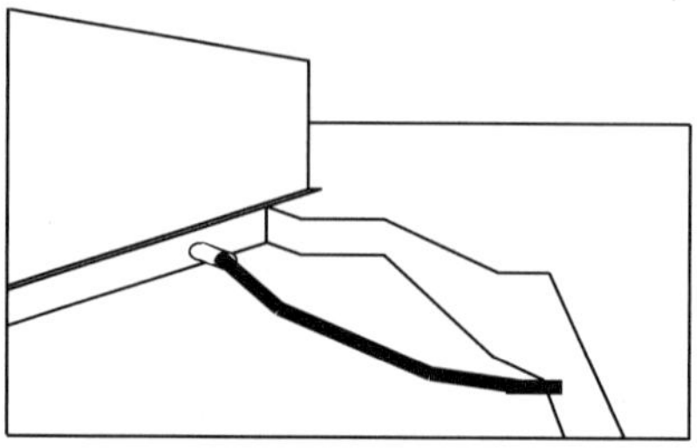

图 3.53　直埋方式

3. 架空

架空安装方法通常只用于有现成电线杆，而且电缆的走法不是主要考虑内容的场合，从电线杆至建筑物的架空进线距离以不超过 30m 为宜。建筑物的电缆入口可以是穿墙的电缆孔或管道。入口管道的最小口径为 5cm，建议另设一根同样口径的备用管道。

如果架空线的净空有问题，那么可以使用天线杆型的入口。天线杆的支架一般不应比屋顶高 120cm 以上，否则就应使用拉绳固定。此外，天线杆型入口杆高出屋顶的净空应有 240cm，这个高度正好使工人可摸到电缆。

4. 通道

通道为导线、府垫架、金属线导管或裸线架提供路径，通道路径要靠近其他通信设备，如图 3.54 所示。

在建筑群环境中，建筑物之间通常有地下通道，如热水管用来把集中供暖站的热气传送到各个建筑物，利用这些通道来敷设电缆不仅造价低，而且可利用原有的安全设施。

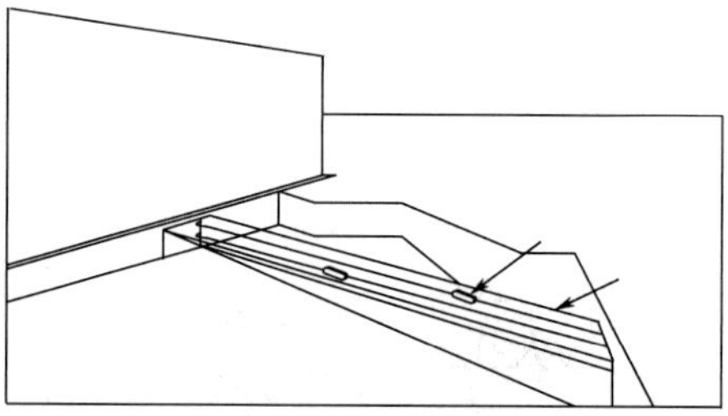

图 3.54　通道方式

为了防止热气或热水泄漏而损坏电缆，电缆的安装位置应与水管保持足够的距离。此外，电缆还应安置在通道内尽可能高的地方，以免因被水淹没而损坏。当地的法规对此有很明确的具体要求。表 3.11 所示列出了建筑群不同布线方式的优点和缺点。

表 3.11　建筑群布线方式比较

方　式	优　点	缺　点
管道	□提供最佳的机械保护； □任何时候都可敷设电缆； □电缆的敷设、扩充和加固都很容易； □保持建筑物的外貌	挖沟、开管道和人孔的成本很高

续表

方　式	优　点	缺　点
直埋	提供某种程度的机械保护； 保持建筑物的外貌	挖沟成本高； 难以安排电缆的敷设位置； 难以更换和加固
架空	如果本来就有电线杆，则成本最低	没有提供任何机械保护； 灵活性差； 安全性差； 影响建筑物的美观
通道	如果本来就有通道，则成本最低； 安全	热量或漏泄的热水可能会损坏电缆； 可能被水淹没

3.7.4　建筑群子系统布线的安全防护

1. 电缆线的保护

当电缆从一座建筑物延伸至另一座建筑物时，要考虑易受到雷击、电源碰地、电源感应电压或对地电压上升等因素，必须用保护器保护这些线对。如果电气保护设备位于建筑物内部（不是对电信公用设施实行专门控制的建筑物），那么所有保护设备及其安装装置上都必须有 UL 安全标记。

当发生下列任何一种情况时，线路都会处于危险的境地：

- 雷击所引起的干扰。
- 工作电压超过 300V 而引起的电源故障。
- 地电压上升到 300V 以上而引起的电源故障。
- 60Hz 感应电压值超过 300V。

当出现上述所列情况之一时，都应对线路进行保护。

2. 建筑群子系统的防雷保护

若采用光缆作为建筑物间网络连接介质，则不需要安装避雷器，甚至可以架空敷设。若采用双绞线作为建筑物间网络连接介质，则必须穿管埋地敷设。进入建筑物后，采用双绞线敷设时，导线必须单独敷设在弱电金属桥架或金属管道内。金属桥架和金属管道与综合接地系统良好连接，充当导线的屏蔽层，不能与强电导线共用强电金属桥架或金属管道。

3.7.5　建筑群子系统的安装技术

1. 光纤的熔接

（1）开剥光缆，并将光缆固定到接续盒内。在固定多束管层式光缆时，由于要分层盘纤，各束管应依序放置，以免缠绕。将光缆穿入接续盒，固定钢丝时一定要压紧，不能有松动；否则，有可能会造成光缆打滚折断纤芯。注意不要伤到管束，开剥长度取 1m 左右，用卫生纸将油膏擦拭干净。

（2）将光纤穿过热缩套管。将不同管束、不同颜色的光纤分开，穿过热缩套管。剥去涂覆层的光缆很脆弱，使用热缩套管可以保护光纤接头。

（3）打开光纤熔接机的电源，选择合适的熔接方式。光纤熔接机的供电电源有直流和交流两种，要根据供电电流的种类来合理开关。每次使用光纤熔接机前，应将光纤熔接机在熔接环境中放置至少 15 分钟。根据光纤类型设置熔接参数、预放电时间、主放电时间等。如没有特殊情况，一般选择用自动熔接程序。在使用中和使用后要及时去除光纤熔接机中的粉尘和光纤碎末。

（4）制作光纤端面。光纤端面制作的好坏将直接影响接续质量，所以在熔接前一定要制作出合格的端面。

（5）裸纤的清洁。将棉花撕成层面平整的小块，蘸少许酒精，夹住已经剥覆的光纤，顺光纤轴向擦拭，用力要适度，每次要使用棉花的不同部位和层面，这样可以提高棉花的利用率。

（6）裸纤的切割。首先清洁切刀和调整切刀的位置，切刀的摆放要平稳；其次切割时动作要自然、平稳、勿重、勿轻，避免断纤、斜角、毛刺及裂痕等不良端面的产生。

（7）放置光纤。将光纤放在光纤熔接机的 V 形槽中，小心压上光纤压板和光纤夹具，要根据光纤切割长度设置光纤在压板中的位置，关上防风罩，按熔接键就可以自动完成熔接，在光纤熔接机显示屏上会显示估算的损耗值。

（8）移出光纤，用熔接机加热炉加热。检查是否有气泡或水珠，如果有，则要重做。

（9）盘纤并固定。科学的盘纤方法可以使光纤布局合理、附加损耗小，经得住时间和恶劣环境的考验，可以避免因积压造成的断纤现象。在盘纤时，盘纤的半径越大，弧度越大，整个线路的损耗就越小。所以，一定要保持一定的半径，避免激光在纤芯中传输时产生一些不必要的损耗。

（10）密封接续盒。野外接续盒一定要密封好。如果接续盒进水，就会使光纤及光纤熔接点长期浸泡在水中，从而可能会导致光纤衰减增大。

2. 光缆敷设

1）架空光缆敷设

① 架空光缆在平地敷设光缆时，使用挂钩吊挂、山地或陡坡敷设光缆，使用绑扎方式敷设光缆。光缆接头应选择易于维护的直线杆位置，预留光缆用预留支架固定在电线杆上。

② 架空杆路的光缆每隔 3.5 挡杆要求做 U 形伸缩弯，大约每 1km 预留 15m。

③ 引上架空（墙壁）光缆用镀锌钢管保护，管口用防火泥堵塞。

④ 架空光缆每隔 4 挡杆左右及跨路、跨河、跨桥等特殊地段应悬挂光缆警示标志牌。

⑤ 空吊线与电力线交叉处应增加三叉保护管保护，每端伸长不得小于 1m。

⑥ 靠近公路边的电线杆拉线应套包发光棒，长度为 2m。

⑦ 为防止吊线感应电流伤人，每处电线杆拉线要求与吊线电气连接，各拉线位应安装拉线式地线，要求吊线直接用衬环接续，在终端直接接地。

2）管道光缆敷设

① 光缆敷设前在管孔内穿放子孔，光缆选 1 孔同色子管始终穿放，空余所有子管管口应加塞子保护。

② 按人工敷设方式考虑，为了减少光缆接头损耗，管道光缆应采用整盘敷设。

③ 为了减少布放时的牵引力，整盘光缆应由中间分别向两边布放，并在每个人孔安排人员进行中间辅助牵引。

④ 光缆穿放的孔位应符合设计图纸的要求，敷设管道光缆之前必须清刷管孔。子孔在人（手）孔中的余长应露出管孔 15cm 左右。

⑤ 手孔内子管与塑料纺织网管接口用 PVC 胶带缠扎，以避免泥沙渗入。

⑥ 光缆在人（手）孔内安装，如果手孔内有托板，则光缆在托板上固定；如果没有托板，则将光缆固定在膨胀螺栓上。膨胀螺栓要求钩口向下。

⑦ 光缆出管孔 15cm 以内不应做弯曲处理。

⑧ 每个手孔内及机房光缆和光纤配线架上均采用塑料标志牌以示区别。

3）墙壁光缆敷设

① 除地下光缆引上部分外，严禁在墙壁上敷设铠装或有油光缆。

② 当跨越街区或院内通道等时，缆线距地面应不小于 4.5m。

③ 吊线程式采用 7/2.2、7/2.6，支撑间距为 8～10m，终端固定与第一只中间支撑的间距应不大于 5m。

④ 吊线在墙壁上水平或垂直敷设时，其终端固定、吊线中间支撑应符合《本地网通信线路工程验收规范》。

⑤ 必须在光缆的同一侧紧固螺丝。光缆不宜以卡钩式沿墙敷设。

⑥ 应在光缆上加套子管予以保护。光缆沿室内楼层凸出墙面的吊线敷设时，卡钩距离为 1m。

4）局内光缆敷设

局内光缆指局进线间至光端机房之间的光缆。局内光缆有普通光缆和阻燃光缆两种。普通光缆由管道、架空或直埋方式直接进局，在进线间放 10m 左右后直接引至机房的光纤配线架上。这种方式的优点是利用原程式光缆进局直接引至光纤配线架上，施工比较方便。阻燃光缆是指外护套由阻燃护套材料制成的光缆。在进线间内，通过光缆接头盒将阻燃光缆与外侧进局光缆连接，再引至配线架上。这种方式的优点是能达到无毒、低烟的阻燃效果，但增加了接头数和损耗测量难度，故仅限于部分大、中城市的枢纽楼机房。局内光缆敷设的要点如下：

① 局内光缆在经由走线架、拐弯点（前、后）时应予绑扎，垂直上升段应分段（段长不大于 1m）绑扎，上下走道或墙壁应每隔 50cm 用 2～3 圈绑扎，绑扎部位应垫胶管，避免受到侧压力。

② 当局内光缆不改变程式时，采用 PVC 阻燃胶带包扎做防火处理，进线孔洞要求用防火泥堵塞。

③ ODF 端子板上应清楚注明各端子的局向和序号。

④ 局内光缆预留盘圈绑扎固定在走线架或墙壁上，基站光缆可预留在基站外的终端杆上。

⑤ 局内光缆一般从局前手井经地下进线间引至光传输设备。局内光缆应按相关规定制作标志牌以便识别。

⑥ 光缆在进线间内应选择安全的位置，当处于易受外界损伤的位置时，应采取保护措施。

⑦ 局内光缆应布放整齐、美观，沿上线井布放的光缆应绑扎在上线加固横铁上。

⑧ 按规定预留在设备侧的光缆，可以留在传输设备机房或进线间。有特殊要求预留的光缆，应按设计要求留足。

⑨ 光缆引入局站后应堵塞进线管孔，不得渗水、漏水。

5）光缆成端

光缆成端，即光缆从终端盒出来的尾纤，如图 3.55 所示。

图 3.55　光缆成端

光缆线路到达局端、中继站，先通过光缆终端盒进行成端操作（在终端盒内将光缆与光纤熔接），再与光端机或中继器相连接。根据光缆终端盒的不同，其成端方法也不相同，接续过程大致与光缆接续相同，不同之处在于其为光缆与尾纤相连接，而不是光缆与光缆连接。在接续前应将尾纤逐一编号，与光缆线路和光端站一一对应，以免造成纤芯混乱。成端后的尾纤连接头应按要求插入 ODF 的连接插座内，暂不插入的连接头应按要求盖上保护帽，以免损伤及灰尘堵塞连接头，造成连接损耗增大或不通。

其要点如下：

① 根据规定或设计要求留足预留光缆。

② 设备机房的光缆终端接头安装位置应稳定、安全，远离热源。

③ 成端光缆和自光缆终端接头引出单芯软光纤应按照 ODF 的说明书进行。

④ 走线并按设计要求进行保护和绑扎。

⑤ 单芯软光纤所带的连接器应按设计要求顺序插入光纤配线架（分配盘）。

⑥ 未连接软光纤的光纤配线架（分配盘）的接口端部应盖上塑料防尘帽。

⑦ 软光纤在机架内的盘线应大于规定的曲率半径。

⑧ 光缆在光纤配线架成端处，将金属构件用铜芯聚氯乙烯护套电缆引出，并将其连接到保护地线。

实训　综合布线工程方案设计

1. 实验目的

通过实训掌握综合布线总体方案和各子系统的设计方法。设计内容符合国家《综合布线系统工程设计规范》（GB 50311—2016）。

2. 实验内容

以一座大楼（学生宿舍、教学大楼、办公大楼等）为综合布线工程的设计目标，通过设计，掌握综合布线总体方案和各子系统的设计方法。

（1）工作区设计。

（2）配线子系统设计。

（3）干线子系统设计。

（4）设备间设计。

（5）电信间设计。

（6）进线间设计。

（7）建筑群子系统设计。

3. 实验步骤

（1）现场勘测大楼，从用户处获取用户需求和建筑结构图等资料，掌握大楼的建筑结构，熟悉用户需求，确定布线路由和信息点分布。

（2）总体方案设计。

（3）工作区方案设计。

（4）配线子系统方案设计。

（5）干线子系统方案设计。

（6）设备间方案设计。

（7）电信间方案设计。

（8）进线间方案设计。
（9）建筑群子系统方案设计。

思考与练习

一、选择题

1．综合布线采用模块化的结构，按各模块的作用，可把综合布线划分为（　　）。
A．3 部分　　B．4 部分
C．5 部分　　D．6 部分

2．从建筑群设备间到工作区，综合布线系统正确的顺序是（　　）。
A．CD—FD—BD—TO—CP—TE　　B．CD—BD—FD—CP—TO—TE
C．BD—CD—FD—TO—CP—TE　　D．BD—CD—FD—CP—TO—TE

3．在综合布线系统中，直接与用户终端设备相连的子系统是（　　）。
A．工作区　　B．配线子系统
C．干线子系统　　D．电信间

4．下面关于综合布线的叙述正确的是（　　）。
A．建筑群必须有一个建筑群设备间
B．建筑物的每个楼层都需设置楼层电信间
C．建筑物设备间需与进线间分开
D．每台计算机终端都需独立设置为工作区

5．综合布线系统中用于连接两座建筑物的子系统是（　　）。
A．电信间　　B．干线子系统
C．设备间　　D．建筑群子系统

6．综合布线系统中安装有线路管理器件及各种公共设备，以实现对整个系统的集中管理的区域属于（　　）。
A．电信间　　B．干线子系统
C．设备间　　D．建筑群子系统

7. 配线子系统的主要功能是实现信息插座和电信间之间的连接，其拓扑结构一般为（　　）结构。
A．总线型　　B．星型
C．树型　　D．环型

8．下列哪项不属于配线子系统的设计内容。（　　）
A．布线路由设计　　B．管槽设计
C．设备安装、调试　　D．线缆类型选择、布线材料计算

二、简答题

1．综合布线系统由哪几个子系统组成？
2．在综合布线系统中如何核算水平布线中双绞线的数量？
3．工作区的设计要点有哪些？
4．在配线子系统中双绞线电缆的长度为什么要限制在 90m 以内？
5．干线子系统的设计要点有哪些？
6．建筑群子系统的主要特点和建设原则是什么？

第4章

机房网络布线设计与实现

4.1 项目引入

现有一写字楼网络中心机房布线项目。建成后的机房要求提供可靠的、高品质的机房环境，一方面要保障计算机系统、网络设备安全、可靠、正常地运行，延长设备的使用寿命，提供一个符合国际、国家各项有关标准及规范的优秀的技术场地；另一方面要满足各种电子设备对温度、湿度、洁净度、电磁场强度、噪声干扰、安全保安、防漏、电源质量、震动、防雷和接地等的要求。

4.2 项目准备

4.2.1 机房网络综合布线标准及规范

本机房工程必须严格参照以下标准及规范设计和施工。

• 机房相关标准及规范：

GB 50174—2017	数据中心设计规范
GB 2887—2011	电子计算机机房场地通用规范
GB 9361—2011	计算站场地安全要求
GB 6650—86	计算机机房用活动地板的技术要求
SJ/T 30003	电子计算机机房施工及验收规范
BMZ 2—2001	涉及国家秘密的计算机信息系统安全保密设计指南
BMZ 1—2000	涉及国家秘密的计算机信息系统保密技术要求
BMB 3—1999	处理涉密信息的电磁屏蔽室的技术要求和测试方法

• 装修相关标准及规范：

GB 50016—2014	建筑设计防火规范
GB 1838—93	室内装饰工程质量规范
GB 50222—2017	建筑内部装修设计防火规范

• 电气相关标准及规范：

GB 50052—2009	供配电系统设计规范
GBJ 50054—2011	低压配电设计规范

JGJ/T 16—2016　　民用建筑电气设计规范
YD/T 585—2010　　通信用配电设备
GB 51194—2016　　通信电源设备安装工程设计规范
YD/T 1051—2018　　通信局（站）电源系统总技术要求
YD/T 1058—2015　　通信用高频开关组合电源
YD/T 5098—2015　　通信局（站）雷电过电压保护工程设计规范
YD/T 1095—2018　　通信用交流不间断电源
GB 50148—2010　　电气装置安装工程 电力变压器、油浸电抗器、互感器施工及验收规范
GB 50149—2010　　电气装置安装工程 母线装置施工及验收规范
GB 50150—2016　　电气设备交接试验标准
GB 50168—2018　　电气装置安装工程电缆线路施工及验收规范
GB 50169—2016　　电气装置安装工程接地装置施工及验收规范
GB 50172—2012　　电气装置安装工程蓄电池施工及验收规范
GB 50259—2006　　电气装置安装工程电气照明装置施工及验收规范

- 空气调节相关标准及规范：

GB 50243—2016　　通风与空调工程施工及验收规范
GB 50184—2011　　工业金属管道工程施工质量验收规范
GB/T 3091—2015　　低压流体输送用焊接钢管

- 防雷相关标准及规范：

GB 50057—2010　　建筑物防雷设计规范
GB/T 3482—2008　　电子设备雷击试验方法
GB 50343—2015　　建筑物电子信息系统防雷技术规范
IEC 1312　　雷电电磁脉冲的防护
IEC 61643　　SPD 电源防雷器
IEC 61644　　SPD 通信网络防雷器
VDE 0675　　过电压保护器

- 消防安全相关标准及规范：

DBJ 15—23—1999　　七氟丙烷（HFC-227ea）洁净气体灭火系统设计规范
GBJ 116—2013　　火灾自动报警系统设计规范
GB 50265—2008　　气体灭火系统施工及验收规范
GB 50116—2016　　火灾自动报警系统施工及验收规范

- 其他标准及规范：

GB/T 50314—2015　　智能建筑设计标准
GB 50198—2011　　民用闭路监视电视系统设计规范
GB 4943—2001　　信息技术设备的安全
GA 990—2012　　中华人民共和国公共安全行业标准
GA 308—2001　　安全防范系统验收规则
GB 50348—2004　　安全防范工程技术规范
YD/T 926.1—2009　　大楼通信综合布线系统
YD/T 2008—93　　城市住宅区和办公楼电话通信设施设计标准
YD/T 694—2004　　总配线架

YDJ 9—90　　市内通信全塑电缆线路工程设计规范
YDJ 44—89　　电信网光纤数字传输系统工程施工及验收暂行技术规定
YDJ 50—88　　市内电话程控交换设备安装工程施工及验收暂行技术规定

4.2.2　网络综合布线工作过程

仅就综合布线项目的系统集成而言，主要划分为设计、施工、测试验收 3 个阶段。“经费概算”前为设计阶段，中间为施工阶段，“测试验收”之后为测试验收阶段。

1. 勘查现场

现场勘查建筑的主要任务是与客户协商网络需求，根据用户提出的信息点位置和数量要求，参考建筑平面图、装修平面图等资料，结合网络设计方案对布线施工现场进行勘查，以初步确定信息点数量与位置，以及进行主干路由和机柜的初步定位。

2. 规划设计

工程设计将对布线全过程产生决定性的影响，因此需根据调研结果对费用预算、应用需求、施工进度等方面进行综合考虑，并着手做出详细的设计方案。

在综合布线系统专业标准和法规的指导下，充分考虑网络设计方案对布线系统的要求，对布线系统总体进行可行性分析，如对空间距离、带宽、信息点密度等指标进行分析，并对各个子系统进行详细设计。如果布线系统设计方案存在重大缺陷，那么一旦施工完成，将会造成无法挽回的损失。因此，应当由用户、网络方案设计人员、布线工程人员共同参与方案的评审。如果发现可能存在问题，则必须在方案修改后再进行评审，直到最终方案形成。

3. 制定方案

根据布线系统设计方案确定详细的施工细节（如布线路由、钻墙孔等），综合考虑设计实施中的管理和操作，指定工程负责人和工程监理人员，规划备料、备工，以及内外协调、施工组织和管理等内容。在施工方案中需要考虑用户方的配合程度，对于布线方案可能对路面和建筑物造成的破坏程度，最好让用户知晓并得到对方管理部门的批准。施工方案需要与用户方协商，且得到对方的认可及签字，并指定协调负责人予以配合。

4. 经费概算

经费概算主要包括根据建筑平面图等资料计算线材的用量、信息插座的数量及机柜定位和数量；计算布线材料、工具、人工费用和工期等。

5. 现场施工

综合布线系统实现阶段主要包括以下两项任务。

（1）土建施工：协调施工队与业主进行职责商谈，提出布线许可，主要包括钻孔、走线、信息插座定位、机柜定位、制作布线标记系统等内容。

（2）技术安装：主要包括机柜内部安装、打信息模块、打配线架。机柜内部要布置整齐、合理、分块鲜明、标识清楚，便于今后维护。不同品牌的产品可能有不同的打线专用设备。

施工现场指挥人员要具有较高的素质，能充分理解布线设计方案，并掌握相应的技术规范，这样必要时才能做出正确的临场判断。当装潢与布线同时开展时，布线应争取主动，早进场调查，把能做的事先做了，如挖沟、打钻、敷设管道等，有计划地施工。对于一时无法解决的问题，设计人员必须尽快修改设计方案，早日找到解决方法。

6. 测试验收

根据相应的布线系统标准及规范对布线系统进行各项技术指标的现场认证测试。

信息点测试一般采用简单测试仪，单人即可进行，效率较高，主要测试通断情况或接线图。

探层测试通常可用 FLUKEDSP—4000 或 DTX 线缆测试仪，根据 TSB—67 标准，对接线图（WireMap）、长度（Length）、衰减量（Attenuation）、近端串扰（NEXT）、传播延迟（Propagation Delay）等方面的数据进行测试，并可联机打印测试报告。

负载试验是指加载网络设备后进行部分网络联通性能抽测。最后是竣工验收审核及技术文档移交。

7. 文档管理

工程验收完成后，必须提供给客户验收报告单，内容包括材料实际用量表、测试报告书、机柜配线图、楼层配线图、信息点分布图，以及光纤、语音和视频主干路由图等，为日后的维护提供数据依据。

8. 布线维护

当综合布线系统的通信线路和连接硬件出现故障时，应当快速做出响应，提供现场维护，排除故障点，并根据客户需要对现有布线系统进行扩充和修改。

4.3 任务 1——机房网络布线需求分析

机房是建筑物的网络中心，有时也称为设备间，智能建筑物一般都有独立的设备间。机房是建筑物中数据、语音垂直主干缆线终接的场所，也是建筑群的缆线进入建筑物的场所，还是各种数据和语音设备及保护设施的安装场所，更是网络系统进行管理、控制、维护的场所。机房一般设在建筑物中部或建筑物的第一、二层，避免设在顶层，而且要为以后的扩展留下余地，同时对面积、门窗、天花板、电源、照明、散热、接地等有一定的要求。

根据国家现行电子计算机机房建设的相关标准、规范，以及相关涉密机房建设的国家保密标准、规范和技术要求，结合机房的具体要求和实际需求，以技术先进、可靠性高、系统安全、保密性强、扩展容易、维护方便、经济实用、合理超前为目标，对网络中心机房工程进行具体可行的设计。弱电机房的建设首先是平面布局，而平面布局的设计应考虑两方面的因素。其一，机房布局需考虑计算机设备数量布置、功能间的分配、工艺需求等。其二，机房布局应符合有关国家标准和规范，并满足电气、通风、消防工程的要求。

4.4 任务 2——机房网络布线的设计

机房环境的设计必须考虑数据处理的重要性和发展性，在关键物理基础设施上必须参照较高的标准进行设计、施工。

主机房室内装饰应选用气密性好、不起尘、易清洁，并在温/湿度变化作用下变形小的材料。机房六面体做防尘、保温处理。部分非阻燃材料必须涂刷防火涂料。所有隐蔽用材必须符合机房用材性能指标，做到不起尘、阻燃、绝燃、不产生静电、牢固耐用并无病虫害发生。

1. 机房位置选择

- 网络中心机房在多层建筑物或高层建筑物内宜设于第二、三层。
- 网络中心机房位置的选择应符合下列要求：水源充足，电源稳定可靠，交通通信方便，自然环境清洁；远离产生粉尘、油烟、有害气体，以及生产或储存具有腐蚀性、易燃、易爆物品的工厂、仓库、堆场等；远离强震源和强噪声源；避开强电磁场干扰。

当无法避开强电磁场干扰时或为保障计算机系统信息安全，可采取有效的电磁屏蔽措施。

2. 机房的组成

依据计算机系统的规模、用途、任务、性质，以及计算机对供电、空调等要求的不同和管理体制的差异，可选用下列房间。

- 主要工作房间：计算机机房，如图 4.1 所示。

图 4.1　计算机机房

- 基本工作房间：数据录入室、终端室、网络设备室、已记录的媒体存放间、上机准备间。
- 第一类辅助房间：备件间、未记录的媒体存放间、资料室、仪器室、硬件人员办公室、软件人员办公室。
- 第二类辅助房间：维修室、电源室、蓄电池室、发电机室、空调系统用房、灭火钢瓶间、监控室、值班室。
- 第三类辅助房间：储藏室、更衣换鞋室、缓冲间、机房人员休息室等。

3. 计算机房的使用面积

根据规模和实际应用需求确定网络中心机房大小，主机房原则上面积不小于 $20m^2$，层高不低于 2.8m，能满足现有各类设备的存放要求，并为今后的发展预留可扩展的空间。

计算公式：

$$S=KA$$

其中，S 指机房面积；K 指系数，取 4.5～$5.5m^2$/台（架）；A 指设备台（架）总数。

研制、生产用的调机机房的使用面积参照上述公式计算。其他各类房间的使用面积依据人员、设备及需要而定。

4. 设备布置

计算机设备宜采用分区布置，一般可分为主机区、存储器区、数据输入区、数据输出区、通信区和监控调度区等。具体划分可根据系统配置及管理而定。需要经常监视或操作的设备布置应便于操作。产生尘埃及废物的设备应远离对尘埃敏感的设备，宜集中布置在靠近机房的回风口处。

主机房内通道与设备间的距离应符合下列规定：

（1）两相对机柜正面之间的距离不应小于 1.5m，如图 4.2 所示。

（2）机柜侧面（或不用面）距墙不应小于 0.5m。当需要维修测试时，距墙不应小于 1.2m，如图 4.3 所示。

（3）走道净宽不应小于 1.2m。

图 4.2　机柜间距

图 4.3　机柜与墙的距离

5. 机房内的环境条件

机房应是安全性、可靠性要求最高、最重要的地方，是一个单位的数据中心和通信枢纽，是保证单位正常工作的重要部分之一。机房内放置的计算机设备、网络通信设备等需要一个非常严格的操作环境，因为它们能否正常运作对整个单位的业务至关重要。因此，机房的基本结构组合（见表 4.1）必须达到其重点目的：防尘、屏蔽、防静电、空调回风、防漏水、隔热、保温、防火等。

表 4.1　机房的基本结构组合

顶面	做顶部防尘、保温处理； 饰面为 600mm×600mm 的微孔铝扣板
墙面	所有墙面及柱面均采用砂纸打磨，然后粉刷 2 遍乳胶漆，以达到防尘、易清洁等目的
地面	机房区域地板采用高档防静电活动地板，主机房区域的地板高度为 300mm

地板采用无边框的全钢防静电活动地板（见图 4.4），其外形美观、色彩淡雅、柔和、尺寸精确、工艺先进、稳定性强，并配有通风、走线等配套地板。全钢防静电活动地板的具体参数如下。

- 承重：集中负荷≥500kg，绕度<2mm；均布荷载≥1 200kg/m^2。
- 系统电阻值：在温度为 15℃～30℃、相对湿度为 30%～75%时，活动地板系统电阻值为 1.0×106～1.0×1010Ω。
- 室内防火级别：A 级，活动地板的通风板数量需根据现场实际情况严格测算，保证精密空调的送风风速符合建设规范。根据机房设备的就位点留有合适的出线孔，出线孔的大小及形状由具体的计算机设备来决定。

机房地面采用 30mm 的橡塑板形成良好的保温层。

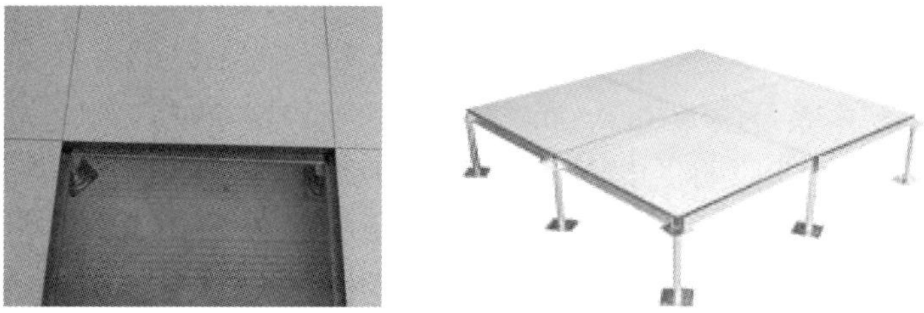

图 4.4　全钢防静电活动地板

1）墙面工程

将原机房墙面采用砂纸打磨，然后粉刷 2 遍乳胶漆。两个机房之间采用石膏板轻钢龙骨进行封堵。

2）吊顶工程（见图 4.5）

金属天花板具有质轻、防火、防潮、吸音、洁净等性能，适合机房使用。结合机房对吊顶的要求，采用铝合金微孔方板吊顶，长 600mm，宽 600mm，板材壁厚 0.8mm，板面布有微孔，有极好的吸音及回风效果。这种顶板材质轻、强度高、不燃烧、无色差、平整度好、便于拆装，有利于顶内维修。安装三管格栅灯带，满足机房照明使用要求和空调回风要求，且机房的延展性、装饰性较好。

3）门窗工程

机房的门保留原有不变，窗户根据现场情况进行保留或封堵。

4）场地防水

在机房四周做好防水处理，防止室外流入。另外，在空调周围修筑防水垄，一旦空调漏水，将自动排入大楼污水管；同时，安装漏水探测器，一旦探测到空调发生漏水，将发出报警告知监控人员。

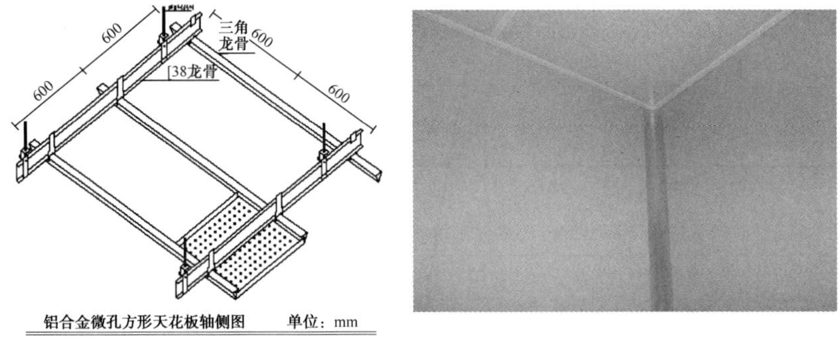

图 4.5 吊顶

5）防火处理

主材选用非燃性或难燃性材料，其他材料也尽可能地选用难燃性材料，所有木质隐蔽部分均刷防火漆做防火处理。疏散口应设有醒目的紧急出口标志，便于人员疏散。

6）场地防鼠

为了防止老鼠对线缆的破坏，所有机房与外界连接的管线槽口处均以专用防火泥封堵，各消防分区的围护上下均做适当的隔离封堵；机柜下开孔均加有 PVC 护套；各专业管线均分别放置在各自的金属桥架内或外套金属管。

7）电磁屏蔽

将机房顶面龙骨、墙面龙骨、防静电活动地板金属支架、墙壁顶棚的金属层都接在静电地上，整个机房形成一个屏蔽罩，以保证人身安全及静电敏感器件的安全。

8）机房供电需求

数据中心机房供配电系统应为 380V/200V、50Hz，计算机供电质量达到 A 级。

机房的设备供电和空调/照明供电分为两个独立回路，其中设备供电由 UPS（不间断电源）提供并按设备总用电量的 1.5 倍进行预留，而空调/照明用电由市电提供并按空调设备的要求供配。

9）UPS 需求

机房用电负荷主要来自交换机、路由器、服务器、工作站、故障照明、安防系统等设备，根据机房的负载情况和 50%～60%的合理负载率选取功率合适的 UPS 供电系统。

UPS 供电系统采用一台 20kVA 的 UPS，负责内网机房的设备用电，后备时间为 1 个小时。

UPS 为在线式 UPS，选择企业用 UPS 电源，输入为三相 380V，电源输出为三相 380V，断电后电池持续供电 1 小时，接地系统采用 TN-S 方式，零线和地线分开设置。

电池技术要求：蓄电池应安装在柜体内，蓄电池柜需装设相适应的直流断路器。

10）机房防雷接地

机房内集中了大量的微电子设备，而这些设备的内部结构高度集成化，从而造成设备抗过压、过流的水平下降，对雷电（包括感应雷及操作过电压）浪涌的承受能力下降。感应雷侵入机房及计算机网络系统的途径主要有 3 个：交流电源 380V、220V 电源线引入；信号传输通道引入；地电位反击及空间雷闪电磁脉冲（LEMP）等。为了确保机房设备及计算机网络系统稳定、可靠地运行，以及保证机房工作人员有一个安全的工作环境，在大厦已实施建筑防雷措施的基础上，根据招标方的要求需做到 B、C 两级防雷。建议对机房实施以下防雷措施：

- 机房总配电柜进线处加装 OBO 电源防雷器作为电源第二级保护。
- 市电输出柜、UPS 输出柜电源进线端加装 OBO 电源防雷器作为电源第三级保护。

接地基本概念：

供电系统用变压器的中性点直接接地，以及电器设备在正常工作的情况下，不带电的金属部分与接地体之间做良好的金属连接，都称为接地。前者为工作接地，后者为保护接地。

配电变压器低压侧的中性点直接接地，此中性点叫作零点，由中性点引出的线叫作零线。用电设备的金属外壳直接接到零线上，称为接零。

接地可分为工作接地、保护接地、重复接地、静电接地、直流工作接地（也称逻辑接地、信号接地）、防雷接地等。

这几种接地方式的意义、作用和要求是有区别的，因此设计的要求也不同，所以通常是分开独立设置接地电极。遇到雷击时就会出现安全事故，最常见的是防雷接地的接地体对其他接地体产生反击。

穿过各防雷区交界的金属部件和系统，以及在一个防雷区内部的金属部件和系统，都应在防雷区交界处做等电位连接。做等电位连接的目的在于减小需要防雷的空间内各金属部件和各系统之间的电位差。应采用等电位连接线和螺栓坚固的线夹在等电位连接带处做等电位连接，而且必要时应采用电涌保护器（SPD）做等电位连接。

4.5 任务 3——机房网络布线的施工

4.5.1 施工前的检查

1. 安装条件

安装工程之前，必须对机房的建筑和环境条件进行检查，具备下列条件方可开工。

（1）机房的土建工程已全部竣工，室内墙壁已充分干燥，机房门的高度和宽度不妨碍设备的搬运，房门锁和钥匙齐全。

（2）机房地面平整光洁，预留暗管、地槽和孔洞的数量、位置、尺寸均符合工艺设计要求。

（3）电源已经接入机房，并能满足施工需要。

（4）机房的通风管道已清扫干净，空气调节设备已安装完毕，性能良好。

（5）在铺设活动地板的机房内，对活动地板进行专门检查。地板板块铺设严密坚固，符合安装要求，每平方米水平误差不大于 2mm，地板接地良好，接地电阻和防静电措施符合要求。

2. 交接间环境要求

（1）根据设计规范和工程的要求，对建筑物的垂直通道的楼层及交接间做好安排，并检查其建筑和环境条件是否具备。

（2）留好交接间垂直通道电缆孔孔洞，并检查水平通道管道或电缆桥架和环境条件是否具备。

（3）环境要求：温度为 10℃～30℃，湿度为 20%～80%；地下室的进线间应保持通风，排风量应按每小时不小于 5 次换气次数计算；给水管、排水管、雨水管等其他管线不宜穿越配线机房；应考虑设置手提式灭火器和火灾自动报警器。

（4）照明、供电和接地：照明采用水平面一般照明，照度可为 75～100lx，进线间采用具有防潮性能的安全灯，灯开关装于门外。工作区、交接间和设备间的电源插座应为 220V 单相带保护的电源插座。交接间设有接地体，如果采用单独接地，则接地体的电阻值不应大于 4Ω；如果采用联合接地，则接地体的电阻值不应大于 1Ω。

3. 器材检验要求

（1）型材、管材与铁件的检验：各种钢材和铁件的材质、规格应符合设计文件的规定，表面所做防锈处理光洁良好，无脱落、气泡，不得有歪斜、扭曲、飞刺、断裂和破损等缺陷。各种管材的管身和管口无变形，内壁光滑、无节疤、无裂缝，接续配件齐全有效。材质、规格、型号及孔壁厚度应符合设计文件的规定和质量标准。

（2）电缆、光缆的检验：工程中所用的电缆、光缆的规格、程式和型号应符合设计文件的规定；成盘的电缆、光缆的型号和长度等应与出厂产品质量合格证一致；缆线的外护套应完整无损，芯线无断线和混线，有明显的色标。

（3）线缆的性能指标抽测：对于双绞线电缆，从到达施工现场的批量电缆中任意抽出 3 盘，并从每盘中截出 90m，同时在电缆的两端连接上相应的接插件，形成永久链路进行电气特性测试。根据测试的结果分析和判断该批电缆及接插件的整体性能指标。首先对光缆外包装进行检查，如果发现损伤或变形现象，那么也可按光纤链路的连接方式进行抽测。

（4）施工工具的准备：剥线刀、打线钳、测线仪等。

4.5.2 传输通道的施工

1. 金属管的敷设

1）对金属管的要求

金属管（见图 4.6）应符合设计文件的规定，表面不应有穿孔、裂缝和明显的凹凸不平，内壁应光滑，不允许有锈蚀，在易受机械损伤的地方和在受力较大处直埋时，应采用足够强度的管材。

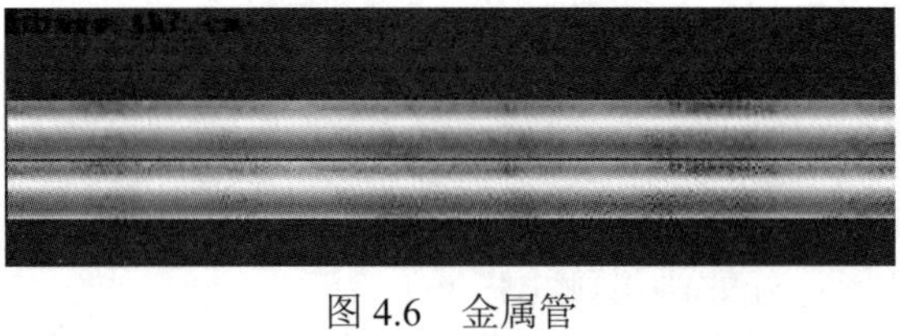

图 4.6 金属管

金属管的加工应符合下列要求：

① 为了防止在穿电缆时划伤电缆，管口应无毛刺和尖锐棱角。

② 为了减小直埋管在沉陷时管口处对电缆的剪切力，金属管口宜做成喇叭形。

③ 金属管在弯制后，不应有裂缝和明显的凹瘪现象。当弯曲程度过大时，会减小金属管的有效管径，造成穿设电缆困难。

④ 金属管的弯曲半径不应小于所穿入电缆的最小允许弯曲半径。

⑤ 镀锌管锌层剥落处应涂防腐漆，从而增加使用寿命。

2）金属管的切割套丝

在配管时，应根据实际需要长度对管子进行切割。管子的切割可使用钢锯、管子切割刀或电动机切管机，严禁用气割。管子和管子连接，管子和接线盒、配线箱的连接，都需要在管子端部进行套丝。焊接钢管套丝，可用管子铰板（俗称代丝）或电动套丝机；硬塑料管套丝，可用圆丝板。套丝时，先将管子在管子压力台上固定压紧，然后再套丝。利用电动套丝机可提高工作效率。套完丝后，应随时清扫管口，将管口端面和内壁的毛刺用锉刀锉光，使管口保持光滑，以免割破线缆的绝缘护套。

3）金属管的弯曲

在敷设金属管时，应尽量减少弯头。每根金属管的弯头不应超过 3 个，直角弯头不应超过 2 个，并不应有 S 弯出现。当弯头过多时，将会造成穿电缆困难。对于较大截面的电缆，不允许有弯头。当在实际施工中不能满足要求时，可采用内径较大的管子或在适当部位设置拉线盒，以利于线缆的穿设。金属管一般都用弯管器进行弯曲。先将管子需要弯曲部位的前段放在弯管器内，焊缝放在弯曲方向背面或侧面，以防管子弯扁，然后用脚踩住管子，手扳弯管器进行弯曲，并逐步移动弯管器，得到所需要的弯度。弯曲半径应符合下列要求：

① 明配时，一般不小于管外径的 6 倍；只有一个弯时，可不小于管外径的 4 倍；整排钢管在转弯处，宜弯成同心圆形状。

② 暗配时，不应小于管外径的 6 倍；当敷设于地下或混凝土楼板内时，不应小于管外径的 10 倍。

4）金属管的连接

金属管的连接应牢固，密封应良好，两管口应对准。套接的短套管或带螺纹的管接头的长度不应小于金属管外径的 2.2 倍。金属管的连接采用短套接时，施工简单方便；采用管接头螺纹连接则较为美观，保证金属管连接后的强度。无论采用哪一种方式，均应保证金属管连接牢固、密封。金属管进入信息插座的接线盒后，暗埋管可用焊接固定，管口进入盒的露出长度应小于 5mm；明设管应用锁紧螺母或管帽固定，露出锁紧螺母的丝扣为 2～4 扣。引至配线间的金属管管口位置，应便于与线缆连接。并列敷设的金属管管口应排列有序，便于识别。

5）金属管的敷设要求

金属管的暗设应符合下列要求：

① 预埋在墙体中间的金属管内径不宜超过 50mm，楼板中的管径宜为 15～25mm，直线布管 30mm 处设置暗线盒。

② 敷设在混凝土、水泥里的金属管，其地基应坚实、平整，不应有沉陷，以保证敷设后的线缆安全运行。

③ 金属管连接时，管孔应对准、无错位，接缝应严密，不得有水泥、砂浆渗入，以免影响管、线、槽的有效管理，从而保证敷设线缆时穿线顺利。

④ 金属管道应有不小于 0.1%的排水坡度。

⑤ 建筑群之间金属管的埋设深度不应小于 0.7m；在人行道下面敷设时，深度不应小于 0.5m。

⑥ 金属管内应安置牵引线或拉线。

⑦ 金属管的两端应有标记，表示建筑物、楼层、房间和长度。

⑧ 光缆与电缆同管敷设时，应在金属管内预置塑料子管，将光缆敷设在子管内，使光缆和电缆分开布放，子管的内径应为光缆外径的 2.5 倍。

2. 金属线槽（见图 4.7）的敷设

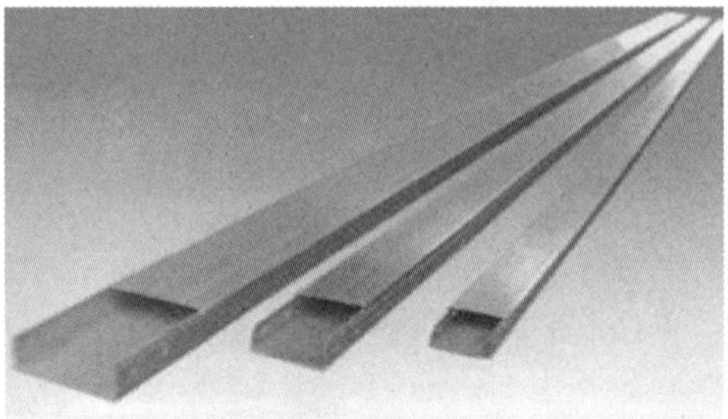

图 4.7 金属线槽

1）金属线槽安装要求

① 金属线槽的安装位置应符合施工图的规定，左右偏差视环境而定，最大不应超过 50mm。

② 线槽水平度每米偏差不应超过 2mm。

③ 垂直线槽应与地面保持垂直，并无倾斜现象，垂直度偏差不应超过 3mm。

④ 线槽节与节间用接头连接板拼接，螺钉应拧紧，两线槽拼接处水平度偏差不应超过 2mm。

⑤ 当直线段桥架超过 30m 或跨越建筑物时，应有伸缩缝，其连接宜采用伸缩连接板。

⑥ 线槽转弯半径不应小于其槽内的线缆最小允许弯曲半径的最大值。

⑦ 盖板应紧固。

⑧ 支/吊架应保持垂直，整齐牢靠，无歪斜现象。

2）预埋金属线槽支撑保护要求

① 在建筑物中预埋线槽可为不同的尺寸，按一层或两层设置，应至少预埋两根以上，线槽截面高度不宜超过 25mm。

② 线槽直埋长度超过 15m 或当线槽路由交叉、转弯时，宜设置拉线盒，以便布放线缆盒时维护。

③ 拉线盒盖应能开启自如，并与地面齐平，盒盖处应采取防水措施。

④ 线槽宜采用金属管引入分线盒内。

3）设置金属线槽支撑保护

① 水平敷设时，支撑间距一般为 1.5～3m；垂直敷设时，固定在建筑物结构体上的间距宜小于 2m。

② 金属线槽敷设时，下列情况需设置支架或吊架：线缆接头处、间距 3m、离开线槽两端口 0.5m 处、线槽走向改变或转弯处。在活动地板下敷设线缆时，活动地板内净空不应小于 150mm；如果活动地板内作为通风系统的风道使用，则活动地板内净高不应小于 300mm。在工作区的信息点位置和线缆敷设方式未定的情况下，或在工作区采用地毯下布放线缆时，在工作区宜设置交接箱。

③ 干线子系统线缆敷设支撑保护线缆不得布放在电梯或管道竖井内，干线通道间应互通。弱电间中线缆穿过每层楼板的孔洞宜为方形或圆形。建筑群子系统线缆敷设支撑保护应符合设计要求。

3. PVC 管的敷设

PVC 管（见图 4.8）一般在工作区暗埋，操作时要注意两点：

图 4.8　PVC 管

（1）当管子需要转弯时，弯曲半径要大，不能使管子弯曲变形，造成不便于穿线。

（2）管内穿线不宜太多，要留有 50%以上的空间。

4. PVC 线槽的敷设

PVC 线槽（见图 4.9）的敷设具体有 4 种方式：

- 在天花板吊顶内采用吊杆或托式桥架。
- 在天花板吊顶外采用托架桥架敷设。
- 在天花板吊顶外采用托架加配固定槽敷设。
- 在墙面上明装。

图 4.9　PVC 线槽

采用托架时，一般 1m 左右安装一个托架。采用固定槽时，一般 1m 左右安装一个固定点。

固定点是指固定槽的地方，根据槽的大小来定。

① 25mm×20mm～25mm×30mm 规格的槽，一个固定点应有 2～3 个固定螺丝，并且水平排列。

② 25mm×30mm 以上规格的槽，一个固定点应有 3～4 个固定螺丝，且呈梯形分布，目的是使槽的受力点分散。

③ 除固定点外，应每隔 1m 左右钻 2 个孔，用双绞线穿入，待布线结束后，把所布的双绞线捆扎起来。

水平干线、垂直干线布槽的方法是一样的，差别在于一个是横布槽，一个是竖布槽。在水平干线与工作区交接处，不易施工时，可采用金属软管（蛇皮管）或塑料软管连接。

4.5.3　设备环境的安装

1. 机架安装要求

（1）机架安装完毕后，水平度、垂直度应符合生产厂家的规定。若无厂家规定，则垂直度偏差不应大于 3mm。

（2）机架上的各种零件不得脱落或碰坏，各种标志应完整清晰，如图 4.10 所示。

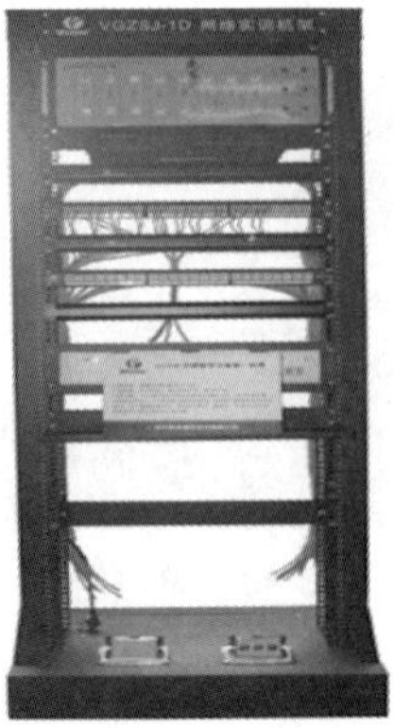

图 4.10　机架

（3）机架的安装应牢固，应按施工的防震要求进行加固。

（4）安装机架面板时，机架前应留有 0.6m 的距离，机架背面离墙面的距离视其型号而定，从而便于安装和维护。

2. 机柜安装要求

（1）机柜（见图 4.11）安装前必须检查其排风设备是否完好、设备托板数量是否齐全，以及滑轮、支撑柱是否完好等。

图 4.11　机柜

（2）机柜型号、规格及安装位置应符合设计要求。

（3）机柜安装垂直偏差度应不大于 3mm，水平误差应不大于 2mm。几个机柜并排在一起，面板应在同一平面上并与基准线平行，前后偏差不得大于 3mm；两个机柜中间的缝隙不得大于 3mm。对于相互之间有一定间隔并排成一列的设备，其面板前后偏差不得大于 5mm。

（4）机柜的各种零件不得脱落或碰坏，漆面如有脱落，应予以补漆，各种标志应完整、清晰。

（5）机柜安装应牢固，有抗震要求时，按施工图的抗震设计进行加固。

（6）机柜不宜直接安装在活动地板上，宜按设备的底平面尺寸制作底座，底座直接与地面固定，机柜固定在底座上，然后铺设活动地板。

（7）安装机柜面板时，前面应预留 800mm 的距离，机柜背面离墙的距离应大于 600mm，以便于安装和施工。

（8）壁挂式机柜距离地面宜为 1 200mm。

（9）机柜内的设备、部件的安装应在机柜定位完毕并固定后进行，安装在机柜内的设备应牢固。

（10）机柜上的固定螺丝、垫片和弹簧垫圈均应按要求紧固，不得遗漏。

（11）壁挂式机柜应安装在平整、坚固的墙面上，距离地面至少 300mm，保持与墙面水平、垂直，垂直度偏差应小于 3mm。

（12）在墙体上开孔应避免破坏墙体内管线，开孔深度不得低于 70mm。固定机柜所用的膨胀螺钉不得少于 4 个（悬挂式 C 型机柜为 6 个）。必要时可在机柜下放置支撑物，以保证机柜的安全稳固。

（13）对于落地式机柜的安装，安装基座时要综合考虑机柜的开门方向。

3. 超五类模块化配线板的端接

把配线板（见图 4.12）按顺序依次固定在标准机柜的垂直滑轨上，并用螺钉上紧，每个配线板需配有 1 个 19U 的配线管理架。

（1）在端接线对之前，首先要整理线缆。用扎带将线缆缠绕在配线板的导入边缘上，最好是将线缆缠绕固定在垂直通道的挂架上，从而避免线对在线缆移动期间变形。图 4.13 所示为各种理线架。

图 4.12　配线板

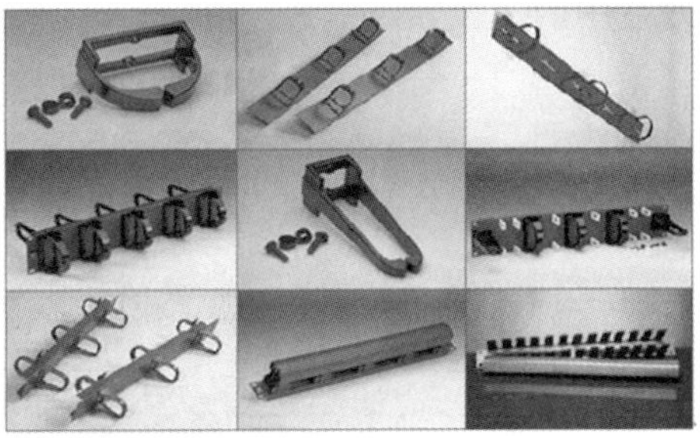

图 4.13　理线架（环）

（2）从右到左穿过线缆，并按背面数字的顺序端接线缆。

（3）对每条线缆切去所需长度的外皮，以便进行线对的端接。

（4）对于每组连接块，设置线缆通过末端的保持器（或用扎带扎紧），这使得线对在线缆移动时不变形。

（5）当弯曲线对时，要保持合适的张力，以防毁坏单个的线对。

（6）对捻线对必须正确地安置到连接块的分开点上，这对于保证线缆的传输性能是很重要的。

（7）把线对按顺序依次放到配线板背面的索引条中，从右到左的色码依次为紫、紫白、橙、橙白、绿、绿白、蓝、蓝白。

（8）用手指将线对轻压到索引条的夹子中，使用打线工具将线对压入配线模块并将伸出的导线头切断，然后用锥形钩清除切下的碎线头。

（9）将标签插到配线模块中，以标示此区域。

4.5.4 双绞线的布放

1. 布线安全要求

参加施工的人员应注意以下几点安全要求：

（1）着合适的衣服。

（2）用安全的工具。

（3）保证工作区的安全。

（4）制订施工安全措施。

2. 线缆布放的一般要求

（1）线缆布放前应核对规格、程式、路由及位置是否与设计规定相符合。

（2）布放的线缆应平直，不得产生扭绞、打圈等现象，不应受到外力挤压和损伤。

（3）在布放前，线缆两端应贴有标签，标明起始和终端位置，以及信息点的标号，标签书写应清晰、端正和正确。

（4）信号电缆、电源线、双绞线电缆、光缆及建筑物内其他弱电线缆应分离布放。

（5）布放线缆应有冗余，在二级交接间、设备间双绞线电缆预留长度一般为 3～6m，工作区为 0.3～0.6m，有特殊要求的应按设计要求预留。

（6）布放线缆时，在牵引过程中吊挂线缆的支点相隔间距不应大于 1.5m。

（7）在线缆布放过程中，为避免受力和扭曲，应制作合格的牵引端头。如果采用机械牵引，则应根据线缆布放环境、牵引的长度、牵引张力等因素选用集中牵引或分散牵引等方式。图 4.14 所示为专用的穿线器。

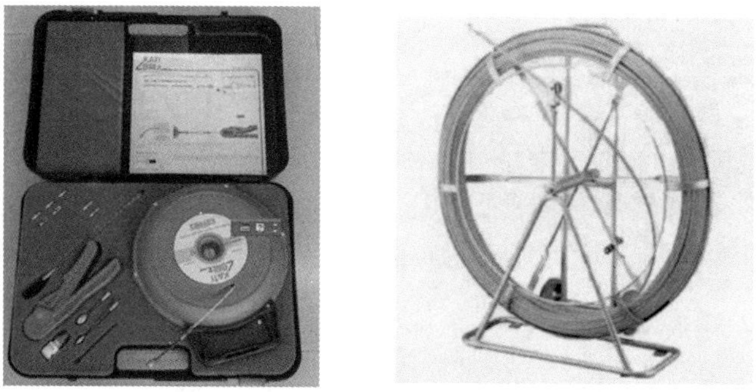

图 4.14　专用的穿线器

3. 放线

1）在线缆箱中拉线

① 除去塑料塞。

② 通过出线孔拉出数米的线缆。

③ 拉出所要求长度的线缆，并割断它，使线缆滑回到槽中，留数厘米在外面。

④ 重新插上塞子以固定线缆。

2）线缆处理（剥线）

① 使用斜口钳在塑料外衣上切一条“1”字形的长缝。

② 找到尼龙的扯绳。

③ 将电缆紧握在一只手中，用尖嘴钳夹紧尼龙扯绳的一端，并把它从线缆的一端拉开，拉的长度根据需要而定。

④ 割去无用的电缆外衣（另一种方法是利用切环器剥开电缆）。

4. 线缆牵引

用一条拉线牵引线缆穿入墙壁管道、吊顶和地板管道，称为线缆牵引。在施工中，应使拉线和线缆的连接点尽量平滑，所以要采用电工胶带在连接点外面紧紧缠绕，以保证平滑和牢靠。

（1）牵引多条 4 对双绞线：

① 将多条线缆聚集成一束，并使它们的末端对齐。

② 用电工胶带紧绕在线缆束外面，在末端外绕 5～6cm 的长度。

③ 将拉线穿过用电工胶带缠好的线缆，并打好结。

（2）如果在拉线缆的过程中连接点散开了，则要收回线缆和拉线，重新制作更牢靠、固定的连接。

① 除去一些绝缘层，暴露出 5cm 的裸线。

② 将裸线分成两束。

③ 将两束导线互相缠绕起来形成环。

④ 将拉线穿过此环并打结，然后用电工胶带缠绕连接点周围，要缠得结实和平滑。

（3）牵引多条 25 对双绞线：

① 剥除约 30cm 的线缆外护套，包括导线上的绝缘层。

② 使用斜口钳将线切去，留下约 12 根。

③ 将导线分成两个绞线组。

④ 将两组绞线交叉穿过拉线的环，在线缆的那边建立一个闭环。

⑤ 将双绞线一端的线缠绕在一起以使环封闭。

⑥ 用电工胶带紧紧地缠绕在线缆周围，覆盖长度约为 5cm，然后继续绕上一段。

5. 建筑物水平线缆布线

1）管道布线

管道布线是在浇筑混凝土时已把管道预埋在地板中，管道内有牵引电缆线的钢丝或铁丝，施工时只需通过管道图纸了解地板管道，就可做出施工方案。

对于没有预埋管道的新建筑物，布线施工可以与建筑物装潢同步进行，这样既便于布线，又不影响建筑物的美观。管道一般从配线间埋到信息插座安装孔，施工时只要将双绞线固定在信息插座的接线端，从管道的另一端牵引拉线，就可将线缆引到配线间。

2）吊顶内布线

① 索取施工图纸，确定布线路由。

② 沿着所设计的路由（在电缆桥架槽体内），打开吊顶，用双手推开每块镶板。

③ 将多个线缆箱并排放在一起，并使出线口向上。

④ 加标注，纸箱上可直接写标注，线缆的标注写在线缆末端，贴上标签。

⑤ 将合适长度的牵引线连接到一个带卷上。

⑥ 从离配线间最远的一端开始，将线缆的末端（捆在一起）沿着电缆桥架牵引经过吊顶走廊的末端。

⑦ 移动梯子，将拉线投向吊顶的下一孔，直到拉线到达走廊的末端。

⑧ 将每两个箱子中的线缆拉出形成“对”，用胶带捆扎好。

⑨ 将拉线穿过 3 对用胶带缠绕好的线缆，并把拉线结成一个环，再用胶带将 3 对线缆与拉线捆紧。

⑩ 回到拉线的另一端，人工牵引拉线，6 条线缆（3 对）将自动从线箱中拉出并经过电缆桥架牵引到配线间。

⑪ 对下一组线缆（另外 3 对线缆）重复第 8 步的操作。

⑫ 将剩下的线缆组增加到拉线上，每次牵引它们向前，直到走廊末端，再继续牵引这些线缆一直到达配线间连接处。当线缆在吊顶内布放完成后，还要通过墙壁或墙柱的管道将线缆向下引至信息插座安装孔。将双绞线用胶带缠绕成紧密的一组，将其末端送入预埋在墙壁中的 PVC 圆管内并把它往下压，直到在插座孔处露出 25～30mm。图 4.15 所示为双绞线布线。

图 4.15　双绞线布线

6. 建筑物垂直干线线缆布线

我们采用室内多模光纤作为垂直干线的主要载体。光纤垂直干线的布放可参考下面“光缆的布放”。

4.5.5　光缆的布放

1. 光缆施工基础知识

1）操作要求

① 在进行光纤接续或制作光纤连接器时，施工人员必须戴上眼镜和手套，穿上工作服，保持环境洁净。

② 不允许观看已通电的光源、光纤及其连接器，更不允许用光学仪器观看已通电的光纤传输通道器件。

③ 只有在断开所有光源的情况下，才能对光纤传输系统进行维护操作。

2）光纤布线过程

① 光纤的纤芯为石英玻璃，极易弄断，因此在施工弯曲时不允许超过最小弯曲半径。

② 光纤的抗拉强度比电缆小，因此在操作光缆时，不允许超过各种类型光缆的抗拉强度。光缆敷设好以后，在设备间和楼层配线间内，首先将光缆捆接在一起，然后再进行光纤连接。可以利用光纤端接装置（OUT）、光纤耦合器、光纤连接器面板来建立模组化的连接。当敷设光缆工作完成后及光纤交连和在应有的位置上建立互连模组以后，就可以将光纤连接器加到光纤末端上，建立光纤连接。

③ 通过性能测试来检验整体通道的有效性，并为所有连接加上标签。

2. 施工准备

1）光缆的检验要求

① 全程所用的光缆规格、型号、数量应符合设计的规定和合同要求。

② 光纤所附标记、标签内容应齐全和清晰。

③ 光缆外护套需完整无损，光缆应有出厂质量检验合格证。

④ 光缆开盘后，应先检查光缆外观有无损伤，光缆端头封装是否良好。

⑤ 光纤跳线检验应符合下列规定：具有经过防火处理的光纤保护包皮，两端的活动连接器端面应装配有合适的保护盖帽；每根光纤接插线的光纤类型应有明显的标记，应符合设计要求，如图 4.16 所示。

2）配线设备的使用应符合的规定

① 光缆交接设备的型号、规格应符合设计要求。

② 光缆交接设备的编排及标记名称应与设计相符，各类标记名称应统一，标记位置应正确、清晰。

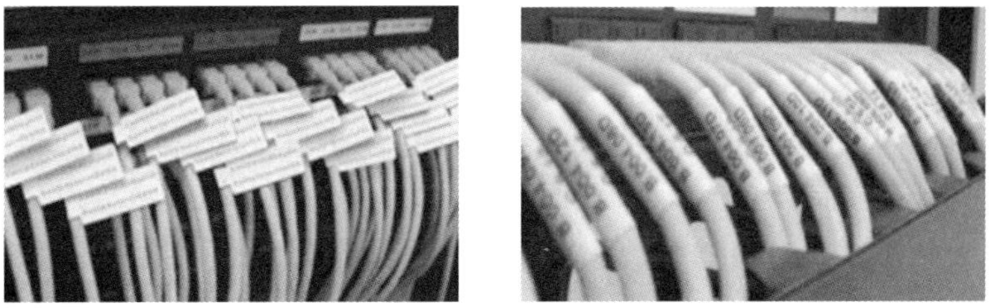

图 4.16　附标记的光纤

3. 光缆布放的要求

布放光缆应平直，不得产生扭绞、打圈等现象，不应受到外力挤压和损伤。光缆布放前，其两端应贴有标签，以表明起始位置和终端位置。标签应书写清晰、端正和正确。最好以直线方式敷设光缆，如有拐弯，则光缆的弯曲半径在静止状态时至少应为光缆外径的 10 倍，在施工过程中至少应为光缆外径的 20 倍。

4. 光缆布放过程

1）通过弱电井垂直敷设光缆

在弱电井中敷设光缆有两种选择，即向上牵引和向下垂放。通常向下垂放比向上牵引容易一些。当向下垂放敷设光缆时，应按以下步骤进行：

（1）在离建筑物顶层设备间的槽孔 1～1.5m 处安放光缆卷轴，使卷轴在转动时能控制光缆。将光缆卷轴安置于平台上，以便保持在所有时间内光缆与卷轴轴心都是垂直的。放置卷轴时要使光缆的末端在其顶部，然后从卷轴顶部牵引光缆。

（2）转动光缆卷轴，并将光缆从其顶部牵出。牵引光缆时，要遵守不超过最小弯曲半径和最大张力的规定。

（3）引导光缆进入敷设好的电缆桥架中。

（4）慢慢地从光缆卷轴上牵引光缆，直到下一层的施工人员可以接到光缆并引入下一层。在每层楼均重复以上步骤，当光缆达到底层时，使光缆松弛地盘在地上。在弱电间敷设光缆时，为了减少光缆上的负荷，应隔一定的间隔（如 5.5m）就用扎带将光缆扣牢在墙壁上。使用这种方法，光缆不需要中间支持，但要小心地捆扎光缆，不要弄断光纤。为了避免弄断光纤及产生附加的传输损耗，在捆扎光缆时不要碰破光缆外护套。固定光缆的步骤如下：

① 由光缆的顶部开始，用塑料扎带将干线光缆扣牢在电缆桥架上。

② 由上往下，在指定的间隔（5.5m）安装扎带，直到干线光缆被牢固地扣好。

③ 检查光缆外套有无破损，盖上桥架的外盖。

2）通过吊顶敷设光缆

在本系统中，敷设光缆从弱电井到配线间的这段路径，一般采用走吊顶（电缆桥架）敷设的方式。

① 沿着所建议的光缆敷设路径打开吊顶。

② 在光缆一端的 0.3m 处环切光缆的外护套并除去。

③ 将光纤及加固芯切去并隐藏在外护套中，只留下纱线。对需敷设的每条光缆重复此过程。

④ 将纱线与带子扭绞在一起。

⑤ 用胶带紧紧地将 20cm 长的光缆外护套缠住。

⑥ 将纱线馈送到合适的夹子中去，直到被带子缠绕的外护套全部塞入夹子中为止。

⑦ 将带子绕在夹子和光缆上，将光缆牵引到所需的地方，并留下足够长的光缆供后续处理用。

5. 光纤端接的主要材料

（1）连接器件。

（2）套筒：黑色用于直径为 3.0mm 的光纤；银色用于直径为 2.4mm 的单光纤。

（3）缓冲层光纤缆支持器。

（4）螺纹帽的扩展器。

（5）护帽。

6. 组装标准光纤连接器的方法

1）ST 型护套光纤连接器现场安装方法

① 打开材料袋，取出连接体和后罩壳。

② 转动安装平台，使安装平台打开，用所提供的安装平台底座把安装工具固定在一张工作台上。

③ 把连接体插入安装平台插孔内，释放拉簧朝上。把连接体的后罩壳向安装平台插孔内推，当前防尘罩全部被推入安装平台插孔后，顺时针旋转连接体 1/4 圈，并锁紧在此位置上；防尘罩留在上面。

④ 在连接体的后罩壳上拧紧松紧套（捏住松紧套有助于插入光纤），将后罩壳带松紧套的细端先套在光纤上，挤压套管也沿着芯线方向向前滑。

⑤ 用剥线器从光纤末端剥去约 40～50mm 的外护套，外护套必须剥干净，端面成直角。

⑥ 让纱线头离开缓冲层集中向后面，在外护套末端的缓冲层上做标记。

⑦ 在裸露的缓冲层处拿住光纤，把离光纤末端 6mm 或 11mm 标记处的 900μm 缓冲层剥去。

⑧ 用一块蘸有酒精的纸或布小心地擦拭裸露的光纤。

⑨ 将纱线抹向一边，把缓冲层压在光纤切割器上进行切割。用镊子取出废弃的光纤，并妥善地置于废物瓶中。

⑩ 把切割后的光纤插入显微镜的边孔里，检查切割是否合格。

⑪ 从连接体上取下后端防尘罩并扔掉。

⑫ 检查缓冲层上的参考标记位置是否正确。把裸露的光纤小心地插入连接体内，直到感觉光纤碰到了连接体的底部为止，用固定夹子固定光纤。

⑬ 按压安装平台的活塞，慢慢地松开活塞。

⑭ 把连接体向前推动，并逆时针旋转连接体 1/4 圈，以便从安装平台上取下连接体。把连接体放入打褶工具，并使之平直。用打褶工具的第一个槽，在缓冲层上的“缓冲褶皱区域”打上褶皱。

⑮ 重新把连接体插入安装平台插孔内并锁紧，把连接体逆时针旋转 1/8 圈，小心地剪去多余的纱线。

⑯ 在纱线上滑动挤压套管，保证挤压套管紧贴在连接到连接体后端的扣环上，用打褶工具中间的槽给挤压套管打褶。

⑰ 松开芯线，将光纤弄直，推动后罩壳使之与前套结合。正确插入时能听到一声轻微的响声，此时可从安装平台上卸下连接体。

2）SC 型护套光纤连接器现场安装方法

① 打开材料袋，取出连接体和后罩壳。

② 转动安装平台，使安装平台打开，用所提供的安装平台底座把这些工具固定在一张工作台上。

③ 把连接体插入安装平台插孔内，释放拉簧朝上。把连接体的后罩壳向安装平台插孔内

推，当前防尘罩全部推入安装平台插孔后，顺时针旋转连接体 1/4 圈，并锁紧在此位置上；防尘罩留在上面。

④ 将松紧套套在光纤上，挤压套管也沿着芯线方向向前滑。

⑤ 用剥线器从光纤末端剥去约 40～50mm 的外护套，外护套必须剥干净，端面成直角。

⑥ 将纱线头集中拢向 900μm 缓冲层光纤后面，在缓冲层上做第一个标记（如果光纤细于 2.4mm，则在保护套末端做标记；否则，在束线器上做标记）；在缓冲层上做第二个标记（如果光纤细于 2.4mm，则在 6mm 和 17mm 处做标记；否则，在 4mm 和 15mm 处做标记）。

⑦ 在裸露的缓冲层处拿住光纤，把光纤末端到第一个标记处的 900μm 缓冲层剥去（为了不损坏光纤，从光纤上一小段一小段地剥去缓冲层；握紧外护套可以防止光纤移动）。

⑧ 用一块蘸有酒精的纸或布小心地擦拭裸露的光纤。

⑨ 将纱线抹向一边，把缓冲层压在光纤切割器上，从缓冲层末端切割出 7mm 光纤。用镊子取出废弃的光纤，并妥善地置于废物瓶中。

⑩ 把切割后的光纤插入显微镜的边孔里，检查切割是否合格（把显微镜置于白色面板上，可以获得更清晰、明亮的图像；还可以用显微镜的底孔来检查连接体的末端套圈）。

⑪ 从连接体上取下后端防尘罩并扔掉。

⑫ 检查缓冲层上的参考标记位置是否正确。把裸露的光纤小心地插入连接体内，直到感觉光纤碰到了连接体的底部为止。

⑬ 按压安装平台的活塞，慢慢地松开活塞。

⑭ 小心地从安装平台上取出连接体，以松开光纤。把打褶工具松开放置于多用工具突起处并使之平直，使打褶工具保持水平，并适当地拧紧（听到三声轻响）。把连接体装入打褶工具的第一个槽，多用工具突起指到打褶工具的柄，在缓冲层上的“缓冲褶皱区域”用力打上褶皱。

⑮ 抓住处理工具（轻轻）拉动，使滑动部分露出约 8mm，取出处理工具并扔掉。

⑯ 轻轻朝连接体方向拉动纱线，并使纱线排列整齐。在纱线上滑动挤压套管，将纱线均匀地绕在连接体上。从安装平台上小心地取下连接体。

⑰ 抓住主体的环，使主体滑入连接体的后部，直到它到达连接体的档位。

4.6　任务 4——机房网络布线的测试验收

4.6.1　双绞线传输测试

1. 线缆传输的验证测试

在施工过程中，常见的连接故障包括开路、短路、反接、错对和串扰。

（1）开路、短路（见图 4.17 和图 4.18）：在施工时，由于安装工具或接线技巧问题及墙内穿线技术问题，会产生这类故障。

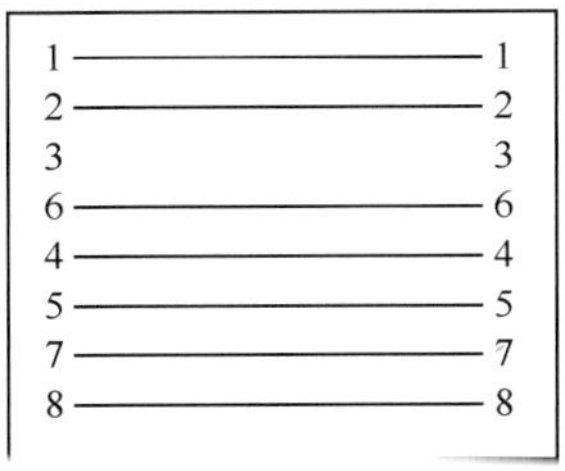

图 4.17　开路

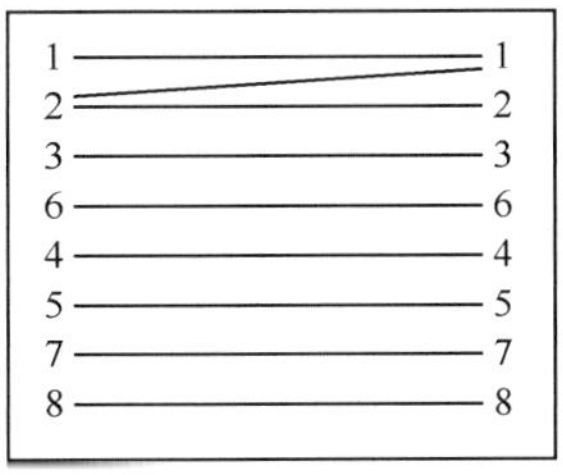

图 4.18　短路

（2）反接（见图 4.19）：同一对线在两端针位接反，如一端为 1—2，另一端为 2—1。

（3）错对（见图 4.20）：将一对线接到另一端的另一对线上，如一端是 1—2，另一端接在 3—6 针上。最典型的错误就是打线时混用 T568A 与 T568B 的色标。

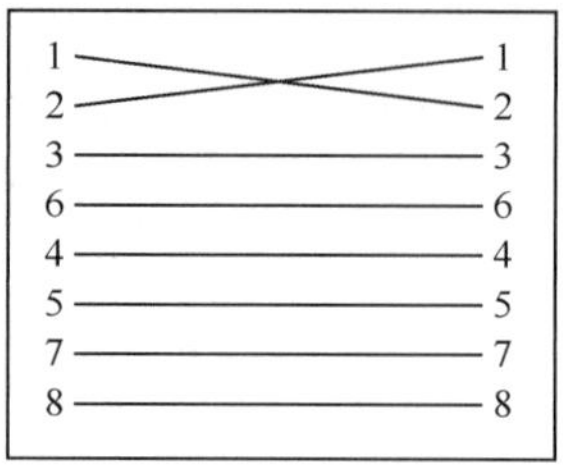

图 4.19　反接

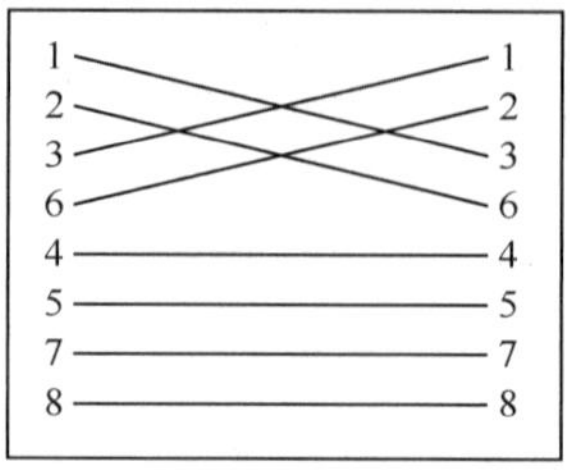

图 4.20　错对

（4）串扰（见图 4.21）：将原来的两对线分别拆开并重新组成新的线对。因为出现这种故障时，端对端的连通性是好的，所以使用万用表这类工具检查不出来，只有用专用的电缆测试仪才能检查出来。由于串扰使相关的线对没有扭结，因此信号在线对间通过时会产生很高的近端串扰。

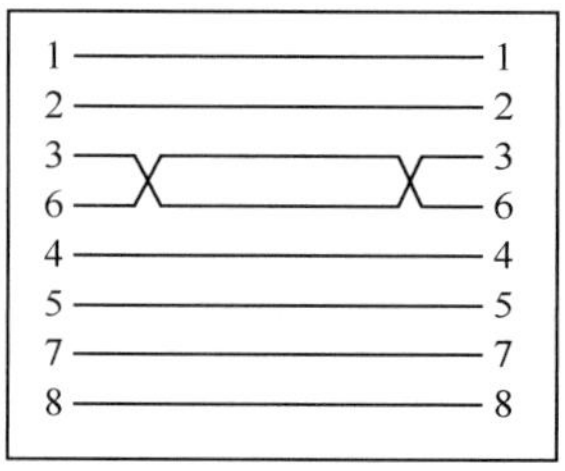

图 4.21　串扰

2. 线缆传输的认证测试

1）认证测试标准

- EIA/TIA 568A/B　　《商业建筑电信布线标准》
- TSB—67　　《现场测试非屏蔽双绞电缆布线测试传输性能技术规范》
- ISO/IEC 11801　　国际布线标准

2）认证测试模型

为了测试 UTP 布线系统，水平连接应包含信息插座/连接器、转换点、90m UTP（三至五类）、一个包括两个接线块或插口的交接器件和总长 10m 的接插线。有两种连接配置用于测试目的。基本连接包括分布电缆、信息插座/连接器或转换点及一个水平交接部件。这是连接的固定部分。信道连接包括基本连接和安装的设备、用户和交接跨接电缆。TSB—67 规定了一种连接可允许的最差衰减和串扰。

3）认证测试参数

① 接线图。这一测试的目的是确认链路的连接，即确认链路导线的线对正确且不能产生任何串扰。正确的接线图要求端到端相应的针连接是 1—1、2—2、3—3、4—4、5—5、6—6、7—7、8—8。

② 链路长度。如果线缆长度超过指标（如 100m），则信号衰减较大。

③ 衰减。衰减是沿链路的信号损失度量。现场测试设备应测量出安装的每一对线的衰减最严重情况，并且通过将衰减最大值与衰减允许值比较后，给出合格（Pass）或不合格（Fail）的结论。表 4.2 和表 4.3 所示列出了相关衰减量。

表 4.2　双绞线信道衰减量

频率/MHz	三类线缆的衰减量/dB	五类线缆的衰减量/dB
1.00	4.2	2.5
4.00	7.3	4.5
8.00	10.2	6.3
10.00	11.5	7.0
16.00	14.9	9.2
20.00	—	10.3
25.00	—	11.4
31.25	—	12.8
62.50	—	18.5
100.00	—	24.0

表 4.3　基本链路衰减量

频率/MHz	三类线缆的衰减量/dB	五类线缆的衰减量/dB
1.00	3.2	2.1
4.00	6.1	4.0
8.00	8.8	5.7
10.00	10.0	6.3
16.00	13.2	8.2
20.00	—	9.2
25.00	—	10.3
31.25	—	11.5
62.50	—	16.7
100.00	—	21.6

④ 近端串扰（NEXT）损耗。近端串扰损耗是测量一条 UTP 链路中从一对线到另一对线的信号耦合，是 UTP 链路的一个关键的性能指标。在一条典型的 4 对 UTP 链路上测试 NEXT 值，需要在每一对线之间测试，即 12/36、12/45、12/78、36/45、36/78、45/78。表 4.4 和表 4.5 所示为相关近端串扰数据。

表 4.4　信道近端串扰

频率/MHz	三类线缆的近端串扰/dB	五类线缆的近端串扰/dB
1.00	39.1	60.0
4.00	29.3	50.6
8.00	24.3	45.6
10.00	22.7	44.0
16.00	19.3	40.6
20.00	—	39.0
25.00	—	37.4

续表

频率/MHz	三类线缆的近端串扰/dB	五类线缆的近端串扰/dB
31.25	—	35.7
62.50	—	30.6
100.00	—	27.1

表 4.5　基本链路近端串扰

频率/MHz	三类线缆的近端串扰/dB	五类线缆的近端串扰/dB
1.00	40.1	60.0
4.00	30.7	51.8
8.00	25.9	47.1
10.00	24.3	45.5
16.00	21.0	42.3
20.00	—	40.7
25.00	—	39.1
31.25	—	37.6
62.50	—	32.7
100.00	—	29.3

⑤ 特性阻抗。特性阻抗包括电阻及频率为 1～100MHz 的电感抗及电容抗，它与一对线之间的距离及绝缘体的电气特性有关。

3. 造成测试错误的原因及解决方法

对双绞线进行测试时，可能产生的问题有接线图未通过、长度未通过、衰减未通过、近端串扰未通过，也有可能会因为测试仪的问题造成测试错误，现分别叙述如下。

（1）接线图未通过。其原因可能有：

- 两端的接头有断路、短路、交叉、破裂开路。
- 跨接错误。某些网络需要发送端和接收端跨接，当为这些网络构建测试链路时，由于设备线路的跨接，使测试接线图出现交叉。

（2）长度未通过。其原因可能有：

- NVP（额定传输功率）设置不正确，可用已知的好线确定并重新校准 NVP。
- 实际长度过长。
- 开路或短路。
- 设备连线及跨接线的总长度过长。

（3）衰减未通过。其原因可能有：

- 双绞线长度过长。
- 温度过高。
- 连接点有问题。
- 链路线缆和接插件性能有问题，或不是同一类产品。
- 线缆的端接质量有问题。

（4）近端串扰未通过。其原因可能有：

- 近端连接点有问题。

- 远端连接点短路。
- 串对。
- 外部噪声。
- 链路线缆和接插件性能有问题，或不是同一类产品。
- 线缆的端接质量有问题。

（5）测试仪问题及解决方法：

- 测试仪不启动时，可更换电池或充电。
- 测试仪不能工作或不能进行远端校准时，应确保两台测试仪都能启动，并有足够的电池或更换测试线。
- 测试仪设置为不正确的电缆类型时，应重新设置测试仪的参数、类别、阻抗和传输速度。
- 测试仪设置为不正确的链路结构时，应按要求重新设置为基本链路或通路链路。
- 测试仪不能存储自动测试结果时，确认所选的测试结果名称是否唯一或检查可用内存的容量。
- 测试仪不能打印存储的自动测试结果时，应确定打印机和测试仪的接口参数，将其设置成一样的，或确认测试结果已被选为打印输出。

4.6.2 光纤传输测试

1. 光纤测试概述

在光纤的应用中，虽然光纤本身的种类很多，但光纤及其系统的基本测试方法大体上都是一样的，所使用的设备也基本相同。

2. 光纤测试参数

1）光纤的连续性

进行连续性测试时，通常把红色激光、发光二极管或其他可见光注入光纤，并在光纤的末端监视输出。如果在光纤中有断裂或其他不连续点，那么光纤输出端的光功率就会减少或根本没有光输出。光通过光纤传输后，功率的衰减大小也能说明光纤的传导性能。如果光纤的衰减太大，那么系统也不能正常工作。光功率计和光源是进行光纤传输特性测量的一般设备。

2）光纤的衰减

光纤的衰减主要是由光纤本身的固有吸收和散射造成的。衰减系数应在许多波长上进行测量，因此选择单色仪作为光源，也可以用发光二极管作为多模光纤的测试源。

3）光纤的带宽

带宽是光纤传输系统中的重要参数之一，带宽越宽，信息传输速率越高。

在大多数的多模系统中，都采用发光二极管作为光源，光源本身也会影响带宽。这是因为这些发光二极管光源的频谱分布很宽，其中长波长的光比短波长的光传播速度要快。这种光传播速度的差别就是色散，它会导致光脉冲在传输后被展宽。

3. 造成光纤衰减的主要原因

造成光纤衰减的主要原因包括本征、弯曲、挤压、杂质、不均匀和对接等。

- 本征：光纤的固有损耗，包括瑞利散射、固有吸收等。
- 弯曲：光纤弯曲时部分光纤内的光会因散射而损失掉，从而造成损耗。
- 挤压：光纤受到挤压时产生微小的弯曲而造成损耗。

- 杂质：光纤内杂质吸收和散射在光纤中传播的光而造成损耗。
- 不均匀：光纤材料的折射率不均匀而造成损耗。
- 对接：光纤对接时会产生损耗，如不同轴（单模光纤同轴度要求小于 0.8 μm）、端面与轴心不垂直、端面不平、对接芯径不匹配和熔接质量差等。

4. 光纤损耗的分类

光纤损耗大致可分为光纤具有的固有损耗及光纤制成后由使用条件造成的附加损耗。固有损耗包括吸收损耗、散射损耗和因光纤结构不完善引起的损耗；附加损耗则包括微弯损耗、弯曲损耗和接续损耗。

1）吸收损耗

制造光纤的材料能够吸收光能。光纤材料中的粒子吸收光能以后产生振动、发热，从而将能量散失掉，这样就产生了吸收损耗。

2）散射损耗

在黑夜里，用手电筒向空中照射时，可以看到一束光柱。人们也曾看到过夜空中探照灯发出的粗大光柱。那么，为什么我们能看到这些光柱呢？这是因为有许多烟雾、灰尘等微小颗粒浮游在大气之中，光照射在这些颗粒上，产生了散射，就射向了四面八方。这个现象是由瑞利最先发现的，所以人们把这种散射命名为“瑞利散射”。

3）因光纤结构不完善引起的损耗

光纤结构是不完善的，如光纤中有气泡、杂质或粗细不均匀，以及纤芯与包层交界面不平滑等，当光线传到这些地方时，就会有一部分光散射到各个方向，从而造成损耗。这种损耗是可以想办法克服的，即改善光纤制造的工艺。

4）附加损耗

附加损耗包括的微弯损耗、弯曲损耗和接续损耗是在光纤的铺设过程中人为造成的。在实际应用中，不可避免地要将光纤一根接一根地接起来，光纤连接会产生损耗。光纤微小弯曲、挤压、拉伸受力也会引起损耗。这些都是光纤使用条件引起的损耗。究其主要原因，是在这些条件下，光纤纤芯中的传输模式发生了变化。

项目小结

设备间与机房是安装重要网络设备的地方，因此为了保证网络设备的正常运行，避免由于环境问题而导致网络设备发生故障或瘫痪，对机房环境（包括温度、湿度、电磁干扰等）有着较为苛刻的要求。

通过本项目的学习，读者应了解机房网络布线项目的相关标准，掌握机房网络布线方案的设计方法，掌握机柜的安装、配线设备的安装、线缆的布放等实施技术及机房网络布线测试验收方法。

实训 1　信息点端口对应表的制作

1. 实训目的

综合布线工程信息点端口对应表是一张记录端口信息与其所在位置的二维表。它是网络管理人员在日常维护和检查综合布线系统端口的过程中快速查找和定位端口的依据。综合布线工程信息点端口对应表是综合布线施工必需的技术文件，主要规定房间编号、每个信息点的编号、配线架编号、端口编号、机柜编号等，主要用于系统管理，方便施工和后续日常维护。通过制作信息点端口对应表，掌握各种工作区信息点位置和数量的设计要点和统计方法。

2. 实训要求

（1）表格设计合理。要求表格打印后，表格宽度和文字大小合理、编号清楚，特别是编号数字，不能太大或太小，一般使用小四或五号字。

（2）编号正确。信息点端口编号一般由数字+字母串组成，编号中必须包含工作区位置、端口位置、配线架编号、配线架端口编号、机柜编号等信息，能够直观反映信息点与配线架端口的对应关系。

（3）文件名称正确。信息点端口对应表可以按照建筑物编制，也可以按照楼层编制，还可以按照 FD 配线机柜编制。无论采取哪种编制方法，都要在文件名称中直接体现端口的区域，能够直接反映该文件的内容。

（4）签字和日期正确。作为工程技术文件，编写、审核、审定、批准等人员签字非常重要；而日期直接反映文件的有效性。

信息点端口对应表的编制一般使用 Microsoft Office Word 软件或 Microsoft Office Excel 软件。

3. 实训步骤

（1）制作表名。新建 Excel 工作簿，文本字体：“宋体”；字号：“18”；字形：“加粗”；单元格设置水平对齐方式：“居中对齐”。

（2）制作表头。文本字体：“宋体”；字号：“12”；字形：“加粗”；每个数字代表配线架上一个端口的编号。

（3）制作配线架表格内容。设计表格前，首先分析信息点端口对应表需要包含的主要信息，确定表格列数；其次确定表格行数，一般第一行为类别信息，其余行按照信息点总数量设置，每个信息点一行。

（4）为各个信息点标签编号。从第一个信息点开始依次编号，如机柜编号、配线架编号、配线架端口编号、插座底盒编号、房间编号、信息点编号。

（5）填写编制人和单位等信息。

实训任务单

一、实训指南
预学习——听课（老师讲解、示范）——操作——完成实训任务单
二、实训内容
信息点端口对应表的制作
三、实训工具
PC 机、Excel 表格
四、实训步骤
1. 制作表名 2. 制作表头 3. 制作配线架表格内容 4. 为各个信息点标签编号 5. 填写编制人和单位等信息

续表

五、实训思考
（1）信息点端口对应表需要标识信息点的哪些内容？
（2）掌握机柜/机架、配线架及端口，以及连通性、线缆和跳线标识的方法。

实训 2　机柜的安装

扫码观看机柜的安装微课视频。

1. 实训目的

掌握壁挂式机柜的安装方法。

2. 实训要求

《综合布线系统工程设计规范》（GB 50311—2016）第 6 章安装工艺要求内容中，对机柜的安装有如下要求：

一般情况下，综合布线系统的配线设备和计算机网络设备采用 19 英寸标准机柜安装。机柜尺寸通常为 600mm（宽）×900mm（深）×2000mm（高），共有 42U 的安装空间。机柜内可安装光纤连接盘、RJ-45（24 口）配线模块、多线对卡接模块（100 对）、理线架、计算机 Hub/SW 设备等。如果按建筑物每层语音和数据信息点各为 200 个考虑配置上述设备，则大约需要 2 个 19 英寸（42U）的机柜，以此测算电信间面积至少应为 $5m^2$（2.5m×2.0m）。对于涉及布线系统设置内、外网或专用网时，19 英寸机柜应分别设置，并在保持一定间距的情况下预测电信间的面积。

对于电信间来说，多数情况下采用 6U～12U 壁挂式机柜，一般安装在每个楼层的竖井内或楼道中间位置。具体安装方法采取三脚支架或膨胀螺栓固定机柜。

3. 实训步骤

（1）立式机柜的安装。

① 准备实训工具，列出安装工具清单。

② 确定立式机柜的安装位置。立式机柜在电信间、设备间或机房的布置必须考虑远离配电箱，四周保证有 1m 的通道和检修空间。设计一种设备安装图，并且绘制图纸。

③ 测量尺寸，准备好需要安装的设备——立式机柜。将机柜就位，然后将机柜底部的定位螺栓向下旋转，将 4 个轱辘悬空，保证机柜不能转动。记录安装过程。

④ 总结立式机柜的安装步骤及安装注意事项。

（2）壁挂式机柜的安装。

① 准备实训工具，列出安装工具清单。

② 设计一种机柜内安装设备布局示意图，并且绘制图纸。

③ 根据设计的图纸核算材料规格和数量，列出材料清单。

④ 准备好需要安装的设备，打开设备自带的螺丝包，在设计好的位置安装配线架、理线环等设备。注意保持设备平齐，螺丝固定牢固，并且做好设备编号和标记。记录安装过程。

⑤ 总结壁挂式机柜的安装步骤及安装注意事项。

实训任务单

一、实训指南
观看微课视频——预操作练习——听课（老师讲解、示范）——再操作——完成实训任务单
二、实训内容
立式机柜和壁挂式机柜的安装
三、实训工具
立式机柜和壁挂式机柜、螺丝刀、螺钉、卷尺等
四、实训步骤（壁挂式机柜）
1. 准备实训工具，列出安装工具清单 2. 领取实训材料和工具 3. 确定壁挂式机柜的安装位置 4. 准备好壁挂式机柜 5. 使用实训专用螺丝安装壁挂式机柜，螺丝要固定牢固 6. 安装完毕后，做好设备编号和标记
五、实训思考
（1）壁挂式机柜的特点有哪些？ （2）壁挂式机柜安装时要注意哪些问题？

实训 3　配线设备的安装

扫码观看配线设备的安装微课视频。

1. 实训目的

（1）通过网络配线设备的安装，了解机柜内布线设备的安装方法和使用功能。

（2）通过网络配线设备的安装，熟悉常用工具和配套基本材料的使用方法。

2. 实训要求

（1）准备实训工具，列出实训工具清单。

（2）独立领取实训材料和工具。

（3）完成网络配线架的安装实验。

（4）完成理线环的安装实验。

3. 实训设备、材料和工具

（1）配线架，每个壁挂式机柜内 1 个。

（2）理线环，每个配线架 1 个。

（3）十字头螺丝刀，长度为 150mm，用于固定螺丝。一般每人 1 个。

4. 实训步骤

（1）设计一种机柜内安装设备布局示意图，并且绘制图纸。3～4 人组成一个项目组，选举项目负责人。每组设计一种设备安装图，并且绘制图纸。项目负责人指定 1 种设计方案进行实训。

（2）按照设计图核算实训材料规格和数量，掌握工程材料的核算方法，列出材料清单。

（3）按照设计图准备实训工具，列出实训工具清单。

（4）领取实训材料和工具。

（5）确定机柜内需要安装的设备及其数量，合理安排配线架、理线环的位置，主要考虑线路合理，施工和维修方便。

（6）准备好需要安装的设备，打开设备自带的螺丝包，在设计好的位置安装配线架、理线环等设备。注意保持设备平齐，螺丝固定牢固，同时做好设备编号和标记。

（7）安装完毕后，开始理线和压接线缆。

5. 实训分组

为了满足全班 40～50 个人同时实训和充分利用实训设备，实训前必须进行合理的分组，保证每组的实训内容相同，难易程度相同。分组要求从机柜到信息点完成一个永久链路的水平布线实训，以不同机柜、不同布线高度、不同布线拐弯分别组合成多种布线路径，每个小组分配一种布线路径进行实训。

实训任务单

一、实训指南
观看微课视频——预操作练习——听课（老师讲解、示范）——再操作——完成实训任务单
二、实训内容
配线设备的安装
三、实训工具
机柜、配线架、理线环、十字头螺丝刀、螺丝
四、实训步骤
1．绘制安装图 2．准备实训工具 3．确定机柜内安装的设备及其位置 4．安装配线架 5．安装理线环 6．理线
五、实训思考
（1）如何确定机柜配线架的数量？ （2）思考配线架安装有哪些注意事项。

实训 4　网络配线架的端接

扫码观看网络配线架的端接微课视频。

1. 实训目的

掌握网络配线架的端接方法。

2. 实训要求

（1）机柜内部安装配线架前，首先要进行设备位置规划或按照图纸规定确定位置，统一考虑机柜内部的跳线架、配线架、理线环、交换机等设备。同时，考虑配线架与交换机之间跳线方便。

（2）采用地面出线方式时，一般缆线从机柜底部穿入机柜内部，配线架宜安装在机柜下部。采取桥架出线方式时，一般缆线从机柜顶部穿入机柜内部，配线架宜安装在机柜上部。缆线从机柜侧面穿入机柜内部时，配线架宜安装在机柜中部。

（3）配线架应该安装在左右对应的孔中，水平误差不大于 2mm，更不允许左右孔错位安装。

3. 实训步骤

（1）检查配线架和配件是否完整。

（2）将配线架安装在机柜设计位置的立柱上。

（3）理线。

（4）端接打线。

（5）绑扎线缆。

（6）做好标记，安装标签条。

4. 安装配线架的注意事项

（1）位置：机柜中间偏下方。

（2）方向：插水晶头面向外。

（3）注意水平、固定。

5. 向配线架打线的注意事项

（1）线序统一（按色块指示等）。

（2）打线时打线工具与配线架垂直，各线间无交叉。

（3）注意各双绞线的位置。

（4）整理线。

6. 配线架端接实例

图 4.22 所示为模块化配线架端接后机柜内部示意图（信息点多）；图 4.23 所示为固定式配线架（横式）端接后机柜内部示意图（信息点少）；图 4.24 所示为固定式配线架（竖式）端接后配线架背部示意图。

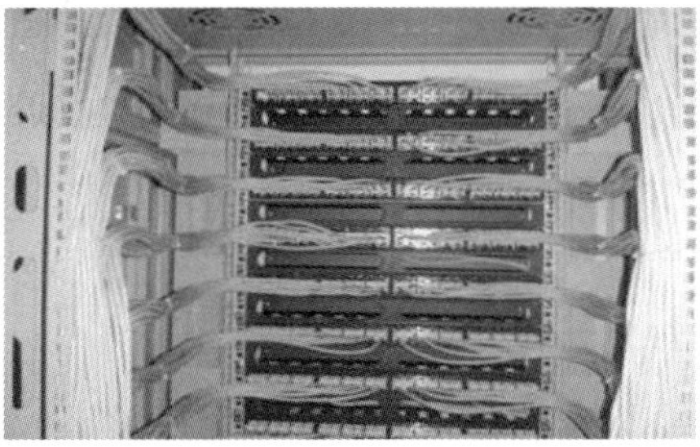

图 4.22　模块化配线架端接后机柜内部示意图

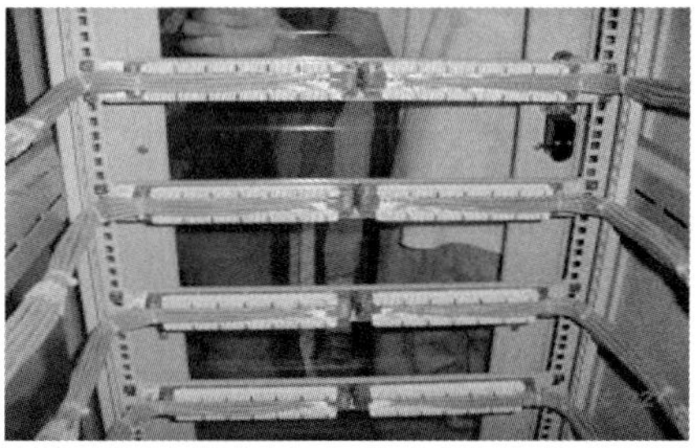

图 4.23　固定式配线架（横式）端接后机柜内部示意图

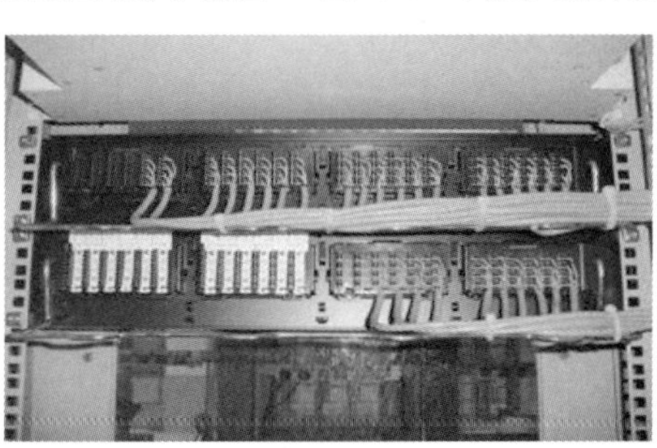

图 4.24　固定式配线架（竖式）端接后配线架背部示意图

实训任务单

一、实训指南
观看微课视频——预操作练习——听课（老师讲解、示范）——再操作——完成实训任务单
二、实训内容
网络配线架的端接
三、实训工具
机柜、网络配线架、双绞线电缆、剥线钳、打线钳、扎带
四、实训步骤
1．检查配线架和配件是否完整。 2．将配线架安装在机柜设计位置的立柱上。 3．理线。 4．端接打线。 5．绑扎线缆。
五、实训思考
（1）配线架分为哪些种类？ （2）模块化配线架和固定式配线架的区别有哪些？ （3）思考配线架安装及打线的注意事项。

实训 5　110 语音配线架的端接

扫码观看 110 语音配线架的端接微课视频。

1．实训目的

掌握 110 语音配线架的端接方法。

2．实训要求

（1）设计一种配线子系统的布线路径和方式，并且绘制施工图。

（2）按照设计图核算实训材料的规格和数量，掌握工程材料的核算方法，列出材料清单。

（3）按照设计图准备实训工具，列出实训工具清单，独立领取实训材料和工具。

3．实训设备、工具及材料

（1）机柜、110 语音配线架。

（2）螺丝、螺丝刀、打线钳、双绞线等。

4．实训步骤

通信配线架主要用于语音配线系统，一般采用 110 语音配线架，主要是上级程控交换机到桌面终端的语音信息点之间的连接和跳接部分，便于管理、维护和测试。

其安装步骤如下：

（1）固定 110 语音配线架（见图 4.25）。

图 4.25　110 语音配线架

（2）将 25 对大对数语音电缆安装在 110 语音配线架上。用剥线钳将大对数电缆的外皮剥去（见图 4.26），使用扎带固定好电缆，将电缆穿过 110 语音配线架一侧的进线孔，摆放至配线架打线处。

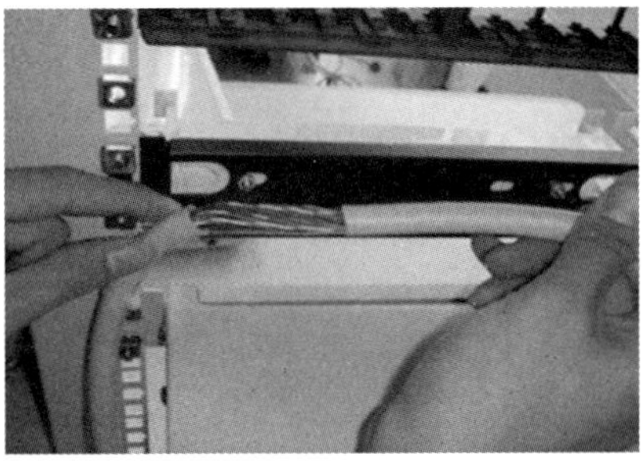

图 4.26　剥去外皮

（3）根据大对数线序对电缆进行线序排列。电缆应根据一定色谱排列才能正常工作。我们在安装 110 语音配线架时，也必须对 25 对大对数语音电缆进行线序排列。25 对大对数色谱如图 4.27 所示。

主色／次色	蓝	橙	绿	棕	灰
白	1	2	3	4	5
红	6	7	8	9	10
黑	11	12	13	14	15
黄	16	17	18	19	20
紫	21	22	23	24	25

图 4.27　25 对大对数色谱

（4）将线对压入 110 语音配线架的槽内。根据电缆色谱排列顺序，将对应颜色的线对逐一压入槽内，然后使用 110 打线刀（打线钳）固定线对连接，同时将伸出槽位外多余的导线截断。注意：刀要与配线架垂直，刀口向外。完成后的效果如图 4.28 所示。

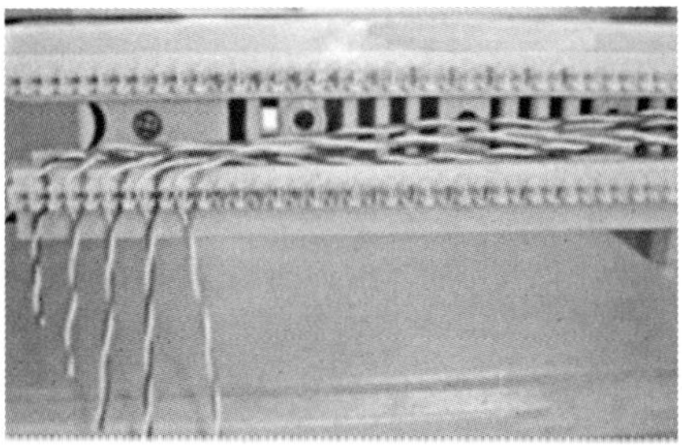

图 4.28　压线

（5）安装 110 连接块。将 110 连接块放入 5 对打线工具中，然后把 110 连接块垂直压入 110 语音配线架的槽内，如图 4.29 所示。

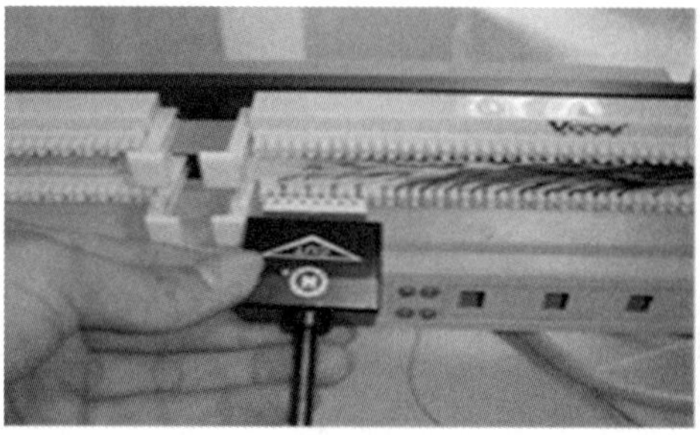

图 4.29　将连接块压入槽内

注 意　在 25 对的 110 语音配线架基座上安装时，应选择 5 个 4 对连接块和 1 个 5 对连接块，或 7 个 3 对连接块和 1 个 4 对连接块。

实训任务单

一、实训指南
观看微课视频——预操作练习——听课（老师讲解、示范）——再操作——完成实训任务单
二、实训内容
110 语音配线架的端接
三、实训工具
机柜、110 语音配线架、螺丝、螺丝刀、打线钳、双绞线等
四、实训步骤
1．固定 110 语音配线架 2．将 25 对大对数语音电缆安装在 110 语音配线架上 3．根据大对数线序对电缆进行线序排列 4．将线对压入 110 语音配线架的槽内 5．安装 110 连接块
五、实训思考
（1）25 个线对有哪些颜色，其线序是什么？ （2）110 语音配线架怎样进行线缆的跳接？ （3）思考 110 语音配线架如何端接得整齐美观。

实训 6　综合布线工程测试实训

1．实训目的

掌握五 E 类和六类布线系统的测试标准；掌握简单网络链路测试仪的使用方法；掌握用 FLUKE DSP—4100 进行认证测试的方法；掌握用 FLUKE DSP—4100 进行光纤测试的方法。

2. 实训内容

（1）电缆系统包括插座、插头、用户电缆、跳线、配线架等。

（2）UTP 链路标准：

- 定义测试参数和测试限的数值（公式）。
- 定义两种链路的性能指标，包括永久链路和通道。
- 定义现场测试仪和网络分析仪比较的方法。
- 性能的测试限基于元件的性能指标和元件互连的“实际情况”、安装工艺的影响。

（3）现场测试的参数：接线图（开路/短路/错对/串扰）、长度、衰减、近端串扰、回波损耗、ACR 衰减串扰比、传输时延、时延差、综合近端串扰、等效远端串扰、综合等效远端串扰。

（4）测试内容：

① 对安装的双绞线链路进行测试。

② 对实训室的一条光缆链路进行测试。

3. 实训步骤

施工时用简单线缆测试仪进行测试，施工完成后用 FLUKE DSP—4100 进行认证测试。

附：FLUKE DSP-4100 认证测试指南

1．DSP-4x00 系列产品（见图 4.30）

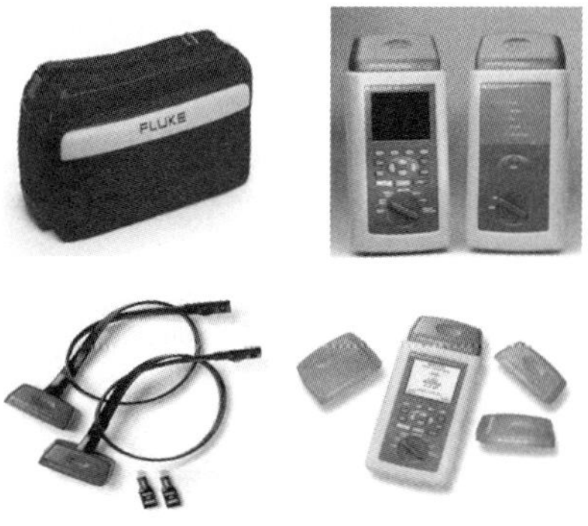

图 4.30　DSP-4x00 系列产品

2．主端的控制功能（见图 4.31）

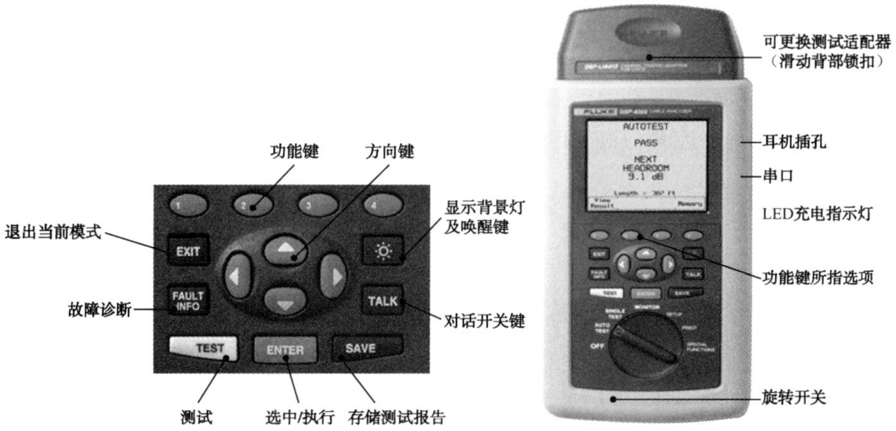

图 4.31　主端的控制功能

3．远端的控制功能（见图4.32）

面板显示项如下。

- Test Pass：测试通过。
- Test in Progress：测试进行中。
- Test Fail：测试失败。
- Talk set active：激活对话。
- Low Battery：电池电量过低。

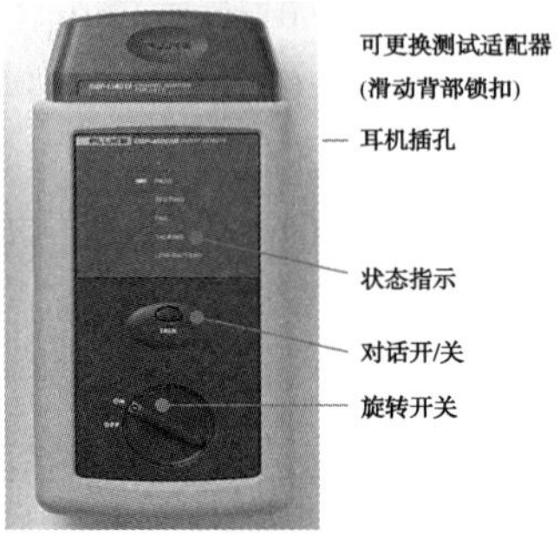

图4.32　远端的控制功能

4．测试准备

（1）去现场前：

- 查看电池电量。
- 主端和远端校准。
- 确认所测线缆的类型及方式。
- 携带相应的测试适配器及附件。
- 检查测试适配器的设置。
- 检查测试适配器的功能。
- 运行自测试。

（2）维护工作：

- 下载最新的升级软件。
- 主端和远端充满电。
- 主端和远端校准。
- 运行自测试。
- 校准永久链路适配器（为增加精确度的选件）。

5．线缆测试设置——连接（见图4.33）

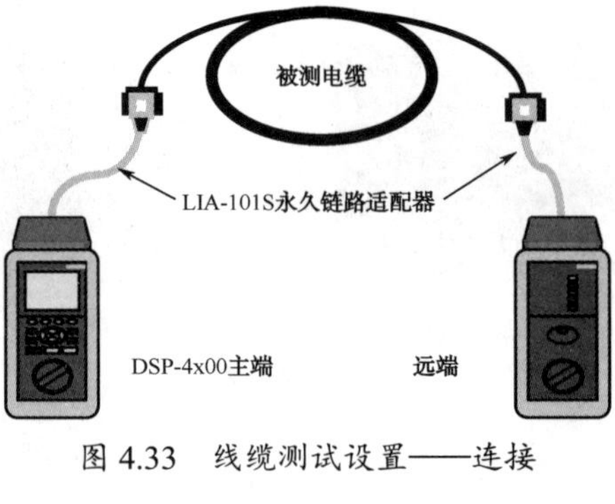

图4.33　线缆测试设置——连接

6. 特殊功能

（1）设置非屏蔽双绞线测试（见图 4.34）。

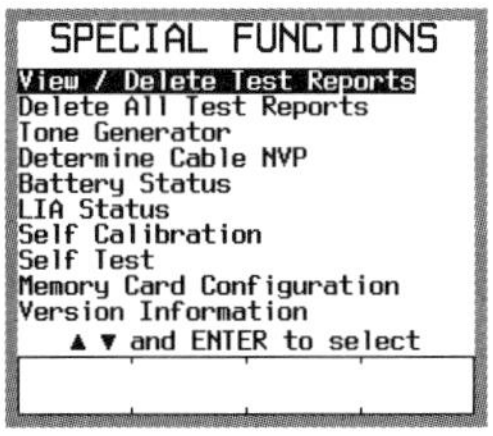

图 4.34　设置非屏蔽双绞线测试

（2）设置光纤测试（见图 4.35）。

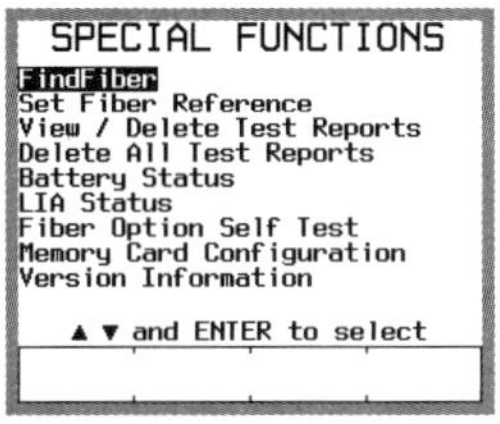

图 4.35　设置光纤测试

7. 自校准/自测试

（1）DSP 测试仪（见图 4.36）的主端和远端应该每月做一次自校准。

（2）用自测试来检查硬件情况。

图 4.36　DSP 测试仪

主端和远端的连接模式：

① 选中 Self Calibration 项。

② 按 ENTER 键。

③ 按 TEST 键。

图 4.37 所示为主端和远端的连接模式。

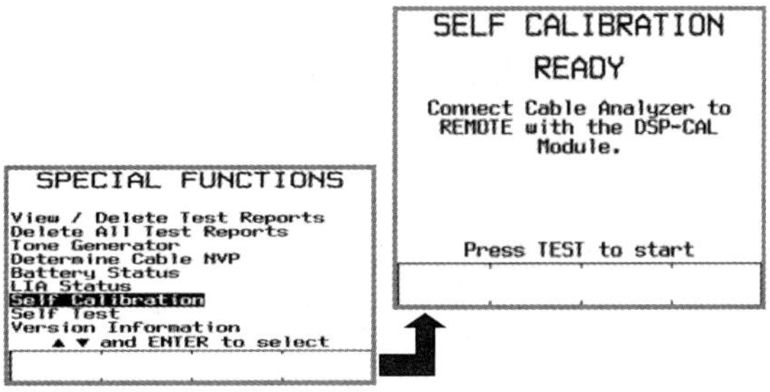

图 4.37　主端和远端连接

8. 其他设置选项

- 编辑报告标识。

- 图形数据存储。
- 设置自动关闭电源时间。
- 关闭或启动测试伴音。
- 选择打印机类型。
- 设置串口。
- 设置日期。
- 选择长度单位：ft/m。
- 选择数字格式。
- 选择打印/显示语言。
- 选择 50 Hz 或 60 Hz 电力线滤波器。
- 选择脉冲噪声故障极限。
- 选择精确的频段指示。

9．自动测试（见图 4.38）

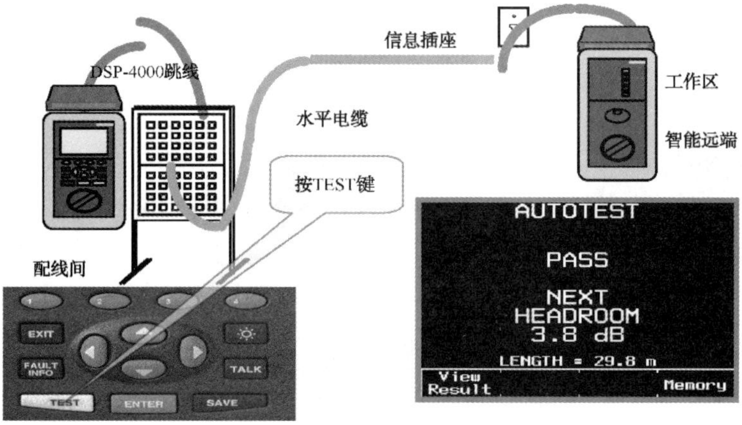

图 4.38　自动测试

10．自动测试结果（见图 4.39）

- 指示结果，即通过或失败。
- 所有的测试都需选择参照标准。

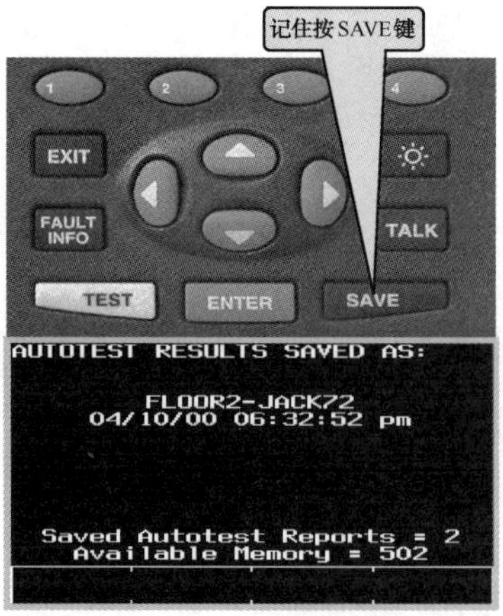

图 4.39　自动测试结果

实训任务单

一、实训指南
预学习——听课（老师讲解、示范）——操作——完成实训任务单
二、实训内容
综合布线工程测试实训
三、实训工具
被测电缆、FLUKE 测试仪
四、实训步骤
1．测试准备 2．连接线缆 3．测试 4．记录测试结果数据 5．打印数据结果
五、实训思考
（1）双绞线的性能参数有哪些？ （2）光纤的性能参数有哪些？

思考与练习

一、选择题

1．目前执行的综合布线系统设计国家标准是（　　）。

A．ISO/IEC 11801:2002　　B．GB 50312—2016

C．GB 50311—2016　　D．GB/T 50314—2006

2．有关配线子系统中集合点（CP）的叙述正确的是（　　）。

A．根据现场情况决定是否设置集合点

B．必须设置集合点

C．同一条配线电缆路由可以设置多个集合点

D．集合点到楼层配线架的电缆长度不限

3．电信间、设备间应提供（　　）。

A．220V 单相电源插座　　B．220V 带保护接地的单相电源插座

C．380V 三相电源插座　　D．380V 带保护接地的三相电源插座

4．机柜、机架的安装位置应符合设计要求，垂直偏差度不应大于（　　）。

A．1mm　　B．2mm

C．3mm　　D．5mm

5．设备间的大小应根据智能化建筑的规模、采用各种系统的不同、安装设备的多少、网络结构等要求综合考虑。在设备间应该安装好所有设备，并有足够的施工和维护空间，其面积最低不能少于_____m^2，设备间净高不能小于______m。（　　）

A．10，2.55　　B．20，2.55

C．30，2.6　　D．40，2.8

二、简答题

1．设备间、交接间对环境有哪些要求？

2．综合布线中的机柜有什么作用？

3．标准机柜的宽度是多少？机柜容量单位“U”的高度是多少？某建筑物的一个楼层共有 230 个网络信息点，从设备间敷设一条 12 芯多模光缆到该层的电信间，若网络设备（24 口）与配线设备都安装在同一机柜中，那么最少需要多大的机柜才能容纳下这些设备？

4．如何确定机房的位置和大小？

第 5 章

企业大厦网络布线设计与实现

5.1 项目引入

某企业大厦作为一座现代化的大厦，信息需求高，为了适应新技术的发展和应用，需建造一个高性能、高品质的综合布线系统。该布线系统将对楼内的弱电系统，即电脑、电话等通信线路，采用结构化综合布线技术，用统一管道和统一介质的电缆进行配管、配线，使得布线系统能够方便、灵活地与相关系统的终端设备进行连接，组建电话、电脑、会议电视、监视电视等网络。同时也便于与外界进行联网，从而实现办公自动化和通信自动化。

5.2 项目准备

5.2.1 工程项目的招/投标

1. 工程项目招/投标概述

工程项目招/投标指业主对自愿参加工程项目的投标人进行审查、评议和选定的过程。业主对项目的建设地点、规模、质量要求和工程进度等予以明确后，向社会公开招标或邀请招标，承包商则根据业主的需求投标。

2. 工程项目的招标

1）招标的方式

招标的方式主要分为公开招标和邀请招标。

① 公开招标由招标单位发布招标广告，有意投标的承包商都可以购买招标文件、参加资格审查和进行投标工作，因此招标的工作量较大且复杂，比较适用于工程规模较大的项目。

② 邀请招标主要是业主根据对市场的了解，针对有投标能力的 3 个以上企业发布招标邀请。

2）招标的程序（6 个步骤）

① 建设项目的报建。

② 编制招标文件。

③ 投标人资格预审。

④ 发放招标文件。

⑤ 开标、评标与定标。

⑥ 签订合同。

3）选用网络布线方案时应注意的问题

- 投标对象的选择。
- 价格的选择。
- 产品的选型。
- 选择合适的技术。
- 网络布线系统方案的选择。

通常应该注意以下几点：功能是否符合用户单位目前的需求；是否有可发展、可扩充的余地；系统升级时，目前投资是否仍然有效；布线系统结构是否合理；布线系统采用的技术是否先进、成熟；选用器材的质量、价格、性能/价格比如何。

3. 工程项目的投标

1）投标人及其要具备的条件

投标人：响应招标、参加投标竞争的法人或其他组织。

投标人要具备以下几个条件。

① 投标人应具备规定的资格条件，证明文件应为原件或经招标单位盖章后生效，具体可包括如下内容：

- 投标单位的企业法人营业执照。
- 系统集成授权证书。
- 专项工程设计证书。
- 施工资质证书。
- ISO 9000 系列质量保证体系认证证书。
- 高新技术企业资质证书。
- 金融机构出具的财务评审报告。
- 产品厂家授权的分销或代理证书。
- 产品鉴定入网证书。

② 投标人应按照招标文件的具体要求编制投标文件，并做出实质性的响应。

③ 投标文件应在招标文件要求提交的截止日期前送达招标地点，并且在截止日期前可以修改、补充或撤回所提交的投标文件。

④ 两个或两个以上的法人可以组成一个联合体，以一个投标人的身份共同投标。

2）投标的组织

工程投标的组织工作应由专门的机构和人员负责，其中包括项目负责人及管理、技术、施工等方面的专业人员。投标人应充分体现出技术、经验、实力和信誉等方面的组织管理水平。

3）工程的联合承包

对于较大的和技术复杂的工程，可以由几家工程公司联合承包，应体现强强联合的优势，并做好相互间的协调与配合工作。

4）投标内容

投标内容包括从填写资格预审表到将正式投标文件交付业主的全部工作，主要包括以下几项工作。

① 工程项目的现场考察。现场考察应重点调查以下情况：

- 建筑物施工情况。
- 工地及周边环境、电力等情况。
- 本工程与其他工程间的关系。

- 工地附近住宿及施工条件。

② 分析招标文件，校核工程量，编制施工计划。招标文件是投标的主要依据，分析招标文件时应重点考虑以下几个方面：

- 投标人须知。
- 合同条件。
- 设计图纸。
- 工程量。

投标人根据工程规模校核工程量，并做询价与市场调查，这对工程的总造价影响较大。

编制施工计划一般包括编制施工方案和施工方法、施工进度、劳动力计划，原则是在保证工程质量与工期的前提下，降低成本、增加利润。

③ 工程投标报价。报价应进行单价、利润和成本分析，并选定定额，确定费率。投标的报价应取适中水平，一般应考虑综合布线系统的等级、产品的档次及配置量。工程报价可包括以下几个方面：

- 设备与主材料价格，根据器材清单计算。
- 工程安装调测费，根据相关预算定额取定。
- 工程其他费用，包括总包费、设计费、培训费等。
- 预备费。
- 优惠价格。
- 工程总价。

④ 编制投标文件。投标文件应完全按照招/投标文件的各项要求编制，一般不带任何附加条件，否则会导致投标作废。

投标文件的组成如下：

- 投标书。
- 投标书附件。
- 投标保证金。
- 法定代表人资格证明书。
- 授权委托书。
- 具有标价的工程量清单与报价表。
- 施工计划。
- 资格审查表。
- 对招标文件中的合同协议条款内容的确认与响应。
- 按招标文件规定提交的其他资料。

投标文件一般包括商务部分与技术方案部分，特别需要注重技术方案的描述。技术方案应根据招标书提出的建筑物的平面图及系统功能要求，确定信息点的分布情况，而且对于布线系统应达到的等级标准、推荐产品的型号规格、遵循的标准与规范、安装及测试要求等方面，应进行充分的思考并做出较完整的论述。

⑤ 封送投标书。在规定的截止日期之前，将准备妥当的所有投标文件密封递送到招标单位。

⑥ 开标。招标单位按招/投标法的要求和招/投标程序进行开标。

⑦ 评标。一般由招标人组成专家评审小组对各投标书进行评议和打分，打分结果经评委成员签字方可生效，然后评选出中标承包商。在评标过程中，评委会要求投标人针对某些问题进行答复。

由于投标书的打分结果直接关系到投标人能否中标，因此一般采用公开评议与无记名打分相结合的方式。打分为 10 分制或 100 分制，具体内容如下：

- 技术方案。
- 施工实施措施、施工组织与工程进度。
- 售后服务与承诺。
- 企业资质。
- 评优工程与业绩。
- 建议方案。
- 工程造价。
- 推荐的产品。
- 图纸及技术资料、文件。
- 答辩。
- 优惠条件。
- 业主对投标企业及工程项目考察情况。

⑧ 中标与签订合同。根据打分和评议结果选出中标承包商，或根据评委打分的结果推荐 2～3 名投标入选人，由业主考核和评议后确定中标承包商，然后由建设单位与承包商签订合同。

4. 工程预算

1）标底价

标底价是综合布线安装工程造价的表现形式之一，是指由建设单位经批准自行编制或委托有编制标底价资格和能力的中介机构代理编制并经核准审定的发包造价。标底价是招标工程的预期价格，是建设单位对招标工程所需费用的自我测算和控制，也是判断投标报价合理性的依据。

标底价的作用如下：

- 使建设单位预先明确自己在拟建工程上应承担的财务义务。
- 是上级主管部门核实建设规模的依据。
- 是衡量投标单位报价的准绳。
- 是评标的重要尺度，是选择中标单位的重要依据。

标底价的内容如下：

- 标底价编制说明。
- 标底价编制汇总表。
- 材料用量分析。
- 工程量表、工程量计算书。
- 标底价格详细预算书。
- 定额工期（日历天）。

标底计价方法参照建筑行业的工程造价计算方法，即工料单价法和综合单价法。

2）工程量清单报价

① 工程量清单报价的特点：

- 工程量清单报价均采用综合单价形式，综合单价中包含工程直接费、工程间接费、利润和应上缴的各种税费等。
- 工程量清单报价要求投标单位根据市场行情和自身实力报价，并逐渐推行最低投标中标法，从而打破了工程造价形成的单一性和垄断性，呈现出有高有低的多样性。

- 工程量清单报价具有合同化的法定性。

② 综合单价的组成。综合单价由成本、利润、税金组成，包括完成局部分项工程或采取特殊施工措施所需的人工费、材料费、机械费、综合费、风险费、利润、劳动保险费、规费和税金。

③ 在工程量清单报价中，造价控制的 4 个阶段如下：

- 工程项目施工前准备阶段。
- 工程项目施工招/投标阶段。
- 工程项目施工实施阶段。
- 工程项目竣工结算阶段。

3）工程预算的审查

① 审查预算的基本原则：坚持实事求是、客观公正、遵纪守法。

② 审查预算的形式：会审和单审。

③ 审查预算的步骤：

- 熟悉设计图纸。
- 了解预算包括的范围。
- 弄清预算采用的人工费定额依据。
- 选择合适的审查方法，按相应内容审查。
- 综合整理审查资料，并与编制单位交换意见，定案后编制调整预算。

④ 工程材料与设备预算的内容。

工程材料包括线槽、线管、钢钉、电钻钻头、刀片、螺丝与螺帽、线卡。

设备与预算材料包括工作区材料、电信间材料、干线子系统材料、配线子系统材料、设备间材料、进线间材料、建筑群子系统材料及系统辅料、材料。

5.2.2 招标文件的编制

1. 招标文件的编制原则

（1）招标人招标应具备如下条件：

① 是法人或依法成立的其他组织。

② 有与招标工程相适应的技术、经济、管理人员。

③ 有组织编制招标文件的能力。

④ 有审查投标单位资质的能力。

⑤ 有组织开标、评标、定标的能力。

不具备上述条件的，招标人应当委托具有相应资质的工程招标代理机构代理施工招标。

（2）招标代理机构应具备如下条件：

① 是依法设立的中介组织。

② 与行政机关和其他国家机关没有行政隶属关系或其他利益关系。

③ 有固定的营业场所和开展工程招标代理业务所需的设施及办公条件。

④ 有健全的组织机构和内部管理的规章制度。

⑤ 具备编制招标文件和组织评标的相应专业力量。

⑥ 具有可以作为评标委员会成员人选的技术、经济等方面的专家库。

（3）建设项目施工招标应具备如下条件：

① 概算已经批准。

② 建设项目已正式列入国家、部门或地方的年度固定资产投资计划。

③ 建设用地的征用工作已经完成。

④ 有能够满足施工需要的施工图纸和技术资料。

⑤ 建设资金和主要建设材料、设备的来源已经落实。

⑥ 已经通过建设项目所在地规划部门的批准，施工现场的“三通一平”已经完成或列入施工招标范围。

（4）必须遵守国家的法律和法规及有关贷款组织的要求。招标文件是中标者签订合同的基础。按《合同法》规定，凡违反法律、法规和国家有关规定的合同属无效合同。因此，招标文件必须符合国家的《经济法》《合同法》《招标投标法》等多项有关法规。

如果建设项目是国际组织贷款，则必须按该组织的各种规定和审批程序来编制招标文件。

（5）公正、合理地处理业主和承包商的关系，保护双方的利益。如果在招标文件中不恰当地、过多地将业主的风险转移给承包商一方，那么势必会迫使承包商加大风险费用，提高投标报价，最终还是业主一方增加支出。

（6）招标文件应正确、详尽地反映项目的客观、真实情况。这样可以使投标人的投标建立在客观、可靠的基础上，从而减少签约和履约过程中的争议。

（7）招标文件中各部分的内容要力求统一，避免各份文件之间相互矛盾。招标文件涉及投标须知、合同条款及格式、工程建设标准、图纸及工作量清单等多项内容，它们之间很容易产生矛盾。如果文件各部分之间的矛盾很多，就会给投标工作及履行合同带来许多争端，甚至影响整个工程的施工，从而造成很大的经济损失。

招标文件是招标人向投标人提供的具体项目招/投标工作的作业标准性文件，它阐明了招标工程的性质，规定了招标程序和规则，告知了订立合同的条件。招标文件既是投标人编制投标文件的依据，又是招标人组织招标工作、评标、定标的依据，也是招标人与中标人订立合同的基础。因此，招标文件在整个招标过程中起着至关重要的作用。招标人应高度重视编制招标文件的工作，并本着公平互利的原则，务必使招标文件严密、周到、细致、内容正确。

招标文件的种类很多，如施工招标文件、监理招标文件、材料招标文件、设备招标文件、勘察招标文件、设计招标文件、测量招标文件等。这里只介绍施工招标文件。

2. 招标文件的组成

招标文件一般由五大部分组成，即投标须知、合同条款及格式、工程建设标准、图纸及工程量清单、投标文件格式。

1）投标须知

投标须知即具体制定投标文件的规则，使投标人在投标时有所遵循。投标须知的主要内容包括：

① 资金来源。

② 如果没有进行资格预审，则要提出针对投标人的资格要求。

③ 货物原产地要求。

④ 招标文件和投标文件的澄清程序。

⑤ 投标文件的内容要求。

⑥ 投标语言。尤其是国际性招标，由于参与竞标的供应商来自世界各地，因此必须对投标语言做出规定。

⑦ 投标价格和货币规定。对投标报价的范围做出规定，即报价应包括哪些方面，统一报

价口径便于评标时计算和比较最低评标价。

⑧ 修改和撤销投标的规定。

⑨ 标书格式和投标保证金的要求。

⑩ 评标的标准和程序。

⑪ 国内优惠的规定。

⑫ 投标程序。

⑬ 投标有效期。

⑭ 投标截止日期。

⑮ 开标的时间、地点等。

2）合同条款及格式

合同条款也称合同条件，是合同中商务条款的重要组成部分。合同条件主要论述在合同执行过程中，当事人双方的职责范围、权利和义务，监理工程师的职责和授权范围，遇到各类问题（如工程进度、质量、检验、支付、索赔、争议、仲裁等）时各方应遵循的原则及采用的措施等。

工程合同条件一般分为两大部分，即通用条件和专用条件。前者不分具体工程项目，具有普遍适用性；而后者则用于将通用条件加以具体化，针对某一特定工程项目合同的有关具体规定对通用条件进行某些修改和补充。

合同协议书应按《中华人民共和国标准施工招标文件》确定的格式拟定，是合同双方的总承诺。合同常见格式的具体内容应约定在协议书附件中。

3）工程建设标准

工程建设标准是招标文件中非常重要的组成部分，规范和图纸两者反映了招标单位对工程项目的技术要求，也是施工过程中承包商控制质量和工程师检查验收的主要依据。

通用的工程建设标准既要满足设计要求，保证工程的施工质量，又不能过于苛刻。因为太苛刻的技术要求必然会导致投标人提高投标价格。

4）图纸及工程量清单

工程图纸是招标文件和合同中的重要组成部分，是投标人拟定施工方案、确定施工方法、提出替代方案，以及计算投标报价必不可少的资料。

图纸的详细程度取决于设计的深度、合同的类型及工程项目的管理模式。在实际工作中，常常需要在工程实施的过程中陆续补充和修改图纸，这些补充和修改的图纸均需经工程师签字并正式下达后，才能作为施工及结算的依据。

工程量清单实际就是图纸和技术规范（标准施工招标文件的技术标准和要求）所显示工程内容的另一种表现形式。其本质内容与图纸和技术规范的内容应当一致，即：

招标工程量清单=招标图纸+技术规范及要求

招标工程量清单的可信内容是清单项目列项、特征描述和工程数量。清单项目列项+特征描述构成对工程质量的定义，因此，工程量清单的本质是除图纸和技术规范外，对招标工程质量和数量的全面描述和精确表达，是对招标范围及内容的精准表达。

5）投标文件格式

投标文件是指投标人应招标文件要求编制的响应性文件，一般由商务文件、技术文件、报价文件和其他部分组成。

格式内容示例：

一、投标声明

市政府采购中心：

（投标单位全称）授权（姓名）（职务）为全权代表，参加项目招标的有关活动，并宣布如下：

（一）我方愿意按照招标文件的全部要求进行投标（投标内容及价格以投标文件为准）。

（二）我方完全同意放弃对招标文件有误解的辩解权利。

（三）我方将按招标文件的规定履行合同责任和义务。

（四）如果我方在投标有效期内撤回投标，投标保证金将被贵方没收。

（五）我方同意提供按照贵方可能要求的与其投标有关的一切数据或资料，理解贵方不一定要选择最低价的投标。

（六）我方的投标书在开标后 30 天内有效。

（七）与本投标有关的一切正式往来通信请寄：

地址：　　　　　　　邮编：

电话：　　　　　　　传真：

投标人代表姓名、职务：

投标人名称（加盖单位公章）

日期：　年　月　日

二、供应商参加政府采购活动廉洁承诺书

（一）为了保证政府采购活动的公平竞争，促进廉政建设，我公司承诺在参加政府采购活动时做到遵守法纪、法规和廉政建设各项规定，诚实守信，坚决拒绝商业贿赂，不发生如下行为：

1．向采购中心工作人员及其家庭成员提供以下不正当利益的主动行贿行为：

（1）以任何理由送现金、有价证券、支付凭证和高档礼品。

（2）报销或支付应由其个人负担的费用。

（3）宴请或邀请其去营业性娱乐场所活动。

（4）其他行贿及提供不正当利益的行为。

2．和他人串通投标，或者利用不正当手段谋求中标。

3．违反法律、法规和廉政规定，影响工程质量和供应质量。

（二）我公司如实施了上述行为之一，自愿接受政府采购部门根据《政府采购法》及其相关法规和《南通市市场廉政准入暂行规定》（通纪发〔2005〕28 号）给予的如下处罚：

1．参加政府采购的中标、成交无效。

2．处以采购金额千分之五以上千分之十以下的罚款。

3．采购中心对不良行为予以记录并公告。

4．半年至三年内禁止参加政府采购活动。

5．情节严重的，报请有关部门依法追究相关责任。

承 诺 人：

承诺单位：

日期：　　　年　　月　　日

三、投标报价表

投标报价表

序号	名称	规格型号	数量（台）	单价（元）	总价（元）
详列税费及其他费用					
投标总报价（大写）：					

投标单位：（盖章）　　　　　　　　　　法定代表人或委托代理人（签字）：

注：1. 本表只是表式，投标单位可根据实际需要自行增减行数。

2. 币种：人民币。

3. 本表单独密封。

四、技术偏离表

五、投标人简况及资格证明文件

（一）投标人简况

（二）资格证明文件

1．工商营业执照（原件或加盖工商管理部门公章的复印件）。

2．税务登记证（原件或复印件加盖单位公章）。

3．法定代表人授权书（原件、按招标文件中规定格式提供）。

本授权书声明：__________公司（工厂）_______（法定代表人姓名、职务）代表本公司（工厂）授权______（被授权人的姓名、职务）为本公司（工厂）的合法代理人，全权处理与__________（本项目）投标活动有关的一切事务。

本授权书于　年　月　日签字生效，特此声明。

法定代表人签字盖章：

职　　务：

单位名称：

地　　址：

代理人（被授权人）签字盖章：

职　　务：

单位名称：

地　　址：

公司（工厂）名称：

（公章）

日　　期：

4．生产厂家的授权证书（原件、格式自定）。

5．投标人声明（原件、按招标文件中规定格式提供）。

（1）名称及其他情况。

投标人名称：

公司地址：

电话：　　　　　传真：

成立和注册日期：

公司性质：

主要负责人：

职工人数（包括安装、售后服务人员）：

最近公司（企业）的主要财务情况（到　年　月　日止，单位：万元）

注册资金：

固定资产：

原　　值：

净　　值：

流动资产：

长期负债：

短期负债：

销售收入：

主营业务收入：

利　　润：

（2）最近三年内相关工程项目业绩营业额。

年份总额（万元）

2017年：

2018年：

2019年：

（3）最近两年与客户签订的较大项目（已竣工）的销售、安装合同。

项目名称：　　　地址：　　　时间：　　　金额（万元）：

（4）投标人最近三年法律纠纷情况。

时间：　　　案由：　　　涉及金额：　　　目前办理情况：

（5）有关银行的名称和地址。

（6）其他情况。

就我们所知，兹证明上述声明是真实的、正确的，并提供了全部能提供的资料和数据，我们同意遵照贵方要求出示此证明文件。

授权代表签字：

授权代表的印刷字体姓名：

授权代表的职务：

电话号和传真号：

公　　章：

日　　期：　年　月　日

6. 银行出具的资信证明（复印件、格式由银行自定）。

7. 近三年内获得表彰、奖励的荣誉证明（与经营服务有关）（原件或复印件加盖单位公章）。

六、投标技术文件

（一）设备性能、特点、项目管理等技术文档。

（二）售后服务、技术培训等。

（三）其他。

七、业绩资料

5.2.3　投标文件的编制

1．投标书的编制依据

各省、自治区、直辖市均制定了投标书的编制依据，投标企业必须据此编制自己的投标文件。例如，北京市规定的投标书编制依据如下：①现行的概预算定额及其配套的材料预算价格；②现行的各项取费标准及其他有关规定；③现行的工资定额；④招标工程的设计图纸及有关说明；⑤经过招标管理办公室批准的招标文件；⑥施工现场的实际条件等。

投标企业可根据管理水平、人员配备、投入的设备情况和具体的施工组织方案及技术措施等实际情况做合理的浮动，但必须以上述规定为基础。

2．投标文件的组成

对某一具体工程的投标报价做出决策以后，即应编制正式投标书。一般根据工程投标书的统一格式制订，投标企业按要求编制和投送。其基本内容如下：

（1）封面。填写招标方和工程项目及名称、投标企业名称与法定代表人姓名，以及标书送投日期。

（2）目录。

（3）投标函及投标函附录。

（4）投标保证金。

（5）技术部分：①施工进度安排计划；②劳动力安排计划；③机械设备情况；④主要施工方案及措施。

（6）投标报价部分：①工程量清单投标总价；②总说明；③单项工程费汇总表；④单位工程费汇总表；⑤分部分项工程量清单计价表；⑥措施项目清单计价表（一）和（二）；⑦其他项目清单计价表；⑧规费清单计价表；⑨分部分项工程量清单综合单价分析表；⑩主要材料价格表。

3．编制投标文件的注意事项

（1）投标文件中必须采用投标文件规定的文件表格格式。填写表格时应依据招标文件的要求，否则在评标时就会被认为放弃此项要求。重要的项目或数字，如质量等级、价格、工期等未填写，将被视为无效或废标。

（2）所编制的投标文件“正本”只有一份，“副本”则按招标文件要求的份数提供。如果正本与副本不一致，则以正本为准。

（3）投标文件应打印清楚、整洁、美观。所有投标文件均应由投标人的法人代表签署，并加盖印章和法人单位公章。

（4）认真核对报价数据，消除计算错误。对于各分部分项工程的报价及报价的单方造价、全员劳动生产率、单位工程一般用料和用工指标、人工费和材料费的比例是否正常等，应根据现有指标和企业内部数据进行宏观审核，防止出现大的错误和漏项。

（5）全套投标文件应当没有涂改或行间插字。如果投标人造成了涂改或行间插字，则每个地方均应由投标文件签字人签字并加盖印章。

（6）当招标文件规定投标保证金为合同总价的某一百分比时，投标人不宜过早开具投标保函，以防泄露自己的报价。

（7）投标文件必须严格按照招标文件的规定编写，切勿对招标文件要求进行修改或提出保留意见。

（8）在编制投标文件的过程中，必须考虑开标后如果进入评标，在评标过程中应采取的对策。如果情况允许，则可另向业主致函，表明投送投标文件后，考虑到同业主长期合作的诚意，决定降低报价的额度。如果投标文件中采用了替代备选方案，那么函中也可阐明方案的优点，在评标时与招标人讨论，使报价更为合理。

5.2.4 Visio 绘图软件操作

小型、简单的网络拓扑结构可能比较好画，因为其中涉及的网络设备不是很多，图元外观也不会要求完全符合相应的产品型号，通过简单的画图软件（如 Windows 系统中的“画图”软件、HyperSnap 等）即可轻松实现。而对于一些大型、复杂的网络拓扑结构图的绘制，则通常需要采用一些非常专业的绘图软件，如 Visio、LAN MapShot 等。

在这些专业的绘图软件中，不仅有许多外观漂亮、型号多样的产品外观图，而且还提供了圆滑的曲线、斜向文字标注，以及各种特殊的箭头和线条绘制工具。图 5.1 所示为 Visio 2003 中的一个界面，中央是从左侧图元面板中拉出的一些网络设备图元（分别为交换机、路由器、防火墙、工作站、域控制器）。可以看到，这些设备图元外观非常漂亮。当然，可以从软件中直接提取的图元远不止这些。本节将简单介绍 Visio 绘图软件在网络拓扑结构绘制中的应用方法。

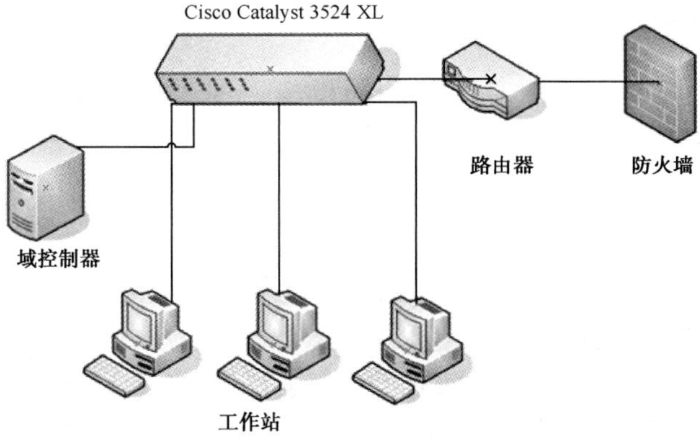

图 5.1 用 Visio 2003 绘制的简单网络拓扑结构示意图

Visio 系列软件是微软公司开发的高级绘图软件，属于 Office 系列，可以绘制流程图、网络拓扑图、组织结构图、机械工程图等。其功能强大，易于使用，就像 Word 一样。它可以帮助网络工程师创建商业和技术方面的图形，对复杂的概念、过程及系统进行组织和文档备案。Visio 2003 可以通过直接与数据资源自动同步数据图形，提供最新的图形，还可以通过定制来满足特定的需求。下面是利用 Visio 2003 软件绘制网络拓扑结构的基本步骤。

（1）运行 Visio 2003 软件，在打开的窗口（见图 5.2）左侧的“类别”列表中选择“网络”选项，然后在“模板”区域中选择一个对应的选项，或者在 Visio 2003 主界面中执行“新建”→“网络”菜单下的某项菜单选项操作，都可打开如图 5.3 所示的界面（在此仅以选择“详细网络图”选项为例）。

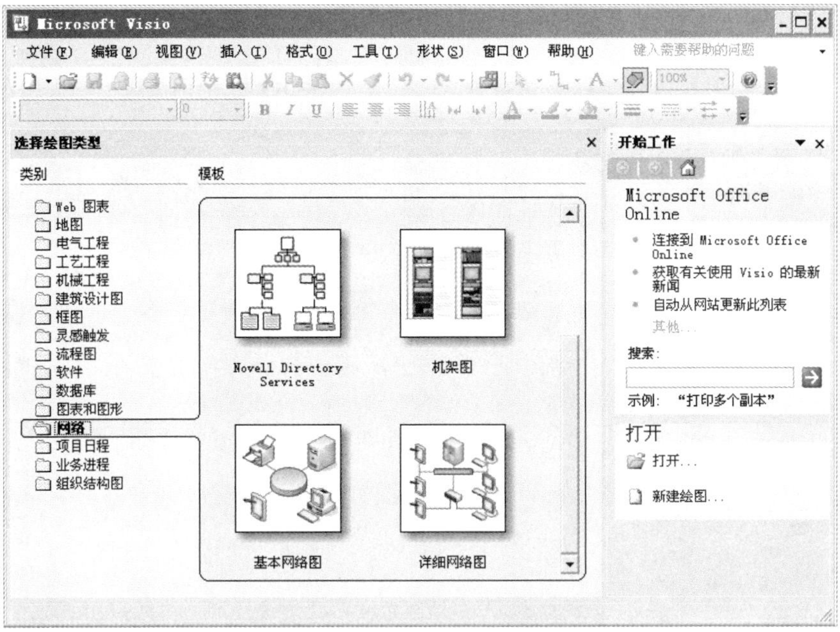

图 5.2　Visio 2003 主界面

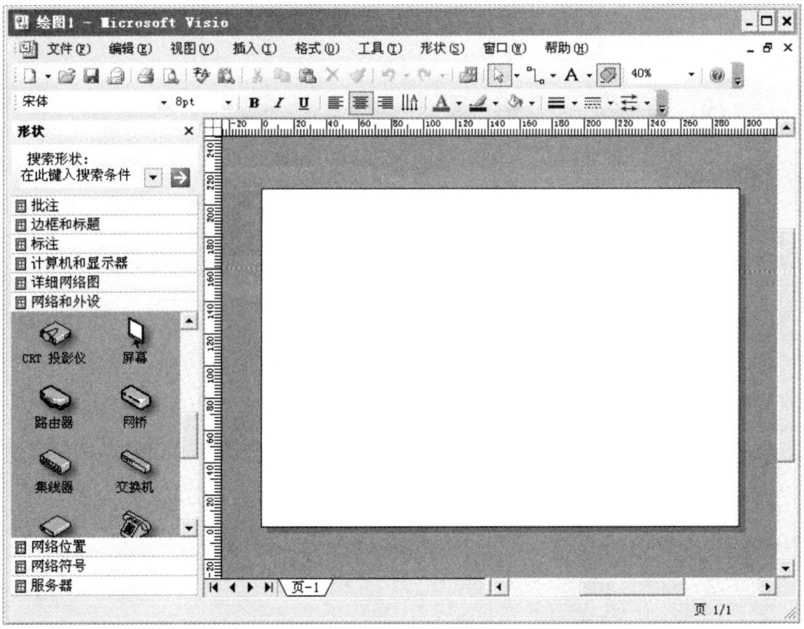

图 5.3　“详细网络图”拓扑结构绘制界面

（2）在图 5.3 左侧的图元列表中选择“网络和外设”→“交换机”命令（因为交换机通常是网络的中心，所以首先要确定好交换机的位置），按住鼠标左键把交换机图元拖动到右侧窗口中的相应位置，然后松开鼠标左键，即可得到一个交换机图元，如图 5.4 所示。在按住鼠标左键的同时，还可以拖动交换机图元四周的绿色方格来调整其大小。单击鼠标左键的同时旋转图元顶部的绿色小圆圈，可以改变图元的摆放方向；把鼠标放在图元上，当出现 4 个方向箭头时按住鼠标左键可以调整图元的位置。图 5.5 所示是一个调整后的交换机图元。双击图元可以查看它的放大图。

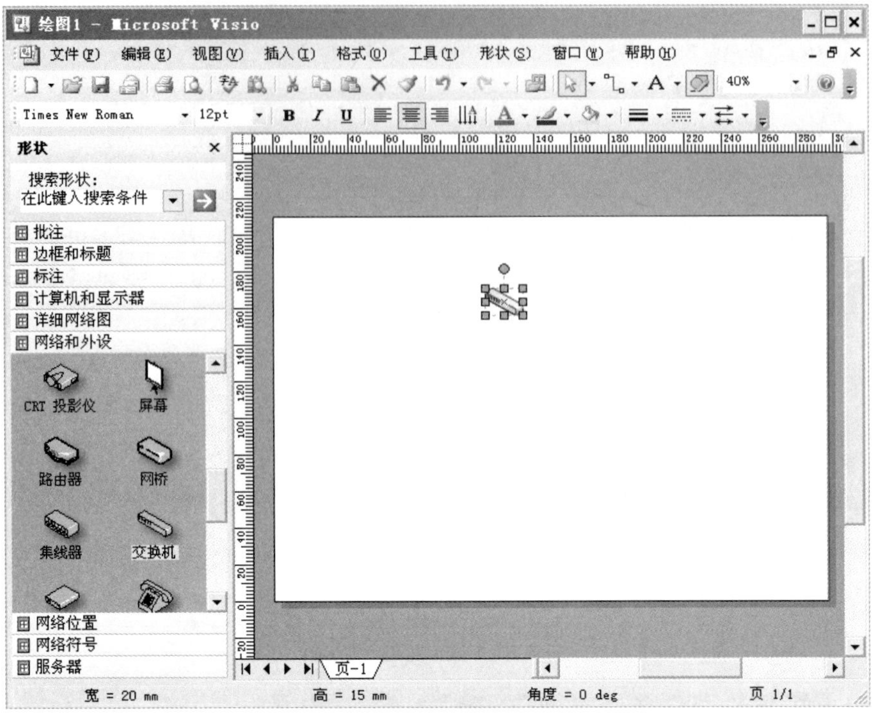

图 5.4　将图元拖动到绘制平台后的图示

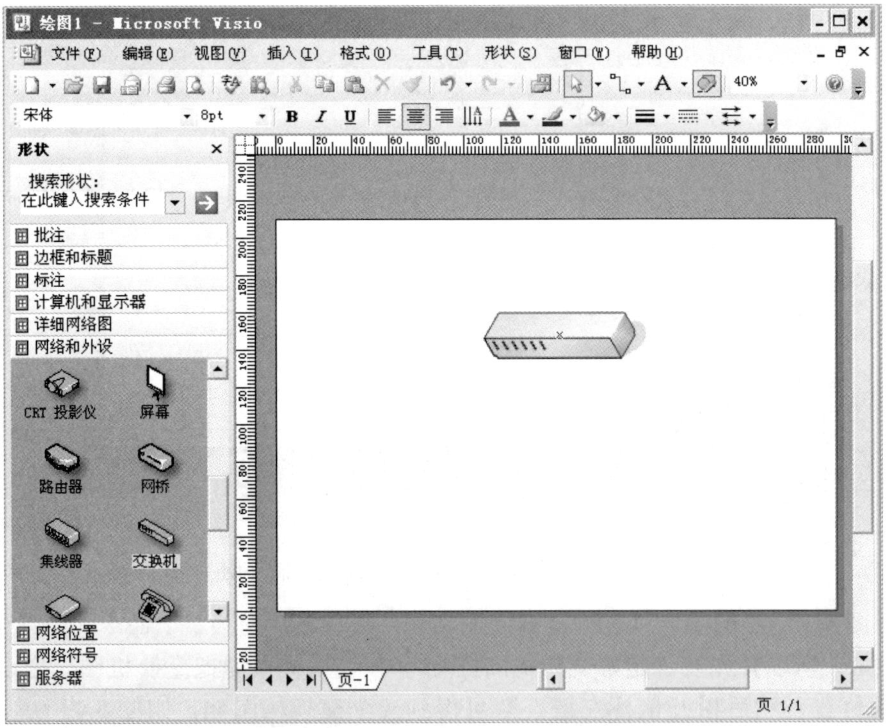

图 5.5　调整交换机图元的大小、方向和位置后的图示

（3）为交换机标注型号。单击工具栏中的“文本”按钮，在图元下方会显示一个小的文本框，此时即可在文本框中输入交换机型号或其他标注，如图 5.6 所示。输入完成后在空白处单击鼠标，即可完成标注，交换机图元又恢复到原来调整后的大小。

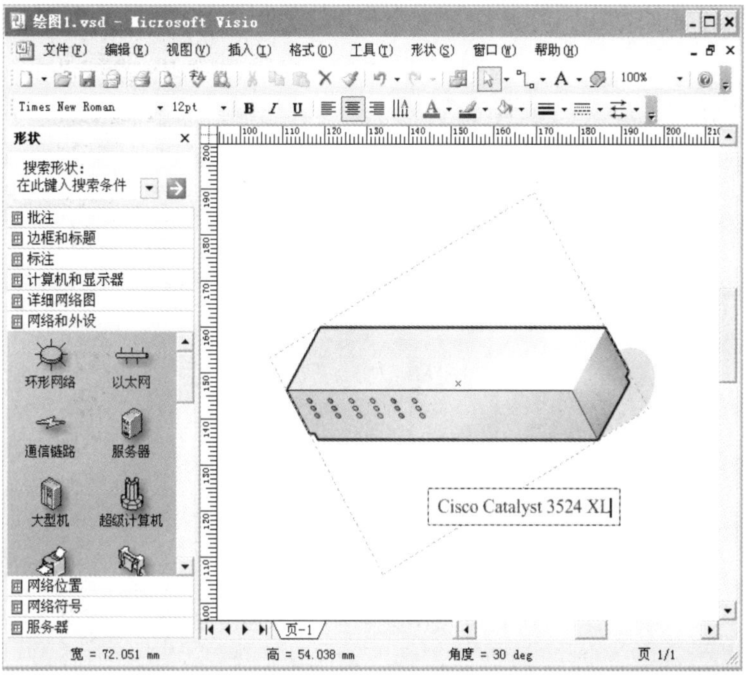

图 5.6　为交换机图元标注型号

标注文本的字体、字号和格式等都可以通过工具栏进行调整。如果要使调整适用于所有标注，则可在图元上单击鼠标右键，在弹出的快捷菜单中选择“格式”→“文本”菜单选项，在弹出的对话框（见图 5.7）中进行详细配置。标注的输入文本框位置也可通过拖动鼠标进行调整。

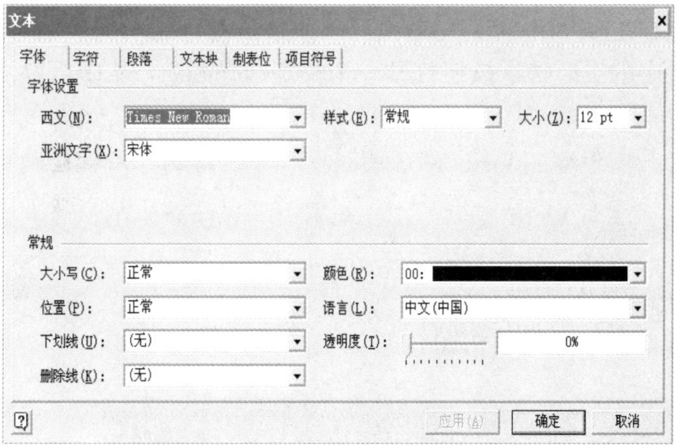

图 5.7　标注文本的通用设置对话框

（4）以同样的方法添加一台服务器，并把它与交换机连接起来。服务器的添加方法与交换机相同，在此只介绍交换机与服务器的连接方法。在 Visio 2003 中介绍的连接方法很复杂，其实可以不用管它，只需使用工具栏中的连接线工具进行连接即可。选择连接线工具后，单击要连接的两个图元之一，此时会有一个红色的方框，移动鼠标选择相应的位置，当出现紫色星状点时按住鼠标左键，把连接线拖动到另一图元。注意，此时如果出现一个大的红方框，则表示不宜选择此连接点，只有当出现小的红色星状点时才可松开鼠标，从而连接成功。图 5.8 所示为交换机和服务器的连接。

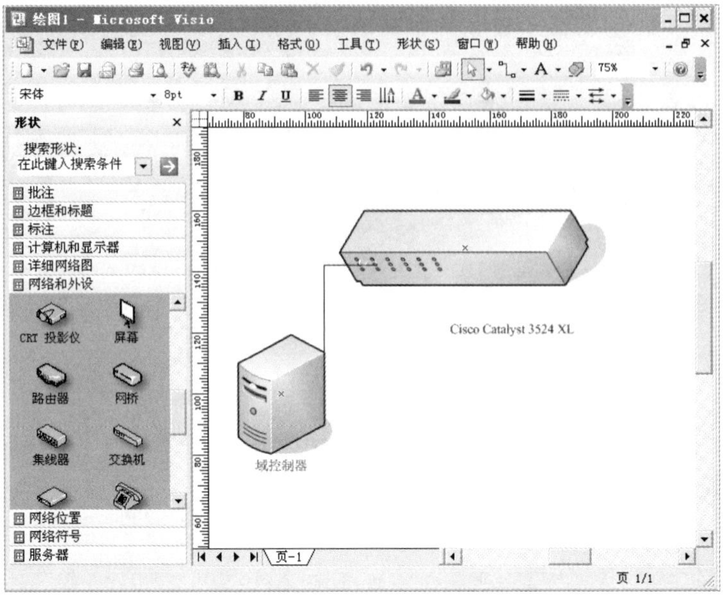

图 5.8　图元之间的连接示例

提 示　在更改图元大小、方向和位置时，一定要在工具栏中选择“选取”工具，否则不会出现图元大小、方向和位置的方点和圆点，也就无法调整。要想整体移动多个图元，可在同时按住 Ctrl 键和 Shift 键的情况下，按住鼠标左键拖动选取整个要移动的图元，当出现一个矩形框，并且鼠标呈 4 个方向箭头时，即可通过拖动鼠标来移动多个图元。要想删除连接线，只需先选取相应的连接线，然后按 Delete 键即可。

（5）把其他网络设备图元一一添加进来并与网络中的相应设备图元连接起来。当然，这些设备图元可能会在窗口左侧的不同类别选项下。如果左侧已显示的类别中没有包括相应图元，则可通过单击工具栏中的“形状”按钮打开一个类别选择列表，从中可以添加其他类别使之显示在窗口左侧。

说 明　以上只介绍了 Visio 2003 的极少部分网络拓扑结构绘制功能，因为它的使用方法比较简单，操作方法与 Word 类似，在此就不一一详细介绍了。

➢ **思考与练习**

1．使用 Word 绘制简单网络拓扑图。

2．使用 Visio 绘制布线系统结构图。

5.3　任务 1——企业大厦网络布线需求分析

5.3.1　智能大厦

智能大厦是信息时代的产物，是计算机网络系统应用的重大方向。商务酒店、写字楼、办公大楼等实施综合布线的高层建筑，都属于智能大厦的范畴。利用系统集成方法将计算机技术、通信技术、信息技术与建筑艺术有机结合，可实现对设备的自动监控、对信息资源的管理和对使用者的信息服务及其与建筑的优化组合。智能大厦是指满足信息社会的要求且具有安全、高效、舒适、便利与灵活等特点的建筑物。

智能大厦（也称“5A”大厦）主要由以下五大部分组成。

- 建筑物自动化（BA）：利用现代电子技术对建筑大厦内的环境及设备运转状况进行监控和管理，从而使大厦实现安全、舒适、高效、便利和灵活的目标。其由照明控制、空调控制、门禁、冷排水控制、冷热源控制、电力控制、消防、保安、电梯管理、车库管理等若干部分构成。
- 防火自动化（FA）：利用安装于大厦各个位置的感应探头，及时发现并报告火情，控制火灾的发展，尽早扑灭火灾，实现火灾报警及灭火的自动化系统。
- 通信自动化（CA）：负责建立大厦内/外各种图像、文字、语音及数据的信息交换和传输关系。其主要包括卫星通信、无线寻呼、会议电视、可视图文、传真、电话、有线电视、数据通信等若干部分。
- 办公自动化（OA）：由计算机技术、通信技术、系统科学等技术所支撑的辅助办公的自动化手段，主要包括电子信箱、视听、电子显示屏、物业管理、文字处理、共用信息库、日常事务管理等若干部分，用于完成各类电子数据处理，对各类信息实施有效管理，辅助决策者做出正确、迅速的决定。
- 管理自动化（MA）：以计算机为主体的智能大厦的最高层控制中心，通过综合布线系统将各子系统连为一体，对整个大厦实施统一管理和监控，同时为各子系统建立一个标准的信息交换平台。

网络布线系统是大厦所有信息的传输系统，利用双绞线或光缆来完成各类信息的传输。区别于传统的楼宇信息传输系统的是，它采用模块化设计，统一标准实施，以满足智能化建筑高效、可靠、灵活等要求。因此，要实现大厦的数据、语音、多媒体视像、会议电视、自动控制信息等的灵活、方便和快速传输，综合布线系统建设显得尤为关键。

智能大厦的结构化布线系统应当具有以下特点。

- 实用性：支持以太网（包括快速以太网、吉比特以太网和 10 吉比特以太网）、ATM 等各种网络类型，支持多种数据通信、多媒体技术及信息管理系统等，能够适应现代和未来技术的发展。
- 灵活性：任何信息点都能够连接各种类型的网络设备和网络终端设备，如交换机、集线器、计算机、网络打印机、网络终端、网络摄像头、IP 电话等。
- 开放性：支持所有厂家的所有符合国际标准的网络设备和计算机产品，支持各种类型的网络结构，如总线型、星型、树型、网型、环型等。
- 模块化：所有接插件都采用积木式的国际标准件，方便日常的使用、管理、维护和扩充。
- 扩展性：实施后的结构化布线系统是可扩充的，以便有更大的网络接入需求和更高的网络性能需求时，可以容易地接入新的设备，或者实现各种设备的更新。
- 经济性：一次性投资，长期受益，维护费用低，使整体投资达到最少。

根据标准设计的布线方案，能适应和支持现有的或将来的通信及计算机网络需求，能满足语音、数据计算机局域网（LAN）、光纤分布数据接口（FDDI）、图像和其他连接的需要。智能大厦的结构化布线系统不仅为现代化的信息通信铺设了“信息高速公路”，也为大厦的智能管理提供了集中的控制通路。

5.3.2 网络布线需求分析

综合布线系统为智能大厦的网络系统提供线路通道。通信系统是一套比较复杂的系统，它要求传输的数据保密可靠，不能丢失，更不能被其他单位复制。并且，随着计算机技术、网络技术的不断发展和普及，对系统的数据传输速度和线路的要求越来越高，这就要求综合布线系统不仅要满足目前的需求，还要考虑将来一个时期内的变化，做到管理有序，操作简单。

综合布线为通信网络提供的线路通道目前为语音、数据的传输网络，具体应用如普通的电话、宽带上网、IP 电话等。随着新技术的不断发展，一些新的通信方法如电视电话、卫星电话等正在逐步发展。而这些技术对通信线路的要求是很高的，这就要求在设计综合布线系统时必须对通信网络的应用进行科学分析，还要为将来的网络技术升级为多媒体应用、ATM 和千兆以太网等技术奠定良好的基础。

综合布线工程是其他所有弱电系统的基础，要采取较新的技术和产品，使今后 10～15 年电信技术的发展、网络技术的发展不受布线系统的限制。同时也要考虑目前应用的需要。

大厦建设的总目标是以高性能的综合布线系统为支撑，建成一座包含多用途的办公自动化系统，能适应日益发展的办公业务电子化要求的现代化和智能化大厦，从而实现对大厦的电气、防火/防盗、监控、计算机通信等全套实施按需控制，实现资源共享及与外界进行信息交流。

根据本工程的具体情况，它满足系统纳入结构化布线系统的条件：

（1）超五类水平电缆在设备端口至终端端口的距离不超过 90m。

（2）采用高速率、大带宽的传输介质，数据传输的带宽在水平区内可达 622Mbit/s。

（3）具有一定的抗电磁干扰特性和防电磁辐射泄漏性能。

通过信息端点规划定位，PDS 布线支撑，使系统获得相当健全的“信息公路”网络体系，借助计算机网络服务的强有力工具，提高调度、行政管理的效率与水平。同时，也为该建筑群提供了良好的内部环境和畅通的对外联络设施。

根据施工平面图及甲方要求，本工程信息点均设计为语音点和数据点，核算出的各楼层信息点的分布如表 5.1 所示。

表 5.1　各楼层信息点的分布

类型 / 楼层	数据点	语音点
地下室	**	**
1 层	**	**
2 层	**	**
3 层	**	**
……	**	**
n 层	**	**

注：本大厦在**层都是标准的办公楼，每层有*个办公区，每个办公区内设有**个语音点、**个数据点。
信息点总计：****。

5.4 任务 2——企业大厦网络布线设计

5.4.1 系统设计原则及依据

设计方案参照国际标准（ISO/IEC 11801）和商业大楼电信布线标准（ANSI/TIA/EIA 568A），

采用符合超五类标准的布线线缆和连接硬件。系统支持语言和数据（图像、多媒体）传输，可满足快速以太网、ATM 155Mbit/s/622.5Mbit/s 及千兆以太网等应用场合。

1. 设计原则

不同的建筑，入住不同的用户；不同的用户，有着不同的需求；不同的需求，构成了不同的建筑物综合布线系统。因此，在工程设计中应该做到以下几点。

1）设计思路应当面向功能需求

根据建筑物的用户特点、需求，分析综合布线系统所应具备的功能，结合远期规划进行有针对性的设计。

2）综合布线系统工程应当合理定位

信息插座、配线架（箱、柜）的标高及水平配线的设置，在整个建筑物的空间利用中应全面考虑，合理定位，满足发展和扩容需求。关于房屋的尺寸、几何形状、预定用途及用户意见等均应认真分析，使综合布线系统真正融入建筑物本身，做到和谐统一、美观实用。

3）经济性

经济性是指在实现先进性、可靠性的前提下，达到功能和经济的优化设计。综合布线系统可长时间地适应建筑物的需求。

4）选用标准化定型产品

综合布线系统工程要选用经过国家认可的产品质量检验机构鉴定合格、符合国家有关技术标准的定型产品；特别推荐采用国际大公司的名牌产品。在一个综合布线系统中一般应采用同一种标准的产品，以便于设计、施工管理和维护，保证系统质量。

总之，综合布线系统工程设计应依据国家标准、通信行业标准和推荐性标准，并参考国际标准进行。此外，根据系统总体结构的要求，各个子系统在结构化和标准化的基础上，应能代表当今最新技术成就。在具体进行综合布线系统工程设计时，注意把握好以下几个基本点：

① 尽量满足用户的通信需求。

② 了解建筑物、楼宇之间的通信环境与条件。

③ 确定合适的通信网络拓扑结构。

④ 选取使用的传输介质。

⑤ 以开放式为基准，保持与多数厂家产品、设备的兼容性。

⑥ 将系统设计方案和建筑费用预算提前告知用户。

2. 设计依据

- ISO/IEC 11801　　国际建筑通用布线标准
- TIA/EIA 568A/B　　商用建筑物电信布线标准
- ANSI/TIA/EIA 569—A—1998　　电信通道和空间的商用建筑标准
- ANSI/EIA/TIA—606—A—2002　　商用建筑的电信基础设施的管理标准
- 100 B-T　　100Mbit/s 以太网
- ISDN　　综合业务数据网络标准
- FDDI　　光纤分布数据接口标准
- ATM　　异步传输模式标准
- RS232、X.21、RS422　　异步、同步传输标准

3. 安装与设计规范

- 中国民用建筑电气设计规范（JGJ/T 16—2016）。

- 智能建筑设计标准（GB 50314—2015）。
- 综合布线系统工程设计规范（GB 50311—2016）。
- 综合布线系统工程验收规范（GB 50312—2016）。
- 电气装置安装工程 电力变压器、油浸电抗器、互感器施工及验收规范（G B50148—2010）。
- 电气装置安装工程 母线装置施工及验收规范（GB 50149—2010）。
- 电气设备交接试验标准（GB 50150—2006）。

5.4.2 方案设计

根据大厦的项目要求及上述有关标准可知，该方案为一个较典型的星型拓扑结构系统（见图 5.9），现将设计方案概述如下。

根据用户要求，大厦主设备间设于大厦一层的综合布线机房，从主设备间引线缆经桥架和竖井直接至工作区。水平布线电缆均采用超五类 4 对 UTP 电缆，信息插座选用五类系列插座。该方案分为 5 个部分，分别为工作区、配线子系统、电信间、干线子系统及设备间，为二级星型拓扑结构。

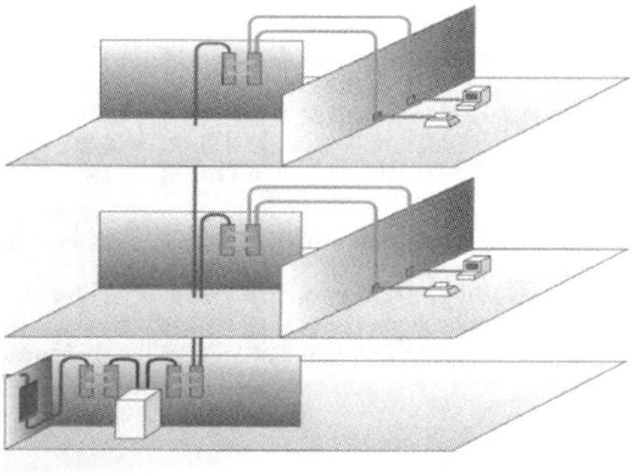

图 5.9 一个较典型的星型拓扑结构系统

1. 工作区

工作区是指信息端口以外的空间，但通常习惯将电信插座列入工作区，由信息输出口及其到终端设备的连接线和各种转换头组成。连接使用标准的 24AWG 非屏蔽双绞线，实现 RJ-45 插座与各种类型、各种厂商生产的设备的连接，包括计算机、网络集线器、交换机、路由器、电话机、传真机。选用不同的适配器，可以连接监控器等设备。工作区材料配置表如表 5.2 所示。

本系统设置 1 127 个双口信息点。

表 5.2 工作区材料配置表

序 号	型 号	名 称	数 量
1	PT/FA3—08ⅧB	RJ-45 双位插座面板	**
2	PT/5.566.019	RJ-45 插座模块	**
3	JPX211C	125 回线配线箱	**
4	PT/8.037.070	125 回线背装架	**
5	PT/FT2—55	25 回线高频接线模块	**

1）单人办公室设计

我们以销售部经理室为例，该办公室只有 1 人办公，即销售部经理。销售部经理向上对总经理负责，向下管理公司遍布全国各地的办事处和代理商。销售部业务量大，管理范围广，因此数据和语音需求非常大，并且这些需求也较频繁和持续，经常需要召开网络会议和电话会议。同时，销售部经理也是公司的关键岗位，在设计信息点时应特别关注。

经理室应分配 2 个数据信息点和 2 个语音信息点，因此为销售部经理室设计 2 个双口信息插座，每个插座安装 1 个 RJ-45 数据口和 1 个 RJ-11 语音口。如图 5.10 所示，销售部经理室的办公桌靠墙摆放，我们就把 1 个双口信息插座设计在办公桌旁边的墙面上，距离窗户一侧的墙面 3.0m，距离地面的高度为 0.3m，用网络跳线与计算机连接，用语音跳线与电话机连接。另 1 个双口信息插座设计在沙发旁边的墙面上，距离门口一侧的墙面 1.0m，方便在办公室召开小型会议时就近使用计算机，也可以坐在沙发上召开电话会议。

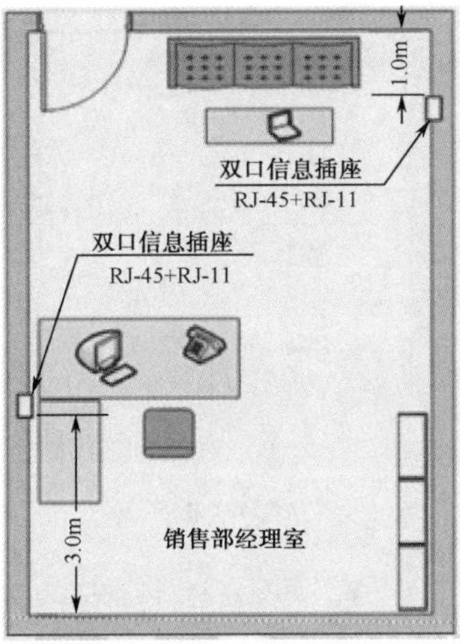

图 5.10 单人办公室设计图

由此确定工作区材料的规格和数量，如表 5.3 所示。

表 5.3 单人办公室材料的规格和数量

序 号	材料名称	型号/规格	数 量	单 位	厂家/品牌	使用说明
1	信息插座底盒	86 系列，金属，镀锌	2	个	普天	土建施工，墙内安装
2	信息插座面板	86 系列，双口白色塑料	2	个	普天	弱电施工安装
3	信息插座模块	网络模块，RJ-45，非屏蔽，六类	2	个	普天	弱电施工安装 1 个/面板
4	信息插座模块	语音模块，RJ-11	2	个	普天	弱电施工安装 1 个/面板

2）多人办公室设计

我们以财务部办公室为例。该部门有 4 人办公，即 2 名会计和 2 名出纳。公司的财务管理系统主要有会计核算、应收账款、应付账款等。现在一般公司都使用网络版财务管理系统软件，财务收支也经常使用网络银行，因此数据和语音需求对财务部非常重要。鉴于安全和保密需要，财务部办公室的布局应与其他部门不同，往往需要在门口设置 1 个柜台，把外来人员与财务人员隔离，隔台进行业务作业。同时，财务部也是公司的关键部门，在设计信息点时要特别关注。

根据每个工位配置 1 个数据点和 1 个语音点的基本要求，财务部有 4 个工位，应设计 4 个双口信息插座，每个插座安装 1 个 RJ-45 数据口和 1 个 RJ-11 语音口。

财务部 2 名出纳的工位靠近门口，并且组成一个柜台；2 名会计的工位靠里边墙面布置。因此，我们把 2 个出纳工位的信息插座设计在右侧墙面上，设计 2 个双口信息插座，距离门口一侧的墙面 3.0m，用网络跳线与计算机连接，用语音跳线与电话机连接。把 2 个会计工位的信息插座设计在里边墙面上，设计 2 个双口信息插座，距离左边隔墙分别为 1.5m 和 3.0m，全部信息插座距离地面的高度为 0.3m。图 5.11 所示为多人办公室设计图。

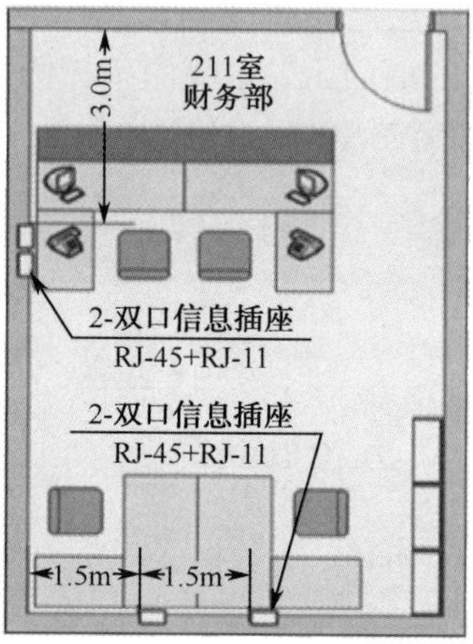

图 5.11　多人办公室设计图

由此确定工作区材料的规格和数量，如表 5.4 所示。

表 5.4　多人办公室材料的规格和数量

序　号	材料名称	型号/规格	数　量	单　位	厂家/品牌	使用说明
1	信息插座底盒	86 系列，金属，镀锌	4	个	普天	土建施工，墙内安装
2	信息插座面板	86 系列，双口白色塑料	4	个	普天	弱电施工安装
3	信息插座模块	网络模块，RJ-45，非屏蔽，六类	4	个	普天	弱电施工安装 1 个/面板
4	信息插座模块	语音模块，RJ-11	4	个	普天	弱电施工安装 1 个/面板

3）集体办公室设计

销售部办公室共可容纳 32 人同时办公，因此应按照集体办公室设计信息点。销售部主要由遍布全国各地的办事处和代理商组成，通过与商务部进行配合完成整个销售流程。结合企业网络应用图可知，销售管理系统由商务系统、销售系统和市场推广 3 部分组成。其主要工作包括产品销售、合同签订、方案制作等，对数据和语音有很大需求。因此，销售部的数据信息点和语音信息点的设计尤为重要。

根据每个工位配置 1 个数据点和 1 个语音点的基本要求，销售部办公室共有 32 个工位，应设计 32 个双口信息插座，每个插座安装 1 个 RJ-45 数据口和 1 个 RJ-11 语音口。同时，在两侧墙面上分别多设计 1 个双口信息插座，用于连接传真机或作为预留插座。因此，销售部办公室共有 68 个信息点，其中数据信息点和语音信息点各 34 个。

销售部办公室共设有 32 个工位，其中 14 个工位靠墙放置，18 个工位没有靠墙放置。对于靠墙的工位，我们分别设计 1 个双口信息插座在办公桌旁边的墙面上，距离地面 0.3m，用网络跳线与计算机连接，用语音跳线与电话机连接。对于没有靠墙的工位，我们设计为地弹插座，安装在对应办公桌下的地面上。多设计的两个插座分别安装在左右两侧靠近门口一端的墙面上。图 5.12 所示为集体办公室设计图。

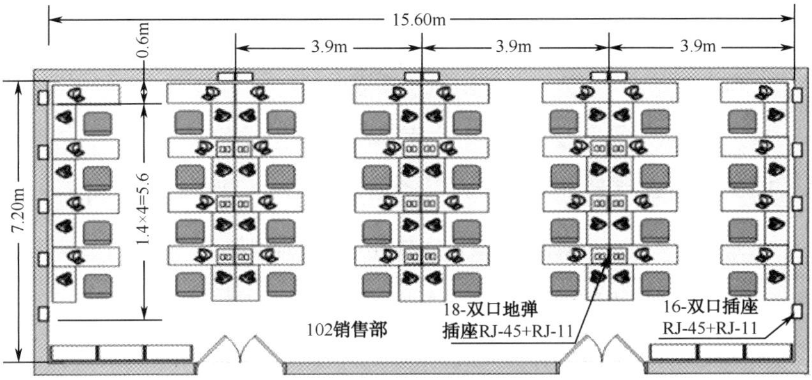

图 5.12 集体办公室设计图

由此确定工作区材料的规格和数量，如表 5.5 所示。

表 5.5 集体办公室材料的规格和数量

序号	材料名称	型号/规格	数量	单位	厂家/品牌	使用说明
1	信息插座底盒	86 系列，金属	16	个	普天	土建施工，墙内安装
2	信息插座底盒	120 系列，金属	18	个	普天	土建施工，墙内安装
3	信息插座面板	86 系列，双口白色塑料	16	个	普天	弱电施工安装
4	地弹信息面板	120 系列，双口金属镀锌	18	个	普天	弱电施工安装
5	信息插座模块	网络模块，RJ-45，非屏蔽，六类	34	个	普天	弱电施工安装 1 个/面板
6	信息插座模块	语音模块，RJ-11	34	个	普天	弱电施工安装 1 个/面板

4）会议室设计

销售部会议室为圆桌形布置，按照最多 12 人开会设计。销售部会议室是销售部召开会议的场所。销售部需要管理全国各地的分公司、办事处及代理商，因此经常需要召开网络会议和电话会议，同时也需要接待来访客户或召开部门内部会议，所以经常会使用笔记本电脑、投影机等设备。该会议室使用频繁，因此需要设置较多个信息点，从而满足与会人员的需要。

该会议室最多可容纳 12 人开会，根据对称原则，在销售部会议室设计 8 个双口信息插座，其中包括 14 个网络数据插口和 2 个电话语音插口。

在两侧墙面上分别安装 2 个双口信息插座，全部安装 RJ-45 网络模块，共 8 个。会议桌下的地面上安装 4 个双口信息插座，其中安装 6 个 RJ-45 网络模块和 2 个语音模块。当与会电脑少于 6 台时，使用会议桌下面的地弹插座；当与会电脑多于 6 台时，使用两侧墙面上的插座。图 5.13 所示为会议室设计图。

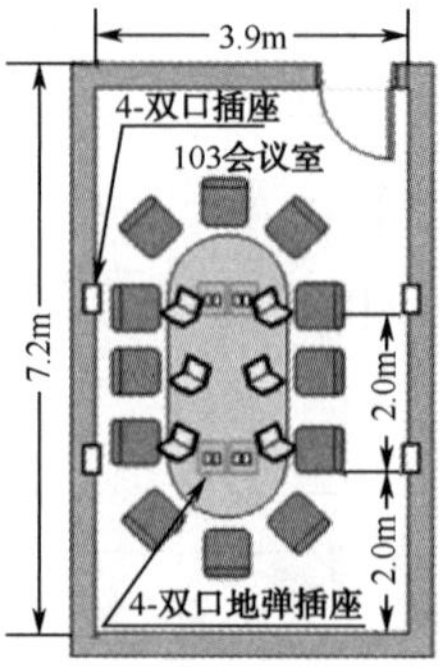

图 5.13　会议室设计图

由此确定工作区材料的规格和数量，如表 5.6 所示。

表 5.6　会议室材料的规格和数量

序　号	材料名称	型号/规格	数　量	单　位	厂家/品牌	使用说明
1	信息插座底盒	86 系列，金属	4	个	普天	土建施工，墙内安装
2	信息插座底盒	120 系列，金属	4	个	普天	土建施工，墙内安装
3	信息插座面板	86 系列，双口白色塑料	4	个	普天	弱电施工安装
4	地弹信息面板	120 系列，双口金属镀锌	4	个	普天	弱电施工安装
5	信息插座模块	网络模块，RJ-45，非屏蔽，六类	14	个	普天	弱电施工安装 1 个/面板
6	信息插座模块	语音模块，RJ-11	2	个	普天	弱电施工安装 1 个/面板

2. 配线子系统

配线子系统的主要功能是实现信息插座和电信间之间的连接。该子系统统一采用超五类 24AWG8 芯双绞线，标准长度为 90m。常用的超五类线缆的传输速率为 100Mbit/s。“光纤到桌面”（FTD）应用于特殊设置或专线，满足高带宽的图形信号的传输要求。

配线子系统为配线间水平配线架至各个办公室门口的分配线箱的连接线缆。本数据点采用超五类 4 对 UTP，语音点采用五类 4 对 UTP。

3. 电信间

电信间是连接干线子系统和配线子系统的设备，主要设备是铜缆配线架和光纤配线架。利用配线架上的跳线管理方式，可以使布线系统具有灵活、可调整的特点。当布置要求出现变化时，仅仅将相关跳线进行改动即可。电信间应该具有足够的空间放置配线架和网络设备。使用标准插接式模块或跳线式模块实现配线管理，各种逻辑拓扑结构可在此进行调整。其设计很完善，完全标准化，便于安装管理。

由于各个楼层的信息点数比较多，故在每层楼都要设有电信间。电信间是由配线架、跳线及相关的有源设备（Hub、服务器及交换机等）组成的。具体的材料配置表如表 5.7 所示。

表 5.7　电信间材料配置表

序　号	型　号	名　称	数　量
1	PT/XG.30U.60	19 英寸配线柜（30U）	**
2	PT/FT2-55	25 回线高频接线模块	**

续表

序号	型号	名称	数量
3	PT/8.037.061	250 回线背装架	**
4	PT/8.037.100HX	100 回线背装架	**
5	PT/FA3-08VI	24 口 Patch-Pannel	**
6	PT/4.431.000	管理线盘	**
7	PT/8.840.072	标志块	**
8	PT/UTP.C3.025	三类 25 对 UTP 电缆	**
9	PT/FB.SN.004	4 芯室内多模光纤	**
10	PT/TX.ST1.02	ST-ST 光纤单芯多模跳线	**
11	PT/TX.STC1.02	ST-SC 光纤单芯多模跳线	**
12	PT/GP11A	12 口光纤分线盒	**
13	PT/FL.ST.01	ST 法兰盘适配器	**

4. 干线子系统

干线子系统是提供干线电缆的路由。其主要由光缆或铜缆组成，并提供楼层之间及与外界通信的通道。

5. 设备间

设备间主要由计算机中心机房、网络集线器、交换机、路由器、服务器、程控交换机、楼宇控制设备和保安控制中心内的各种设备与配线设备之间、设备与设备之间的连接组成。邮电部门的光缆和线缆进入大厦后连接到总配线架上。

设备间是由总配线架、跳线及相关有源设备（Hub、服务器及交换机等）组成的。设备间是一个空间概念，总配线架收集来自各配线子系统的线缆，并与相关的有源设备通过跳线或对接实现系统的联网。

本项目主设备间设在一层中心机房内，其布线设备主要为系统配线架和相关跳线等。按大厦结构化布线系统实施要求，我们将选用和配置普天相应产品。具体设备配置如表 5.8 所示。

表 5.8 设备间设备配置表

序号	型号	名称	数量
1	PT/XG.40U.60	19 英寸配线柜（40U）	**
2	PT/FA3-08	16 口 Patch-Pannel	**
3	PT/FT2-55	25 回线高频接线模块	**
4	PT/8.037.061	250 回线背装架	**
5	PT/4.431.000	管理线盘	**
6	PT/8.840.072	标志块	**
7	PT/TX.ST1.02	ST-ST 光纤单芯多模跳线	**
8	PT/TX.STC1.02	ST-SC 光纤单芯多模跳线	**
9	PT/GP11A	12 口光纤分线盒	**
10	PT/FL.ST.01	ST 法兰盘适配器	**

PDS 各子系统的分布情况如图 5.14 所示。

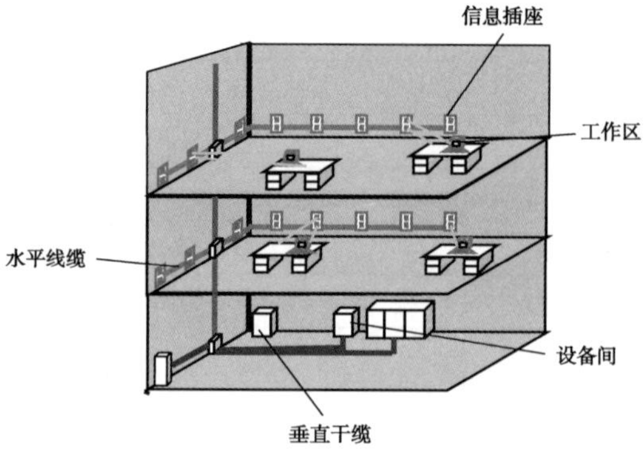

图 5.14　PDS 各子系统的分布情况

6. 其他产品说明

本项目施工工具包括以下几类。

- 打线工具：主要用于主干线缆与配线架和压线模块的压接，为基本工具之一。
- 安装消耗品：施工辅材，包括扎带、胶带、油笔等。
- 检测工具：美国 FLUKE 手持式工程仪表，可迅速、方便地测试 1～4 对线缆的开路、短路、反接、错接、线对交错等情况，以及 ISO/IEC 11801 提出的各种参数。

5.5 任务 3——企业大厦网络布线施工及测试

5.5.1 布线系统施工设计说明

企业大厦综合布线系统涉及计算机网络和通信系统。综合布线系统有利于多种网络拓扑结构的应用，实行结构化综合布线方式，以达到高度智能化及节省投资的目的。

1. 工作区

工作区由各办公区组成，根据各自不同的功能，由单口和双口信息插座构成，插座内采用的是拆装灵活的模块。通过插座既可以引出电话线，又可以连接数据终端及其他弱电设备。

信息插座和电源可安装在墙面上、柱子上，部分可安装于地板上。安装于墙面上、柱子上的插座的底边和地板的距离为 30cm。安装于地板上的信息插座需防水、防尘，且可升降，使其在有无地毯的地板上都能保持水平。

对于办公室而言，信息点可安装于办公桌靠墙一侧的墙面上。办公区亦可根据每个办公室的实际使用情况配置。

2. 配线子系统

水平线缆将干线线缆延伸到用户工作区，采用的是五类 4 对非屏蔽双绞线。这种线缆能在 100m 的范围内保证 155Mbit/s、622.5Mbit/s 及千兆以太网的传输速率，能够满足各种带宽信号的传输。

3. 设备间

设备间（主配线间）由设备间中的电缆、连接器和相关支撑硬件组成，它把公共系统设备的各种不同设备互连起来。它将中继线交叉处和布线交叉处与公共系统设备（如用户级交换机）连接起来。

根据陕西国际商会大厦教学楼的实际情况，主配线室设在多功能中心机房内。在大厦中使用一个竖直桥架，以方便缆线的管理。而且在竖直桥架上每隔 2m 焊一根与桥架宽度相等的精钢筋，直径大约为 1.5cm，以固定和支撑垂直上下的缆线，并使安装好的缆线美观一些。

4. 建筑群子系统

根据陕西国际商会大厦的实际情况，楼内计算机网络与外界的网络，如政府机关、银行、各公司之间的互联，可以通过公共数字业务网或远程 LAN 等实现。部分需引至楼外的电话电缆及市话局引入的中继线，通过主配线架完成电缆的连接。

5.5.2 PDS 管线方案

1. 配线子系统的布线方案

配线子系统完成由接线间到工作区信息出口线路连接的任务。其有两种走线方式，具体如下。

1）墙上型信息出口

采用走吊顶的轻型装配式槽形电缆桥架方式。这种方式适用于大型建筑物，为配线子系统提供机械保护和支持。装配式槽形电缆桥架是一种闭合式的金属托架，安装在吊顶内，将线路从弱电井引至各种设有信息点的房间。再由预埋在墙内的不同规格的铁管，将线路引到墙上的暗装铁盒内。

PDS 系统的布线是放射型的，线缆数量较多，所以线槽容量的计算很重要。按照标准的线槽设计方法，应根据水平干线的外径来确定线槽的容量，即线槽的横截面积=水平干线截面积之和×3。

线槽的材料为冷轧合金板，表面可进行相应处理，如镀锌、喷塑、烤漆等。线槽可以根据情况选用不同的规格。为保证线缆的转弯半径，线槽须配以相应规格的分支辅件，以满足线路路由的弯转自如。

同时，为确保线路的安全，应使槽体有良好的接地端。金属线槽、金属软管、电缆桥架及各分配线箱均需整体连接，然后接地。如果不能确定信息出口的准确位置，那么拉线时可先将线缆盘在吊顶内的出线口，待具体位置确定后，再引到各信息出口。

2）地面型信息出口

采用地面线槽走线方式。这种方式适用于大开间的办公室，有大量地面型信息出口的情况建议先在地面垫层中预埋金属线槽。主线槽从弱电井引出，沿走廊引向各方向，到达设有信息点的各房间，再用支线槽引向房间内的各信息点出线口。强电线路可以与弱电线路平行配置，但需分隔于不同的线槽中。这样可以向每个用户提供一个包括数据、语音、不间断电源、照明电源出口的集成面板，真正做到在清洁的环境下，实现办公室自动化。由于地面垫层中可能会有消防等其他系统的线路，所以必须由建筑设计单位根据 PDS 管线设计人员提出的要求，综合各系统的实际情况，完成地面线槽路由部分的设计。地面线槽也需整体连接，然后接地。

2. 干线子系统的走线设计

干线子系统是由一连串通过地板通孔垂直对准的接线间组成的。用于 PDS 系统的典型接线间，其可以进入的最小安全尺寸是 200cm×150cm，标准的天花板高度为 2.4m，门的大小至少为高 2.1m、宽 1m，向外开。

干线子系统的走线设计分为两部分。

1）干线的垂直部分

垂直部分的作用是提供弱电井内垂直干线的通道。这部分采用预留电缆井方式，在每层楼的弱电井中留出专供 PDS 大对数电缆通过的长方形地面孔。电缆井的位置设在靠近支撑电缆的墙壁附近，但又不妨碍端接配线架的地方。在预留有电缆井一侧的墙面上，还应安装电缆爬架。爬架的横档上开一排小孔，用紧固绳将大对数电缆绑在上面，用于固定和承重。如果附近有电梯等大型电磁干扰源，则应使用封闭的金属线槽为垂直干线提供屏蔽保护。预留的电缆井的大小，按标准的算法，至少为要通过的电缆外径之和的 3 倍。此外，还必须保留一定的空间余量，以确保在今后系统扩充时不致需要安装新管线。

2）干线的水平通道部分

水平通道部分的作用是提供垂直干线从主设备间到其所在楼层的弱电井的通道。这部分也应采用走吊顶的轻型装配式槽形电缆桥架方式。所用的线槽由金属材料构成，用来安放和引导电缆，可以对电缆起到机械保护的作用。同时，还提供了一个防火、密封、坚固的空间，使线缆可以安全地延伸到目的地。其选材算法与配线子系统设计部分的线槽算法一致。

与垂直部分一样，水平通道部分也必须保留一定的空间余量，以确保在今后系统扩充时不致需要安装新的管线。

3. 设备电源管线方案

接线间的 AC 电源需求与接线间内安装的设备数量有关。

首先，在配线间内应至少留有两个为本系统专用的、符合一般办公室照明要求的 220V 电压、10A 电流的单相三极电源插座。根据接线间内放置设备的供电需求，还需配有另外的 4 个 AC 双排插座的 20A 专用线路。此线路不应与其他大型设备并联，并且最好先连接到 UPS，以确保对设备的供电及电源的质量。

5.5.3 施工组织

1. 施工组织阶段

1）施工准备阶段

施工准备阶段包括施工图编制与审核、施工预算编制、施工组织设计及施工方案的编写、设备/材料的采购与定做、工程施工工具与设施的准备，以及施工队伍的组织准备等。

2）施工阶段

施工阶段包括配合土建和装修施工，预埋管线管路；固定与土建施工有关的支持固定件；固定配线箱及配电柜等；随土建工程的进度逐步进行各子系统设备的安装与线路敷设；各子系统检验测试等。

3）竣工验收阶段

竣工验收阶段包括系统调试及投入正常运行；完成全部测试报告及竣工文件；汇集建设单位、施工单位及质量监督部门审查；现场验收；针对有行业管理的专项系统完成行业主管部门的验收。

总之，无论工程大小、系统难易，都必须在施工中做到有条不紊，按一定顺序衔接进行；同时，在积累经验、掌握技术的基础上，还必须遵循一定的工程程序，包括图纸会审、技术交底、工程变更、施工预算、施工配合、竣工验收等，才能有效地提高工作效率，确保工程质量。

2. 保证施工质量、安全施工管理及节约成本的措施

1）保证施工质量的措施

为了确保系统工程施工的质量，使工程达到设计要求，必须加强工程施工技术管理工作。每项工程从施工准备阶段开始，到工程施工及竣工验收阶段，都必须按照一定的程序和要求，由有关的技术人员和管理人员以文字、图表等形式，记录影响工程质量的有关规定，要求所有文件材料的形成与积累必须做到及时、准确、系统与科学。

- 及时。在施工过程中，对各种要求的数据、现象及时进行记录，做到分阶段，按专业积累、整理，编制好施工文件材料。竣工验收时及时做好工程文件材料的整理、归档及向建设单位移交的工作。
- 准确。要求施工过程中形成的技术文件材料应如实地反映工程施工的客观情况，严格按施工图和现行材料质量标准、质量检验标准、施工及验收规范施工，做到变更有手续、有根据，施工各单位有记录。严禁出现擅自修改、伪造和事后补做等情况。
- 系统。按照施工程序，对形成的技术文件材料进行系统的整理，系统地反映施工的全过程。
- 科学。以科学的态度来对待施工中的每个数据，做到施工有依据、检查有结论、现场有记录、测试验收有报告、修改图纸有手续、工程竣工有总结。

2）安全施工管理措施

在弱电系统工程实施中，安全是我们要遵循的首要原则。安全包括人身安全和设备安全，为此，在施工过程中必须采取相应的安全管理措施，以消除一切事故隐患，避免事故伤害，确保系统安装和运行安全。

- 建立、完善以项目经理为首的安全生产领导组织，有组织、有领导地开展安全管理活动。
- 建立各级人员安全责任制度，明确人员的安全责任，定期检查安全责任落实情况，奖罚分明。
- 施工人员严格遵守各项安全操作规程，严格按照施工图、施工规范施工。
- 对施工人员进行安全教育与训练，增强安全意识，提高安全施工知识水平，防止人为的不安全行为，减少人为的失误。

3）节约成本的措施

综合布线系统突出的优势在于系统综合设计后能达到节省人力、物力、财力的目的，而在施工中采取有效的节约措施，可以使系统更加完善。

- 在工程实施过程中对设备用料进行核算，做好施工准备，以利于安装过程中材料充分、有限地使用。
- 协调管理各工序的工程，实施各子系统工程严格服从工程现场总指挥的管理，避免因工序交叉造成的二次装修带来的损失。
- 严格按施工规范安装操作，注意保护其他专业产品，尽量不损坏建筑物表面及已安装设备，确保大厦自控设备整体的协调、对称和美观。
- 在施工过程中，在满足设计要求的前提下，在保证系统安全、可靠运行的基础上，推广使用新科技、新机具和新工艺，提高安装质量及效率，以达到再创新的升值效果。
- 严格按施工管理程序完成施工中及竣工资料、文件的收集、整理，减少管理费用的支付，为今后系统维护、维修创造条件。
- 在施工过程中遇到施工图纸与实际现场不符的情况或存在不完善的地方，工程指挥部要结合现场情况，以最快的速度、最短的时间将问题呈报给建设方和设计师，把图纸尽快修改完善，使施工顺利进行。

5.5.4 系统的调试及验收

综合布线是计算机网络中最基础也是最重要的部分，它是连接每个服务器和工作站的纽带，起着信息通路的关键作用。作为高速传输数据的物理链路，综合布线系统产生严重故障时会导致整个网络系统瘫痪。因此，综合布线工程竣工后，为保证系统符合设计要求，确保信息畅通和高速传输，必须对系统进行调试。调试是布线工程最主要的一环，必须采用专用测试仪器对系统的各条链路进行检测，以便于评定综合布线系统的信号传输质量及工程质量。用于检测铜缆的设备必须选择符合 TSB—67 标准的Ⅱ精度专业级线缆认证测试仪（包括信道及基本链路的测试），仪器应具备线缆故障定位、故障分析及自动存储测试结果并可客观地将其打印输出的功能。

1．调试阶段

（1）供应商在全部安装工程完成后，应按照业主及厂商的要求，负责系统的开通调试。

（2）调试好的系统必须达到业主所要求的使用功能。

（3）如果调试中出现问题，则必须排除故障，反复试验，务必使系统完善。

（4）安装人员可随装随测，以及时发现问题并改正。

2．验收阶段

（1）当供应商认为系统调试完毕并达到使用要求时，需同工程师及业主进行系统验收。

（2）系统验收所需进行的检验、测试项目及每项试验的具体方法和要求，应提前送交工地工程指挥部审批，待工程指挥部同意后方可进行。

（3）如果在系统验收过程中某些部分出现了问题，那么在纠正错误后要重新进行试验。当重新试验时，至少有 3 次以上同一试验没有出现问题，工程师满意后才算通过。

（4）供应商应提供检验和测试的工具。

（5）当进行检验和测试时，必须要有详细的技术记录。测试结束后，供应商需将整理好的测试记录送交工程师。

（6）测试后的系统需经过一段时间的试运行。在试运行期间，系统由供应商及业主安排工作人员共同管理。

（7）在系统试运行之前，供应商应提供培训课程，确保业主的工作人员熟悉设计资料和图纸文件，掌握系统装置、设备各方面的情况，如系统的设计、设备日常运行的操作和监视、故障排除、损坏设备的更换和维修，以及系统设备的例行维修、保养等。

（8）在试运行期间，供应商应指导及协助业主的工作人员完成工作记录，若有问题出现，则应及时处理并记录在案。

（9）试运行结束后，供应商应将整套完整的竣工图纸连同整个系统交付业主。交付之前必须经工程师审阅，其认为符合要求后方可正式交付业主。

3．综合布线系统检测模型

综合布线系统有基本链路及通道两种检测模型，现场认证检测可根据实际需要选择相应的检测模型。对于综合布线系统自身的检测，可选用基本链路检测模型；对于综合布线系统应用的检测，可选用通道检测模型。

4．系统的特性参数及测试内容

系统的特性参数主要分为两大类：第一类是电缆、接插件的物理特性，如导体的金属材料强度、柔韧性、防水性和温度特性。电缆的物理特性在出厂时已经确定，使用者在购买时不能采用一般方法进行测试。第二类是系统的电气特性，这些特性对于用户而言是最主要的，所以用户应该了解这些特性参数。

系统测试主要测试工程电气性能和光纤特性，包括接线图、链路长度、近端串扰、特性阻抗、衰减等。

1）接线图

接线图有两种不同的接线标准，即 T568A 和 T568B。本布线方案采用的是 T568A 标准，线缆必须正确端接于信息端口，不允许有任何形式的错接。从水平配线区至信息端口之间的双绞线必须保证连通，线对间不能短路。

2）链路长度

根据 T568B 标准，布线系统基本链路的最大长度为 90m，信道的最大长度为 100m。链路的长度可以用电子长度测量来估算。电子长度测量基于链路的传输延时和电缆的 NVP 值（Nominal Velocity of Propagation，表示电信号在电缆中的传输速度与光在真空中的传输速度的比值），当我们测量一个信号在链路中一来一回的时间，又知道电缆的 NVP 值时，就可以计算出链路的电子长度。

3）近端串扰

近端串扰指双绞线内部一对线中的一条线与另一条线之间因信号耦合效应而产生的干扰，有时它也被称为线对间近端串扰。近端串扰没有经过环路传输被平滑衰减，因此其造成的影响比远端串扰大得多。线对之间肯定会有信号的耦合，显然这种耦合信号越小越好，或被衰减得越多越好。近端串扰是众多指标中最为主要的一项，特别是对高速局域网来说，其影响是非常大的。布线施工不规范、安装错误、连接不当都会引起严重的近端串扰。

本系统超五类线缆所用测试标准为 T568A 五类国际标准，通道指标如表 5.9 所示（另附超五类通道指标）。

表 5.9　五类和超五类标准中不同频率时的近端串扰（通道）

频率/MHz	五　类	超五类
1.00	54	63.3
4.00	45	53.6
10.00	39	47.0
16.00	36	43.6
20.00	35	42.0
31.25	32	40.4
62.50	27	38.7
100.00	24	33.6

4）特性阻抗

特性阻抗是交变电信号通过电缆时所表现出来的障碍性反应。电缆的特性阻抗应该是一个特定的常数，但若施工、安装时连接不当或电缆损坏（如电缆的急剧弯曲和扭结、捆绑过紧），则都可能会引起阻抗的不连续与不一致，称为阻抗异常。它会造成信号的反射，引起网络电缆中信号的畸变，并引起网络出错。

5）衰减

线路信号衰减的大小直接影响传输的性能，其不但与长度有直接关系，也与阻抗有关。根据标准，本布线系统的信道系统衰减量和基本链路衰减量在传输频率为 100MHz 时应分别为 24dB 和 21.60dB。前者总长度在 100m 以内，后者总长度在 94m 以内。其数据如表 5.10～表 5.12 所示。

表 5.10　衰减参数表

频率/MHz	五　类	超五类
1.00	2.5	2.2
4.00	4.8	4.5
10.00	7.5	7.1
16.00	9.4	9.1
20.00	10.5	10.2
31.25	13.1	11.5
62.50	18.4	12.9
100.00	23.2	18.6

表 5.11　传输时延参数表

参　数	五　类	超五类
Prop Delay	<1μs	548ns

表 5.12　回波损耗参数表

参　数	五　类	超五类
100MHz	10dB	
250MHz		10dB

6）其他参数

- Power.Sum.NEXT：综合近端串音（见表 5.13）。
- Power.Sum.ELFEXT：综合等效远端串音（见表 5.14）。
- ACR：串音衰减比，ACR=NEXT-Attenuattion（见表 5.15）。
- Power.Sum.ACR：综合衰减串扰比（见表 5.16）。

表 5.13　Power.Sum.NEXT

频率/MHz	五　类	超五类
1.00	54	70.3
4.00	45	60.6
10.00	39	44.0
16.00	36	40.6
20.00	35	39.0
31.25	32	37.4
62.50	27	35.7
100.00	24	30.6

表 5.14　Power.Sum.ELFEXT

频率/MHz	五　类	超五类
1.00		55.5
4.00		43.5
10.00		35.5
16.00		31.5
20.00		29.5
31.25		27.6
62.50		25.6
100.00		19.6

表 5.15　ACR

频率/MHz	五　类	超五类
1.00		61.1
4.00		49.1
10.00		39.9
16.00		34.5
20.00		31.8
31.25		28.9
62.50		25.8
100.00		15.0

表 5.16　Power.Sum.ACR

频率/MHz	五　类	超五类
1.00		58.1
4.00		46.1
10.00		36.9
16.00		31.5
20.00		28.8
31.25		25.9
62.50		22.8
100.00		12.0

项目小结

智能大厦是信息时代的必然产物，是计算机网络系统应用的主要方向。商务酒店、写字楼、办公大楼等实施综合布线的高层建筑，都属于智能大厦的范畴。网络布线系统是大厦所有信息的传输系统，利用双绞线或光缆来完成各类信息的传输。区别于传统楼宇信息系统的是，网络综合布线系统采用模块化设计，统一标准实施，以满足智能化建筑高效、可靠、灵活等要求。

通过本项目的学习，读者应了解布线项目招/投标过程，学会编写招/投标文件，学会网络拓扑图的绘制方法，掌握大楼综合布线方案的设计方法，掌握综合布线各个子系统的设计与实施方法、布线测试与验收方法。

附：大厦综合布线工程文件目录

序　　号	文件标题名称	页　　数	备　　注
1	综合布线系统图	1	
2	综合布线材料清单表	1	
3	综合布线系统施工图	1	
4	项目竣工总结报告	1	

1．综合布线系统图

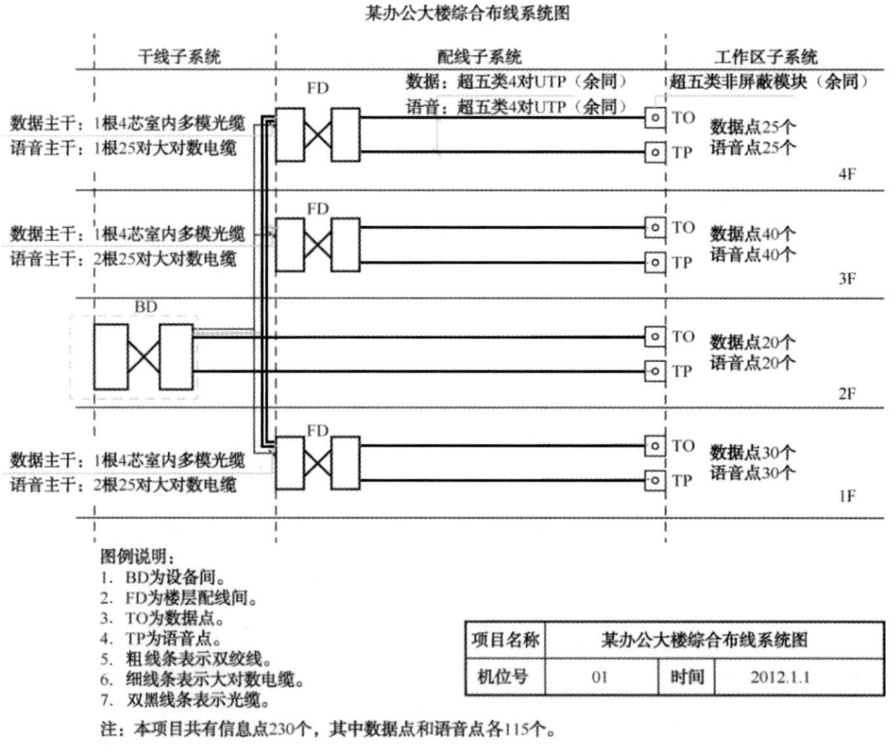

2. 综合布线材料清单表

序　号	名称与规格	品　牌	单　位	数　量	备　注
1	25 对大对数	NORTEC	米	30～80	
2	4 芯多模室内光纤	NORTEC	米	30～80	
3	单口面板	NORTEC	个	230	
4	86 型明装底盒	NORTEC	个	230	
5	超五类非屏蔽 3m 跳线	NORTEC	条	115	
6	超五类模块	NORTEC	个	230	
7	超五类非屏蔽 1 米跳线	NORTEC	条	115	
8	110-RJ-45 跳线	NORTEC	条	115	
9	超五类非屏蔽双绞线	NORTEC	箱	30	305 米/箱
10	理线架	NORTEC	个	21	
11	耦合器（ST）	NORTEC	个	24	
12	1.5m 尾纤（ST）	NORTEC	条	24	
13	超五类非屏蔽 24 口配线架	NORTEC	个	12	
14	1m 光纤跳线（ST-SC）	NORTEC	对	6	
15	100 对 110 配线架	NORTEC	个	5	
16	标准 32U 机柜	NORTEC	台	3	
17	12 口光纤配线架（ST）	NORTEC	个	3	
18	24 口光纤配线架（ST）	NORTEC	个	1	
19	标准 42U 机柜	NORTEC	台	1	

3．综合布线系统施工图

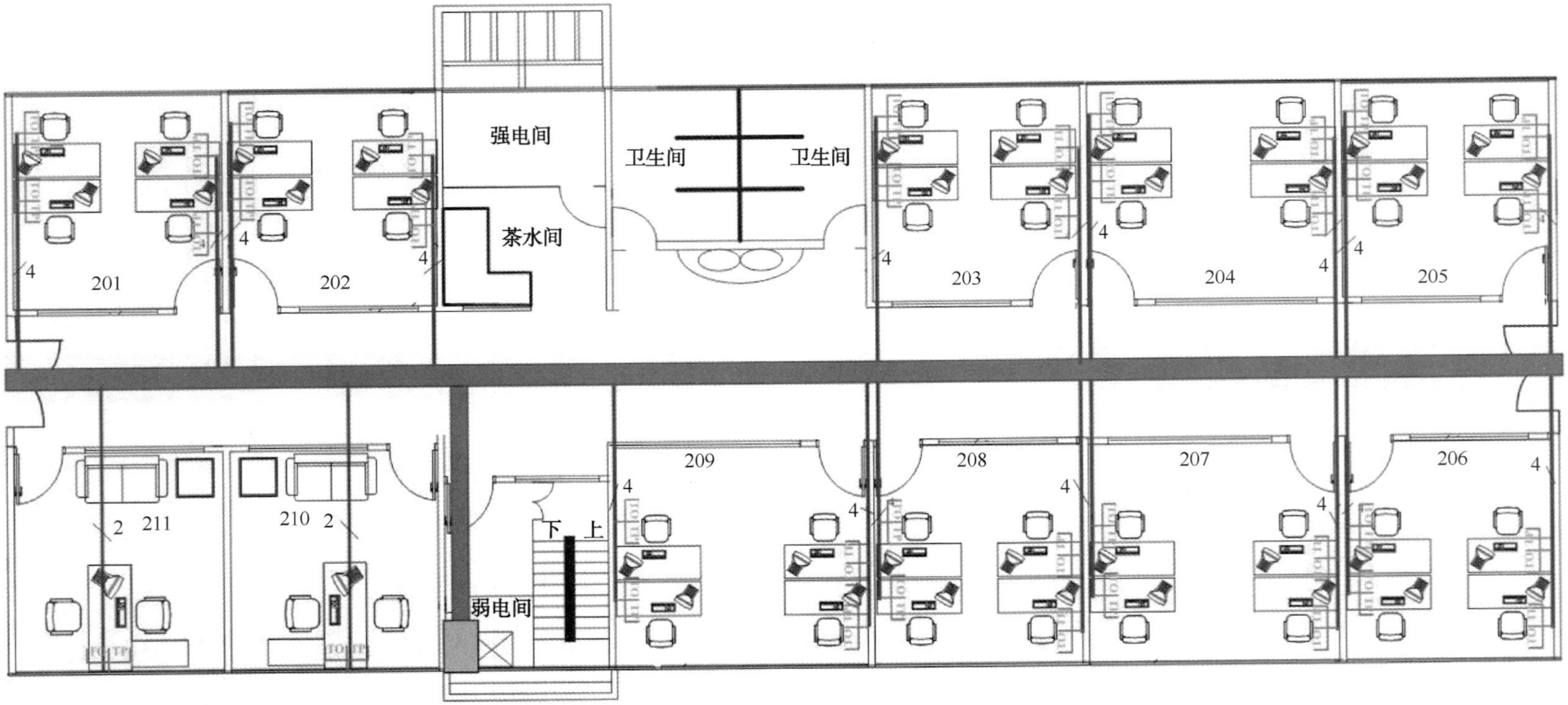

图例说明：

TO　网络点	PVC线管
TP　语音点	2根5e UTP
金属桥架	4根5e UTP

项目名称	某大楼综合布线工程系统图		
类别	电施	机位号	
编制		时间	2011.3.18

4. 项目竣工总结报告

项目名称表

序　　号	信息点编号	楼层机柜编号	配线架编号	配线架端口编号	房间编号	工作区编号
1	FD2-1-1-201-1	FD2	1	1	201	1
2	FD2-1-2-201-2	FD2	1	2	201	2
3	FD2-1-3-201-3	FD2	1	3	201	3
4	FD2-1-4-201-4	FD2	1	4	201	4
5	FD2-1-5.202-5	FD2	1	5	202	5

编制人：（只能签署参赛机位号）　　　　　　时间：

质量检测和故障诊断分析表

故障项目	故障现象
A6	4 芯开路
A8	1、2 芯交叉，3、6 芯交叉
A9	1、2 线对与 3、6 线对错对
A10	1、2 线对与 3、6 线对错对，4、5 线对与 7、8 线对错对
A11	3、6 芯短路
A13	3、6 芯交叉，4 芯开路
A15	7、8 芯短路
A17	4、5 线对与 7、8 线对错对，2 芯开路

实训 1　编写网络布线招标文件

1. 任务描述

根据给定的综合布线项目招标公告编写招标书。

2. 能力目标

掌握招标书的撰写方法。

3. 实训步骤

（1）熟悉招标公告。

（2）查阅资料。

（3）编写网络布线招标文件。

招标文件包含以下内容。

① 招标邀请函。招标邀请函由招标机构编制，简要介绍招标单位名称，招标项目名称及内容，招标形式，售标、投标、开标时间和地点，承办联系人的姓名和联系方式等。开标时间除前面讲的给投标人留足准备标书及传递标书的时间外，国际招标应尽量避开国外休假和圣诞节，国内招标应尽量避开春节和其他节假日。

② 投标须知。投标须知由招标机构编制，是招标书中的一项重要内容，着重说明本次招标的基本程序。投标人应遵守规定和履行承诺的义务。投标须知包括投标文件的基本内容、份数、形式、有效期、密封及投标的其他要求，还包括评标的方法和原则、招标结果的处理、合同的授予及签订方式、投标保证金。

③ 招标项目的技术要求及附件。招标项目的技术要求及附件是招标书中最重要的内容，

主要由使用单位提供资料，由使用单位和招标机构共同编制。

④ 投标书格式。此部分由招标公司编制，是对投标文件的规范要求。其中包括投标方授权代表签署的投标函，说明投标的具体内容和总报价，并承诺遵守招标程序和各项责任、义务，确认在规定的投标有效期内，投标期限所具有的约束力；还包括技术方案内容的提纲和投标价目表格式。

⑤ 投标保证文件。投标保证文件是投标有效的必检文件。保证文件一般采用 3 种形式，即支票、投标保证金和银行保函。如果项目金额少，则可采用支票和投标保证金的方式，一般规定为 2%。投标保证金有效期要长于标书有效期，和履约保证金相衔接。银行保函由银行开具，是借助银行信誉投标。企业信誉和银行信誉是企业进入国际大市场的必要条件。如果投标方在投标有效期内放弃投标或拒签合同，则招标公司有权没收保证金以弥补其在招标过程中蒙受的损失。

⑥ 合同条件（合同的一般条款及特殊条款）。这也是招标书中的一项重要内容。此部分内容是双方经济关系的法律基础，因此对招标方和投标方都很重要。国际招标应符合国际惯例，但同时也要符合国内法律。由于项目的特殊要求需要提供补充合同条款的，如支付方式、售后服务、质量保证、主保险费用等特殊要求，在标书技术部分专门列出。但这些条款不应过于苛刻，更不允许（实际也做不到）将风险全部转嫁给中标方。

⑦ 技术标准、规范。有时会有设备需要，如通信系统、输电设备，技术标准、规范是确保设备质量的重要文件，应列入招标附件中。技术标准、规范应对施工工艺、工程质量、检验标准做出较为详尽的保证，这也是避免发生纠纷的前提。技术标准、规范的内容包括总纲、工程概况、分期工程材料、设备和施工技术、质量要求，必要时要写清各分期工程量计算规则等。

⑧ 投标企业资格文件。这部分要求由招标机构提出，要求提供企业生产该产品的许可证及其他资格文件，如 ISO 9001、ISO 9002 证书等。另外，要求提供业绩。

实训任务单

一、实训指南
预学习——听课（老师讲解、示范）——操作——完成实训任务单
二、实训内容
编写网络布线招标文件
三、实训工具
PC 机、Word 文档
四、实训步骤
1．撰写招标邀请函 2．撰写投标须知 3．撰写招标项目的技术要求及附件 4．撰写投标书格式 5．撰写投标保证文件 6．撰写合同条件 7．撰写技术标准、规范 8．撰写投标企业资格文件

续表

五、实训思考
（1）简述招/投标的过程。 （2）投标文件包含哪些内容？ （3）简述评标的内容和方法。

实训 2　使用 Visio 绘制网络拓扑结构图

1. 任务描述

根据给定的草图使用 Visio 绘制网络拓扑结构图。

2. 能力目标

掌握网络拓扑结构图的绘制方法。

3. 实训步骤

（1）启动 Visio 软件。

（2）熟悉 Visio 软件界面操作。

（3）用 Visio 软件绘制网络拓扑结构图。

① 启动 Visio，选择 Network 目录下的 Basic Network（基本网络形状）模板，进入图形编辑状态。

② 在基本网络形状模板中选择服务器模块并拖动到绘图区域中创建它的图形实例。

③ 加入防火墙模块。选择防火墙模块并拖动到绘图区域中，适当调整其大小，创建它的图形实例。

④ 绘制线条。选择不同粗细的线条，在服务器模块和防火墙模块之间连线，并画出将与其余模块相连的线。

⑤ 双击图形进入文本编辑状态，输入文字。按照同样的方法分别给各个图形添加文字。

⑥ 使用 TextTool 工具画出文本框，为绘图页添加标题。

⑦ 改变图样的背景色。设计完成后保存图样，文件名为 Network1。

⑧ 依据步骤①～⑦，绘制一个网络拓扑结构图并保存图样，文件名为 Network2。

4. 网络拓扑结构图示例（见图 5.15）

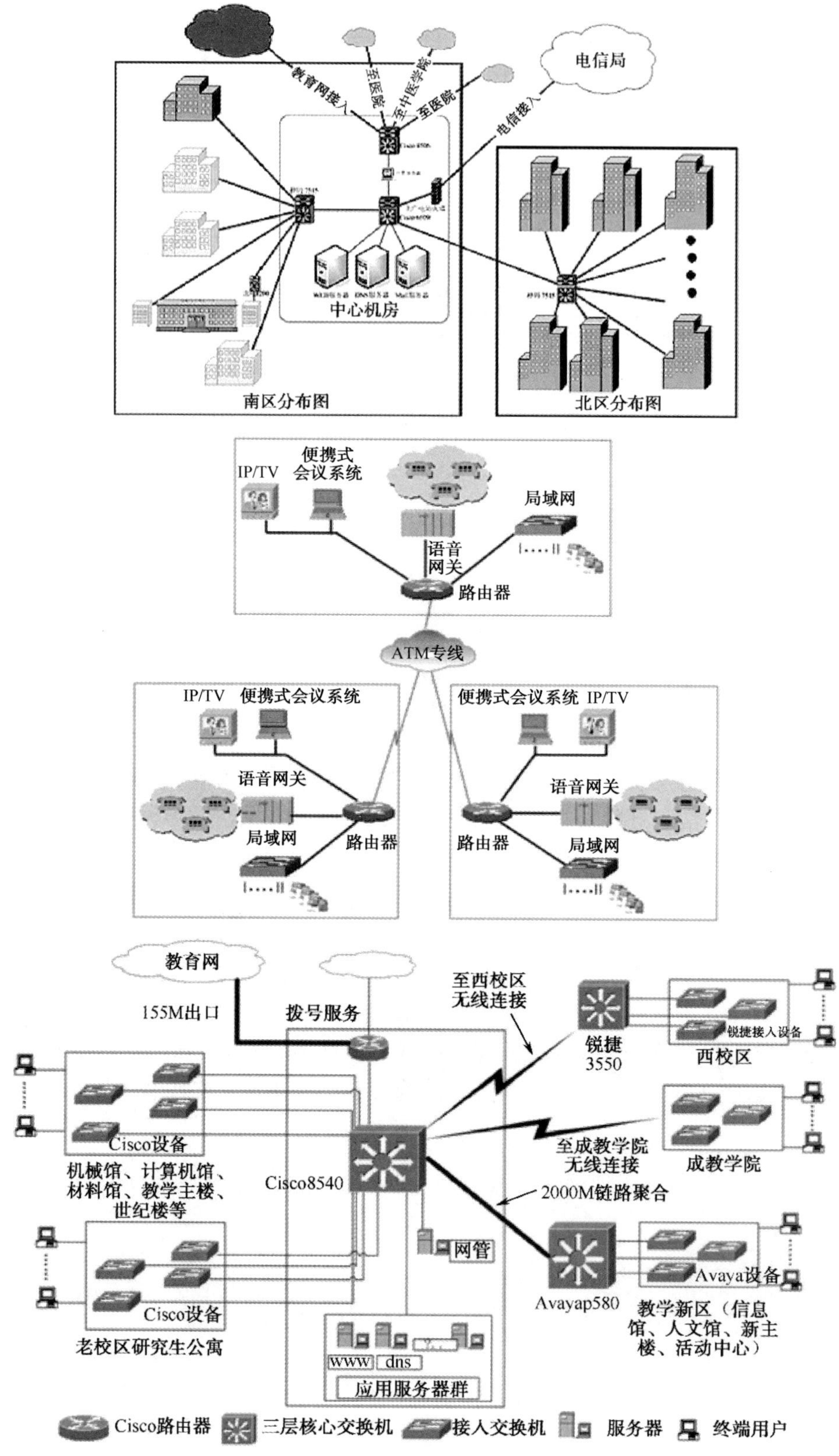

图 5.15　网络拓扑结构图示例

实训任务单

一、实训指南
预学习——听课（老师讲解、示范）——操作——完成实训任务单
二、实训内容
使用 Visio 绘制网络拓扑结构图
三、实训工具
PC 机、Visio 软件
四、实训步骤
1．启动 Visio 软件 2．选择模板，创建编辑界面 3．选择绘制的图形 4．绘制线条 5．添加文字 6．改变图样的背景色并保存文件
五、实训思考
（1）思考 Visio 软件绘制各种箭头和线条的技巧。 （2）如何使用 Visio 软件绘制施工图？

实训 3　PVC 线管布线

扫码观看 PVC 线管布线微课视频。

1．实训目的

（1）通过配线子系统布线路径和距离的设计，熟练掌握配线子系统的设计。

（2）通过线管的安装和穿线等，熟练掌握配线子系统的施工方法。

（3）通过使用弯管器制作弯头，熟练掌握弯管器的使用方法和布线曲率半径的要求。

（4）通过核算、列表、领取材料和工具，训练规范施工的能力。

2．实训要求

（1）设计一种配线子系统的布线路径和方式，并且绘制施工图。

（2）按照设计图核算实训材料的规格和数量，掌握工程材料核算的方法，并列出材料清单。

（3）按照设计图准备实训工具，列出实训工具清单，独立领取实训材料和工具。

（4）独立完成配线子系统线管的安装，掌握布线方法，掌握 PVC 管卡、线管的安装方法和技巧，掌握 PVC 线管弯头的制作方法。

3．实训设备、工具及材料

（1）直径为 20mm 的 PVC 塑料管、管接头、管卡若干。

（2）弯管器、穿线器、十字头螺丝刀、M6×16 十字头螺钉。

（3）钢锯、线槽剪、登高梯子、编号标签。

4. 实训步骤

（1）使用 PVC 线管设计一种从信息点到楼层机柜的配线子系统，并且绘制施工图。3～4 个人成立一个项目组，选举项目负责人，每人设计一种配线子系统布线图，并且绘制图纸。项目负责人指定一种设计方案进行实训。

（2）按照设计图核算实训材料的规格和数量，掌握工程材料的核算方法，并列出材料清单。

（3）按照设计图列出实训工具清单，并领取实训材料和工具。

（4）在需要的位置安装管卡，然后安装 PVC 线管。两根 PVC 线管连接处使用管接头，拐弯处必须使用用弯管器制作的大拐弯弯头连接。

（5）明装布线实训时，边布管边穿线。暗装布线实训时，先把全部管和接头安装到位，并且固定好，再从一端向另一端穿线。

（6）布管和穿线完成后，必须做好线标。

5. 实训分组

为了满足全班 40～50 个人同时实训和充分利用实训设备，实训前必须进行合理分组，保证每组的实训内容相同，难易程度相同。分组要求从机柜到信息点完成一个永久链路的水平布线实训，以不同机柜、不同布线高度、不同布线拐弯分别组合成多种布线路径，每个小组分配一种布线路径进行实训，如图 5.16 所示。具体可以按照实训设备规格和实训人数设计。

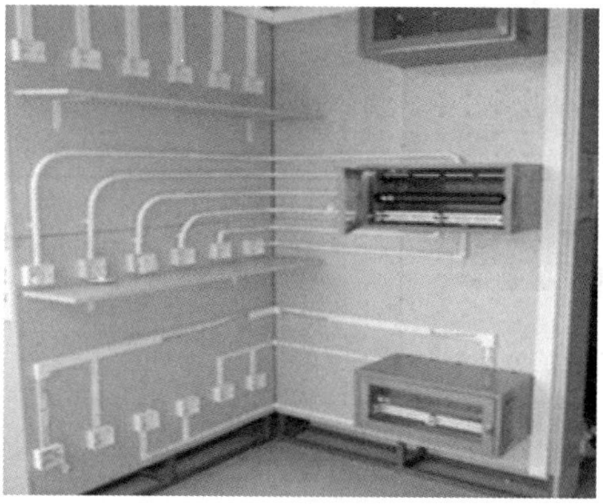

图 5.16　布线路径

6. 实训报告

（1）设计一种配线子系统布线图。

（2）列出实训材料的规格、型号、数量清单表。

（3）列出实训工具的规格、型号、数量清单表。

（4）总结使用弯管器制作大拐弯弯头的方法和经验。

（5）总结配线子系统布线施工程序和要求。

（6）总结使用工具的体会和技巧。

实训任务单

一、实训指南
观看微课视频——预操作练习——听课（老师讲解、示范）——再操作——完成实训任务单
二、实训内容
PVC 线管布线

续表

三、实训工具
PVC 线管、管接头、管卡、弯管器、穿线器、螺丝刀、螺钉、钢锯、标签
四、实训步骤
1. 绘制施工图 2. 列出材料清单 3. 准备材料和工具 4. 安装管卡 5. 安装 PVC 线管 6. 穿线
五、实训思考
（1）PVC 线管的安装要求有哪些？ （2）简述 PVC 线管的尺寸及其容纳的线缆。

实训 4　PVC 线槽布线

扫码观看 PVC 线槽布线微课视频。

1. 实训目的

（1）通过配线子系统布线路径和距离的设计，熟练掌握配线子系统的设计。

（2）通过线槽的安装和穿线等，熟练掌握配线子系统的施工方法。

（3）通过核算、列表、领取材料和工具，训练规范施工的能力。

2. 实训要求

（1）设计一种配线子系统的布线路径和方式，并且绘制施工图。

（2）按照设计图核算实训材料的规格和数量，掌握工程材料的核算方法，并列出材料清单。

（3）按照设计图准备实训工具，列出实训工具清单，独立领取实训材料和工具。

（4）独立完成配线子系统线槽安装和布线，掌握 PVC 线槽、盖板、阴角、阳角、三通的安装方法和技巧。

3. 实训材料和工具

（1）宽度为 20mm 或 40mm 的 PVC 线槽、盖板、阴角、阳角、三通若干。

（2）电动起子、十字头螺丝刀、M6×16 十字头螺钉，如图 5.17 所示。

（3）登高梯子、编号标签。

图 5.17　实训所需部分材料和工具

4. 实训步骤

（1）使用 PVC 线槽设计一种从信息点到楼层机柜的配线子系统，并且绘制施工图。3～4 个人成立一个项目组，选举项目负责人，每人设计一种配线子系统布线图，并且绘制图纸。项目负责人指定一种设计方案进行实训。

（2）按照设计图核算实训材料的规格和数量，掌握工程材料的核算方法，并列出材料清单。

（3）按照设计图需要列出实训工具清单，并领取实训材料和工具。

（4）量好线槽的长度，然后使用电动起子在线槽上开 8mm 的孔，如图 5.18 所示。孔的位置必须与实训装置安装孔对应，每段线槽至少开两个安装孔。

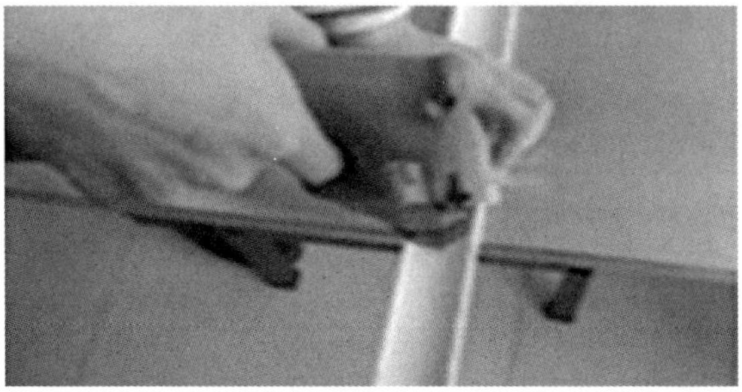

图 5.18　开孔

（5）用 M6×16 十字头螺钉把线槽固定在实训装置上，如图 5.19 所示。拐弯处必须使用专用接头，如阴角、阳角、弯头、三通等，不宜用线槽制作。

图 5.19　固定线槽

（6）在线槽内布线，边布线边装盖板，如图 5.20 所示。

（7）布线和装盖板完成后，必须做好线标。

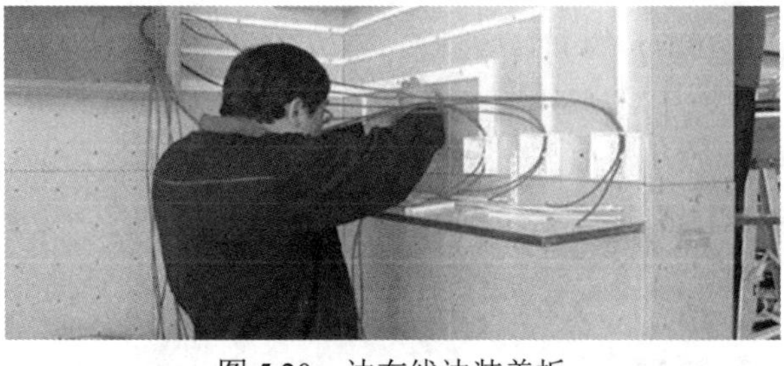

图 5.20　边布线边装盖板

实训任务单

一、实训指南
观看微课视频——预操作练习——听课（老师讲解、示范）——再操作——完成实训任务单
二、实训内容
PVC 线槽布线
三、实训工具
PVC 线槽、盖板、阴角、阳角、三通、电动起子、螺丝刀、螺钉、标签
四、实训步骤
1．绘制图纸 2．列出材料清单 3．准备材料和工具 4．量线槽尺寸并开孔 5．安装线槽 6．布线并装盖板 7．做线标
五、实训思考
（1）简述线槽安装有哪些要求。 （2）简述阴角和阳角的概念及连接方法。 （3）思考线标如何进行设计。

实训 5　综合布线工程验收实训

1．实训目的

掌握现场验收的内容和过程，掌握验收文档的内容。

2．实训内容

由教师带领监理员、项目经理、布线工程师对工程施工质量进行现场验收，对技术文档进行审核验收。

3．实训步骤

1）现场验收

（1）工作区验收。

① 线槽走向、布线是否美观、大方、符合规范。

② 信息插座是否按规范进行安装。

③ 信息插座的安装是否做到了一样高、平、牢固。

④ 信息面板是否固定牢固。

⑤ 标志是否齐全。

（2）配线子系统验收。

① 槽安装是否符合规范。

② 槽与槽、槽与槽盖是否接合良好。

③ 托架、吊杆是否安装牢固。

④ 配线子系统与干线子系统、工作区的交接处是否出现了裸线，有没有按规范去做。

⑤ 配线子系统槽内的线缆有没有固定。

⑥ 接地是否正确。

（3）干线子系统验收。干线子系统的验收除类似于配线子系统的验收内容外，还要检查楼层与楼层之间的洞口是否封闭，以防火灾出现时成为一个隐患点；线缆是否按间隔要求固定；拐弯线缆是否留有弧度。

（4）电信间、设备间验收。

① 检查机柜安装的位置是否正确，规格、型号、外观是否符合要求。

② 跳线制作是否规范，配线面板的接线是否美观、整洁。

（5）线缆布放。

① 线缆规格、路由是否正确。

② 对线缆的标号是否正确。

③ 线缆拐弯处是否符合规范。

④ 竖井的线槽、线是否固定牢固。

⑤ 是否存在裸线。

⑥ 竖井层与楼层之间是否采取了防火措施。

（6）架空布线。

① 架设竖杆的位置是否正确。

② 吊线规格、垂度、高度是否符合要求。

③ 卡挂钩的间隔是否符合要求。

（7）管道布线。

① 使用管孔、管孔位置是否合适。

② 线缆规格。

③ 线缆走向路由。

④ 防护设施。

2）技术文档验收

（1）FLUKE 的 UTP 认证测试报告（电子文档即可）。

（2）网络拓扑结构图。

（3）综合布线材料清单表。

（4）综合布线施工图。

（5）信息点端口对应表。

（6）项目竣工总结报告。

实训任务单

一、实训指南
预习——听课（老师讲解、示范）——操作——完成实训任务单
二、实训内容
综合布线工程验收实训

续表

三、实训工具
测试仪等
四、实训步骤
1. 工作区验收 2. 配线子系统验收 3. 干线子系统验收 4. 电信间、设备间验收 5. 线缆布放 6. 架空布线 7. 管道布线 8. 技术文档验收
五、实训思考
(1) 简述各个子系统的验收标准。 (2) 简述验收的技术文档有哪些。

思考与练习

一、选择题

1. 墙面信息插座离地面的高度一般为（　　）。

   A. 10cm　　B. 20cm

   C. 30cm　　D. 40cm

2. 干线子系统的设计范围包括（　　）。

   A. 电信间与设备间之间的电缆

   B. 信息插座与电信间、配线架之间的连接电缆

   C. 设备间与网络引入口之间的连接电缆

   D. 主设备间与计算机主机房之间的连接电缆

3. 安装在商业大楼内的桥架必须具有足够的支撑能力，（　　）的设计是为了从下方支撑桥架。

   A. 吊架　　B. 吊杆

   C. 支撑架　　D. J 形钩

4. 在光纤连接的过程中，主要有（　　）连接器。

   A. SE 和 BNC　　B. SC 和 BNC

   C. ST 和 BNC　　D. ST 和 SC

5. 工程施工结束时的总结材料不包括（　　）。

   A. 开工报告　　B. 布线工程图

   C. 设计报告　　D. 测试报告

6．下列有关认证测试模型的类型，错误的是（　　）。

A．基本链路模型　　B．永久链路模型

C．通道模型　　D．虚拟链路模型

7．用双绞线敷设配线子系统时，配线子系统的最大长度为（　　）。

A．55m　　B．90m

C．100m　　D．110m

8．下列哪项不属于施工质量管理的内容。（　　）

A．施工图的规范化和制图的质量标准

B．技术标准和规范管理

C．系统验收的步骤和方法

D．系统运行的参数统计和质量分析

二、简答题

1．常采用的招标方式有哪 3 种形式？简述其适用场合及各自的优点和缺点。

2．简述评标的内容和方法，以及如何保障评标的公正性。

3．在施工过程中是否需要安排一些检测？可否留待施工结束后再做验收测试？

4．布线系统认证测试需要测试哪些参数？

5．综合布线工程验收的依据是什么？

第 6 章

校园网络布线设计与实现

6.1 项目引入

某高校经过长期发展，规模和实力有了显著的提升，为提高工作效率，方便教职工和学生的工作与学习，决定全面实施数字化校园工程。

数字化校园应用平台建设是以网络平台和共享型教学资源管理服务平台建设及其功能开发为基础的，应用网络技术和多媒体技术，对教学资源、科研信息、综合管理、技术服务、生活服务等信息进行收集、处理、整合、存储、制作、传输和应用，使数字资源得到充分优化、利用的一种数字化虚拟教育环境。

6.2 项目准备

6.2.1 校园网信息化需求

是否在学校采用最先进的信息与传播技术是一个有决定性意义的问题，并且学校应该处于影响整个社会深刻变革的中心地位。

随着计算机多媒体和网络技术的不断发展与普及，校园网信息系统的建设是非常有必要的，也是可行的。这主要表现在以下几个方面：

（1）当前校园网信息系统已经发展到了与校际互联、国际互联、静态资源共享、动态信息发布、远程教学和协作工作的阶段，发展对学校教育现代化的建设提出了越来越高的要求。

（2）教育信息量的不断增多，使各级、各类学校、家庭和教育管理部门对教育信息计算机管理和教育信息服务的要求越来越强烈。个人是否具有获得信息和处理信息的能力，对学生能否成功进入职业界和融入社会及文化环境来说都是一个决定性的因素，因此学校应该培养所有学生都具有驾驭和掌握这种技术的能力。另外，信息技术在作为青少年教育工具的同时也向青少年提供了前所未有的机会。新技术提供的机会及其在教学方面具有的优势都是非常多的，特别是计算机和多媒体系统的使用，有助于提供个性化发展方向，使每个学生在学习的道路上都可以按照自己的速度前进。

（3）我国各级教育研究部门、软件开发单位、教学设备供应商和各级学校不断开发、提供了各种在网络上运行的软件及多媒体系统，并且越来越形象化、实用化，这就迫切需要网络环境。

（4）现代教育改革的需要。在校园网中将计算机引入教学的各个环节，引起了教学方法、教学手段和教学工具的重大革新，这对提高教学质量、推动我国教育现代化的发展起着不可估量的作用。网络又为学校的管理者和老师提供了获取资源、协同工作的有效途径。毫无疑问，校园网是学校提高管理水平和工作效率、改善教学质量的有力手段，是解决信息时代教育问题的基本工具。

（5）随着经济的发展，我国各级政府对教育的投入力度不断加大；计算机技术的飞速发展，使相应产品的价格不断下降；同时，人们的认知水平和经济实力也在不断提高。大量计算机进入学校和家庭，使得计算机应用于教育信息管理和信息服务是完全可行的。

Internet 在学校中的应用越来越普遍，也越来越普及。据统计，美国建设了校园内部信息网络并与 Internet 联通的学校比例高达 90%以上，国内的主要大学也已经建成或正在建设自己学校的内部信息网络。目前，中国相当多的学校都已经建成了自己的内部信息网络。随着校园网络的成功建设，必将给学校的管理部门、各级行政部门及学校的教育科研带来积极的影响，提高学校的教学科研水平、管理水平和工作效率，极大地提高学校的知名度。

6.2.2 数字化校园

覆盖全面、应用深入、高校稳定、安全可靠的数字化校园，要求消除信息孤岛和应用孤岛，建立校级统一信息系统，实现部门间高效率工作流程，为校园的各项服务管理工作和广大教职工提供无所不在的一站式服务。

通过实现从环境（包括设备、教室等）、资源（如图书、讲义、课件等）到应用（包括教、学、管理、服务、办公等）的全部数字化，在传统校园的基础上构建一个数字空间，以拓展现实校园的时间和空间维度，提升传统校园的运行效率，扩展传统校园的业务功能，最终实现教育过程的全面信息化，从而达到提高教学管理水平和效率的目的。

6.2.3 校园网中综合布线的互连设备

综合布线的主要作用是将各种网络设备和终端连接在一起，其中网络设备主要有以下几类。

1. 中继器

信号在网络媒体上传输时会因损耗而发生衰减，衰减到一定程度便会导致信号失真，因此需要一个能够连续检测放大信号的底层连接设备，这就是中继器。中继器直接连接在电缆上，驱动电流传送，无须了解帧格式和物理地址，随时传递帧信息。因此，中继器就是一个物理层的硬件设备。

2. 集线器

集线器是一种特殊的中继器，不同之处在于集线器是多端口的，可使连接的网络之间互不干扰，当一条线路或一个节点出现故障时，不会影响其他线路的正常工作。目前主流的集线器带宽主要有 10Mbit/s、10/100Mbit/s 自适应型和 100Mbit/s 3 种，端口主要有 8 口、16 口和 24 口等。

3. 网卡

网卡是计算机与网络相连的接口设备。网卡可以接收并拆分网络传入的数据包，组装并传送计算机传出的数据包，转化并行与串行数据，产生网络信号，利用缓存区对数据进行缓存和存取控制。在接收数据时，网卡识别数据头字段中的目的地址，依据驱动器程序设置的标准判断该数据是否合法。若数据满足接收条件，则为合法，并向 CPU 发出中断信号；若目的地址为禁止状态，则丢弃数据包。CPU 收到中断信号后产生中断，由操作系统调用程序接收并处理数据。新型的网卡采用并行机制，在确定帧地址后即开始转发数据，当网卡读完第一数据帧的最后字节后，CPU 就开始处理中断并转移数据。

4. 网桥

网桥同中继器一样，是连接两个网络的设备，用于扩展局域网，可以将地理位置分散或类型互异的局域网互联，也可以将一个大的单一局域网分割为多个局域网。网桥的特殊之处在于内部的逻辑电路可以随机监听网络信息并控制网络通信量，不会转发干扰信息，从而保证了整个网络的安全。网桥是数据链路层的存储转发设备，由于数据链路层分为逻辑链路控制层（LLC）和媒体访问控制层（MAC）两个子层，而网桥工作在 MAC 子层，因此其连接的网络必须在 LLC 子层以上使用相同的协议。

5. 交换机

交换机也被称为交换式集线器，它的外观类似于多端口的集线器，每个端口连接一台计算机，负责在通信网络中进行信息交换。交换机与集线器存在许多不同的特性。首先，集线器工作在 OSI（开放式系统互联通信参考模型）的第 1 层（物理层），而交换机工作在 OSI 的第 2 层（数据链路层）。其次，在工作方式上，集线器采用广播方式发送信号，很容易产生网络风暴，对规模较大的网络的性能有很大的影响；而交换机工作时，只在源计算机和目的计算机之间互相作用，而不影响其他计算机，当目的计算机不在地址表中时才采用广播方式转发数据，并在数据到达目的地后及时扩展自身的原有地址表，因此能够在一定程度上隔离冲突，有效防止网络风暴的产生。

6. 路由器

路由器是在网络层实现互联的设备，能够对分组信息进行存储转发。路由器需要确定分组从一个网络到任意目的网络的最佳路径，因此具有协议转换和路由选择功能。路由器不关心所连接网络的硬件设备，但要求运行软件要与网络层协议一致，因此多用于异种网络互联和多个同构网络互联。

路由器为了实现最佳路由选择和有效传送分组，必须能够选择最佳的路由算法。路由表的存在支持了路由器的这种功能，路由表中保存了各条路径的各种信息，供路由选择时使用，包括所连接的各个网络的地址、整个网络系统中的路由器数目和下一个路由器的 IP 地址等。路由表可以在系统构建时根据配置预先由管理员设定，在系统运行过程中不会改变，也可以由路由器在路由协议的支持下根据系统运行状况自动调整，计算最佳路径。

7. 防火墙

网络互联使资源共享成为可能，但共享的数据可能是机密，也可能是危险的病毒，这就需要一种技术或设备，使进入网络的数据都是必要的，而输出的数据不会有安全隐患，防火墙正是这样一种设备。防火墙的名字形象地体现了它的功能，传统的防火墙是在两个区域之间设置的关卡，起隔离或阻隔的作用；而网络中的防火墙则被安装在受保护的内部网络与外部网络的连接点上，负责检测过往的数据，将不安全的数据拦截下来，只允许那些合法的、安全的数据通过。

6.3　任务 1——校园网络布线需求分析

6.3.1　设计目标

某职业学院校园网工程建设将达到以下目标：

（1）构架千兆校园网主干线路，实现新综合教学楼、教学楼、办公楼、实验楼、餐厅、学生宿舍楼、家属楼群的互连。

（2）每个教室、实验室、办公室、家属楼、宿舍均可实现 100Mbit/s 的校园网接入，实现信息资源的充分共享。学校领导、老师、学生可以随时随地进入校园网，获取校园网信息。

（3）校园网将采用 10Mbit/s 光纤接入中国电信网络。

（4）校园网将设置 WWW 服务、FTP 服务、E-mail 服务和 VOD 服务。

（5）校园网必须安装内容过滤器，以过滤网站不良信息。

（6）校园网将建立一个 OA 系统，以便于学校无纸化办公。

（7）校园网将构建一个完整的网络防毒系统，以有效地杜绝病毒的传播。

（8）校园网必须能进行全网的智能化管理，使系统管理员能够方便、高效地实现网络管理。

（9）校园网的建设必须为以后的网络建设预留发展和扩容的空间。

（10）要求全网的交换机设备必须采用同一厂家的产品，服务器也统一品牌。全网综合布线产品必须全部统一。

6.3.2 校园网网络拓扑结构

对校园网的结构进行具体分析之后得出，网络中心应设在新综合教学楼六楼，因此各家属楼、教学楼、办公楼、实验楼、餐厅、学生宿舍楼的核心交换机将采用百兆可控网管型交换机接入。同时，各家属楼、教学楼、办公楼、实验楼、餐厅、学生宿舍楼配置百兆交换机连接到核心交换机上。对于核心机房，也就是网络中心，要求全部铺设防静电地板并做好接地和防雷措施。除此之外，还应安装一台 10kVA 的 UPS 备用电源及两个 4 小时的后备电池作为停电之需。整个校园网的网络拓扑结构图如图 6.1 所示。

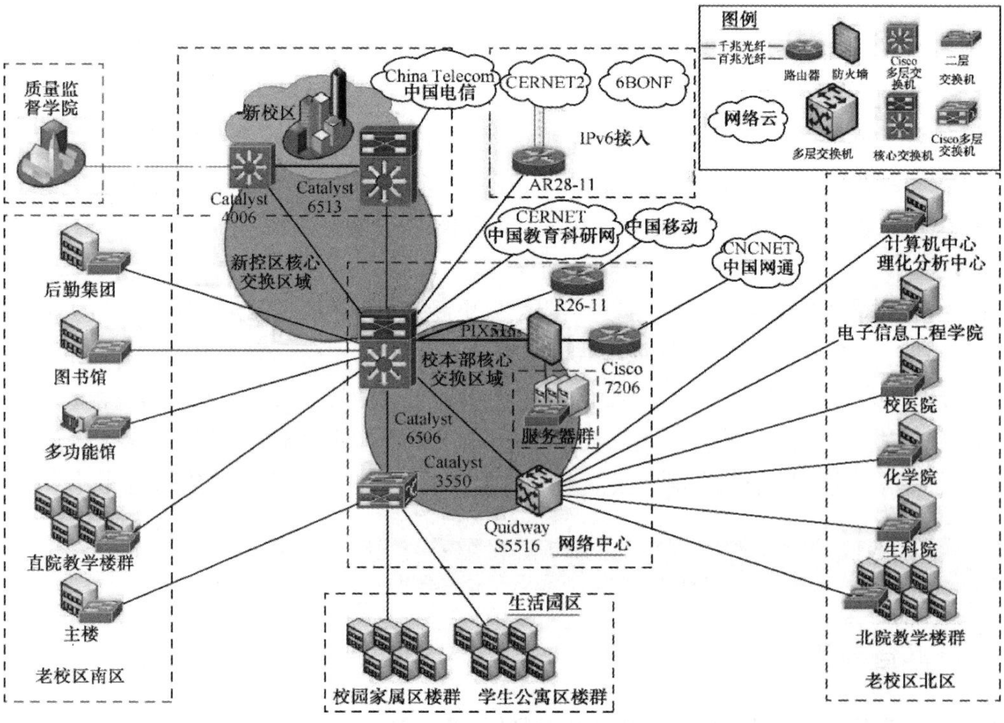

图 6.1　某职业学院校园网的网络拓扑结构图

6.3.3 校园网信息点分布说明

校园网信息点数概略表如表 6.1 所示。

表 6.1 校园网信息点数概略表

楼　名	光纤配线架（个）	铜缆配线架（个）
家属楼	1	1
新综合教学楼	1	2
教学楼	1	2
办公楼	1	2
实验楼	1	2
合计	5	9

6.3.4 新综合教学楼信息点分布说明

新综合教学楼信息点分布表如表 6.2 所示。

表 6.2 新综合教学楼信息点分布表

楼　名	层　数（层）	信　息　点（个）
新综合教学楼	1	7
	2	17
	3	19
	4	17
	5	17
	6	18
合计	6	95

6.4 任务 2——校园网络防雷接地设计

校园网中有大量的线路布放在室外，因此防雷接地对网络的安全起到很重要的作用，所以在校园网中需要重视防雷接地工程的设计与施工问题。

6.4.1 设计依据及原则

1. 设计依据

（1）《建筑物防雷设计规范》(BG 50057—2010)。

（2）《电子计算机机房设计规范》(GB 50174—2017)。

（3）《民用建筑电器设计规范》(JGJ 16—2008)。

（4）《计算站场地安全要求》(GB 9361—2011)。

2. 设计原则

综合布线系统机房和设备的接地，按不同作用分为工作接地、保护接地、重复接地、静电接地、直流工作接地和防雷接地等。各种接地的设计原则如下。

1）工作接地

在工作或事故情况下，保证电器设备可靠运行，降低人体接触电压，迅速切除故障设备或线路，降低设备和输电线路的绝缘水平。

2）保护接地

在中性点不接地系统中，如果电器设备没有保护接地，那么当该设备某处绝缘损坏时，外壳将带电，同时由于线路与大地间存在电容，人体触及此绝缘损坏的电器设备外壳时，电流流入人体形成通路，从而使人遭受触电的危险。设有接地装置后，接地电流将同时沿着接地体和人体两条通路流过，接地体电阻越小，流过人体的电流越小。

3）重复接地

将零线上的多点与大地多次做金属性连接，称为重复接地。在中性点直接接地系统中，当发生破坏或接地短路时，可以降低对地电压；当零线发生断裂时，可以使故障的危害程度减轻。

4）静电接地

设备移动或物体在管道中移动，会因摩擦而产生静电，并客观聚集在管道、容器等设备上，形成高电位，对人身安全及设备产生危害。静电接地后，静电一旦产生，就会导入大地中，从而避免其聚集的可能性。

5）直流工作接地

播出设备及一切电子设备都采用大规模集成电路，工作于较低的直流电压下，为使同一系统的设备的工作电路具有同一“电位”参考点，将所有设备的“零”电位点接于一接地装置上，可以稳定电路的电位，称为直流工作接地。

6）防雷接地

为使雷电浪涌电流泄入大地，使被保护设备免遭直击雷或感应雷等浪涌过电压、过电流的危害，所有建筑物电气设备、线路、网络等不带电金属部分，如金属护套、避雷器及一切水、气管道等均应与防雷接地装置做金属性连接。防雷接地装置包括避雷针、带、线、网、接地引下线、接地引入线、接地汇集线、接地体等。

6.4.2 接地保护

综合布线电缆和相关连接硬件接地是提高应用系统可靠性、抑制噪声、保障安全的重要手段。因此，设计人员、施工人员在进行布线设计施工前，都必须对所有设备，特别是应用系统设备的接地要求进行认真研究，弄清接地要求及各类地线之间的关系。如果接地系统处理不当，那么将会影响系统设备的稳定性，引起故障，甚至会烧毁系统设备，危害操作人员的生命安全。

1. 机房独立接地要求

根据《数据中心设计规范》（GB 50174—2017）中对接地的要求，交流工作接地、安全保护接地、防雷保护接地的接地电阻应≤4Ω，本设计方案的接地电阻≤2Ω，以提高安全性和可靠性。机房设独立接地网，要求接地桩距离大楼基础钢筋 15～20m。

2. 机房接地系统

机房接地系统是消除公共阻抗的耦合，防止寄生电容耦合的干扰，保护设备和人员的安全，保证计算机系统稳定、可靠地运行的重要措施。将接地与屏蔽正确地结合起来，是最经济且效果最显著的一种抗干扰设计。因此，为了保证计算机系统安全、稳定、可靠地运行，保证设备及人身安全，针对不同类型的计算机的不同要求，应设计出相应的接地系统。

3. 线路防护

进入建筑物的所有线路必须安装电涌保护器，低压配电线路应设计三级保护。技术参数如下：

- SPD1。选用 I 级分类试验冲击电流 limp，通过幅值电流不小于 35kA（10/350μs），残压小于 4kV。
- SPD2。选用标称放电电流不小于 15kA（8/20μs），残压小于 1.5kV。
- SPD3。选用标称放电电流不小于 3.5kA（8/20μs），残压小于 1.2kV。

4. 产品验收

所有产品必须具有国家相关部级质检机构出具的检验报告。

6.5　任务 3——校园光纤布线设计与施工

6.5.1　工程设计的原则和内容

1. 设计原则

- 工程设计必须贯彻执行国家基本建设方针和通信技术经济政策。
- 工程设计必须保证通信质量，做到技术先进、经济合理、安全适用，能够满足施工、运营和使用的要求。
- 设计中应进行多方案比较，兼顾近期与远期通信发展的需求，合理利用已有的网络设施和装备，以保证建设项目的经济效益，不断降低工程造价和维护费用。
- 设计工作必须执行科技进步的方针，广泛采用适合我国国情的国内外成熟先进技术。

2. 设计内容

1）敷设保护措施

光缆接头盒必须安装在人孔或手孔中常年积水水位以上的位置，并采取保护托架或其他方法承托和固定。

人孔或手孔中的光缆应采用塑料软管保护并绑扎在电缆托板上，同时采用醒目的标志，以便识别光缆编号、用途和规格等内容。

2）机房内光缆

机房内光缆一般从局前人孔经地下室引至光端机。机房内路由复杂，应采取人工布放，上下楼道及每个转弯处，应有专人指挥牵引，保持光缆呈松弛状态，避免打小圈和死弯现象出现。预留在光端机侧的光缆盘成缆圈后，固定在电缆进线室或光端机室内。

3）光缆预留长度

敷设方式分为直埋、管道和架空，要求自然弯曲增加长度分别为 7m/km、5m/km、7～10m/km。人孔内弯曲增加长度为每个人孔 1m，杆上预留长度为 0.2m，接头每侧预留长度为 10～15m，设备每侧预留长度为 15～20m。

6.5.2　光传输的设计

光传输再生段距离由光纤衰减和色散等因素决定。不同的系统，由于各种因素的影响程度不同，再生段距离的设计方式也不同。在实际的工程应用中，设计方式分为两种：一种是衰减受限系统，即再生段距离由 S 点和 R 点之间的光通道衰减决定；另一种是色散受限系统，即再生段距离由 S 点和 R 点之间的光通道色散决定。以上主要针对长途光缆和多中继光缆的传输设计考虑。

1. 敷设环境和条件

光缆的外护层要达到阻水、防潮、耐腐蚀的要求，对鼠咬或白蚁啃噬严重的地方要采用金属带皱纹纵包或尼龙护套层加以保护。

2. 光纤类型选用

对于单模光纤，我们推荐使用 G.652 光纤（非色散位移光纤），这种光纤均可使用于 1310nm 和 1550nm 窗口工作。在 1310nm 波长区工作时，理论色散为零；在 1550nm 波长区工作时，传输损耗最低，但色散系数较大。这种光纤主要应用在长距离 622Mbit/s 及其以下系统通信。对于多模光纤，我们推荐使用普通中心束管轻铠式光缆，主要应用在 850nm 波长区及 1310nm 波长区近距离 1.0Gbit/s 及其以下系统通信。

6.5.3 光缆选型

1. 局域网（LAN）光缆

（1）室内外并用光缆系列：采用紧密填充的设计，可以安装在托盘上、管道里或悬装于架空缆线上，完全适用于室外或室内的干线电缆安装。而且该系列光缆采用防火、防紫外线（UV）护套，其结构坚固而柔软，便于机房安装。室内外并用光缆能够采用多模、单模或两者混合结构，并且有 1～144 根光纤芯数供用户选择。

（2）室外光缆系列：室外光缆设计的最高水平，配备防水设计的缆芯和缆管及防紫外线护套。这种结构设计使光缆直径最小，光纤芯数可为 1～144 根。此光缆系列实为应用于建筑物间的干线或广域网的连接线的最佳选择。

2. 光纤传输介质的品牌选取

所选用的光纤传输介质应严格遵循设计标准：IEEE 802 标准、EIA/TIA 568 工业标准及国际商务建筑布线标准、ISO/IEC 11801 标准。

根据以上对光纤传输介质的选用要求，应该选择知名品牌的产品。在室外要选用专用的室外光缆，它由钢带包裹双钢丝加强，可以减少机械损伤，防止鼠咬，且应具有以下特点：

- 具备 UL/CUL 认证。
- 符合 ISO/IEC 11801、EN 50173、EN 50167、EN 50169 和 EIA/TIA 568 的规定。
- 符合更加严格的 EMC 的 EN 55032:2012 标准。
- 全部线缆都符合标准且在正常情况下运行状况优良。
- 具备 3P/SGS 认证。
- 传输速率高。
- 均提供线缆色标标签。
- PVC 型。阻燃，符合 IEC 332—1 标准。
- FRPE 型（LSFROH）。低烟，符合 IEC 1034 标准；阻燃，符合 IEC 332—3 标准；无卤，符合 IEC 754—1 标准。

3. 信号传输部件

信号传输部件和传输介质附件宜选用和光缆品牌相同的部件。

6.5.4 光缆布线

1. 主干光缆布线方法

建筑物主干光缆通常在竖井中敷设，有两种方法可供选择：

- 向下垂放。

- 向上牵引。

在一般情况下，向下垂放较向上牵引容易一些。

向下垂放光缆的步骤如下：

（1）将光缆卷轴安放在离建筑层槽孔 1～1.5m 处，固定卷轴，确保光缆卷轴在整个施工过程中都是垂直的。放置卷轴时要使光缆的末端处在顶部位置，然后从卷轴顶部牵引光缆。

（2）转动光缆卷轴并将光缆从其顶部牵出。在对光缆进行牵引时必须保证不超过最小弯曲半径和最大张力。

（3）将光缆引至槽孔中。如果是一个小孔，则首先需要安装一个塑料导向板，其作用是防止光缆与混凝土边缘产生摩擦而导致光缆损坏。如果下放光缆的开孔较大，则在孔的中心安装一个滑车轮，然后把光缆拉出并绕到车轮上去。

（4）将光缆卷轴上的光缆缓慢地向下牵引，直到下一层的施工人员能将光缆引至下一个槽孔中为止。

2. 建筑群光缆布线方法

建筑群光缆布线有 3 种方法：

- 地下管道敷设，即在地下管道中敷设光缆。
- 直接在地下掩埋敷设。
- 架空敷设，即在空中从电线杆到电线杆敷设光缆。

在上述 3 种方法中，以地下管道敷设为最好，也是被广泛使用的一种方法。

3. 光缆敷设施工的技术要求

（1）在光缆敷设过程中，光缆最小转弯半径为 20cm，防止光缆打结，特别是打死结。

（2）在光缆敷设过程中，人力牵引或机械牵引的径向牵引力需小于 100kg，并且受力在外包装胶层或钢丝上。距离较长时应分段多处同时牵引。

（3）在光缆敷设过程中，避免操作光缆胶层，防止汽车等重物横向碾压。

（4）光缆敷设到达所指定的配线柜后，应再留 10～15m 的余量，以方便接续工作。

（5）光缆在电缆槽中敷设时，要和已有线缆平行，不得与其他线缆扭绞在一起。

（6）在光缆进入配线间时，应注意管道的进口或出口处的边缘是否平滑，并用套管加以保护。

（7）光缆由建筑物的电缆竖井进入配线间，在竖井中敷设光缆时，为了减少光缆上的负荷，应隔一定的间隔用缆夹或缆带将光缆扣在桥架或垂直线槽上。用缆带固定光缆的步骤如下：

① 用所选的缆带，由光缆的顶部开始固定，将主干光缆扣在垂直线槽上。

② 由上而下，在指定的间隔（约定 2m）位置上安装缆带，直到主干光缆被牢固地扣住。

③ 在光缆通道中将光缆插入预留孔的套筒中，待光缆被固定后，用水泥将预留孔填满；如果是大孔，则应将其中的光缆松弛地捆起来。

④ 光缆的端接在挂墙式的光缆接线盒中进行，主干光缆由光缆接线盒的入线孔进入，用光缆夹将其完全固定，不能使其松动。剥出纤芯的长度以 1m 为限。待熔接完成后，将纤芯按顺序排列在光缆接线盒的绕线盘中。在盘绕时，一定要注意纤芯的弯曲半径。将纤芯排好后，要按色标和序号在尾纤上标明标签。

6.6 综合布线系统工程概/预算

综合布线系统工程概/预算是综合布线系统工程设计环节的一部分，对综合布线系统工程的造价估算和投标估价及后期的工程决算都有很大的影响。

根据工程技术要求及规模容量，需要先设计并绘制出施工图纸。按施工图纸统计工程量并乘以相应的定额，即可概/预算出工程的总体造价，此过程即综合布线系统工程的概/预算。统计工程量时，尽量要与概/预算定额的分部、分项工程定额子项目划分相一致，按标准化要求进行统计，以便采用计算机编制概/预算。

6.6.1 综合布线系统工程概/预算概述

建设工程的概/预算是对工程造价进行控制的主要依据，它包括设计概算和施工图预算。设计概算是设计文件的重要组成部分，应严格按照批准的可行性研究报告和其他有关文件进行编制。施工图预算则是施工图设计文件的重要组成部分，应在批准的初步设计概算范围内进行编制。

概/预算必须由持有勘察设计证书的单位编制。同样，其编制人员也必须持有信息工程概/预算资格证书。

综合布线系统工程概/预算的编制办法原则上参考通信建设工程概算、预算的编制办法，并应根据工程的特点和其他要求，结合工程所在地区，按地区（计委）建委颁发的有关工程概算、预算定额和费用定额相关规定编制工程概/预算。如果按通信定额编制综合布线系统工程概/预算，则参照《信息通信建设工程费用定额》要求进行。

1. 概算的作用

- 概算是确定和控制固定资产投资、编制和安排投资计划、控制施工图预算的主要依据。
- 概算是签订建设项目总承包合同、实行投资包干及核定贷款额度的主要依据。
- 概算是考核工程设计技术经济合理性和工程造价的主要依据之一。
- 概算是筹备设备、材料和签订订货合同的主要依据。
- 概算在工程招标承包制中是确定标底的主要依据。

2. 预算的作用

- 预算是考核工程成本、确定工程造价的主要依据。
- 预算是签订工程承、发包合同的依据。
- 预算是工程价款结算的主要依据。
- 预算是考核施工图设计技术经济合理性的主要依据之一。

3. 概算的编制依据

- 批准的可行性研究报告。
- 初步设计图纸及有关资料。
- 国家相关管理部门发布的有关法律、法规、标准规范。
- 《信息通信建设工程预算定额》（目前信息通信工程用预算定额代替概算定额编制概算）、《信息通信建设工程费用定额》及其有关文件。
- 建设项目所在地政府发布的土地征用和补偿费用等有关规定。
- 有关合同、协议等。

4. 预算的编制依据

- 批准的初步设计概算或可行性研究报告及有关文件。
- 施工图、标准图、通用图及其编制说明。
- 国家相关管理部门发布的有关法律、法规、标准规范。
- 《信息通信建设工程预算定额》、《信息通信建设工程费用定额》及其有关文件。

- 建设项目所在地政府发布的土地征用和赔偿费用等有关规定。
- 有关合同、协议等。

5. **设计概算由编制说明和概算表组成**

（1）编制说明包括以下内容：

- 工程概况、概算总价值。
- 编制依据及采用的取费标准和计算方法的说明。
- 工程技术经济指标分析，主要分析各项投资的比例和费用构成，分析投资情况，说明设计的经济合理性及编制中存在的问题。
- 其他需要说明的问题。

（2）概算表。

6. **施工图预算由编制说明和预算表组成**

（1）编制说明包括以下内容：

- 工程概况、预算总价值。
- 编制依据及采用的取费标准和计算方法的说明。
- 工程技术经济指标分析。
- 其他需要说明的问题。

（2）预算表。

6.6.2 综合布线系统工程的工程量计算

1. **工程量计算要求**

（1）工程量的计算应按工程量计算规则进行，如工程量项目的划分、计量单位的取定、有关系数的调整换算等。

（2）无论是初步设计，还是施工图设计，都要依据设计图纸计算工程量。

（3）工程量的计算方法各不相同，而我们要求从事概/预算的人员在总结经验的基础上，找出工程量计算中影响预算及时性和准确性的主要矛盾，同时还要分析工程量计算中各个分项工程量之间的共性和个性关系，然后运用合理的方法加以解决。

2. **计算工程量应注意的问题**

（1）熟悉图纸。要想及时地计算出工程量，就要熟悉图纸，看懂有关文字说明，明确施工现场的有关问题。

（2）正确划分项目和选用计量单位。所划分的项目和项目排列的顺序及选用的计量单位应与定额的规定完全一致。

（3）计算中采用的尺寸要符合图纸的要求。

（4）工程量应以安装就位的净值为准，用料数量不能作为工程量。

（5）对于小型建筑物和构筑物，可另行单独规定计算规则或估列工程量和费用。

3. **工程量计算的顺序**

（1）顺时针计算法，即从施工图纸右上角开始，按顺时针方向逐步计算，但一般不采用。

（2）横竖计算法，也称坐标法，即以图纸的轴线或坐标为工具，分别从左到右或从上到下逐步计算。

（3）编号计算法，即按图纸上注明的编号分类进行计算，然后汇总同类工程量。

6.6.3 综合布线系统工程概/预算的编制

1. 概/预算的编制步骤

（1）收集资料，熟悉图纸。

（2）计算工程量。

（3）套用定额，选用价格。

（4）计算各项费用。

（5）复核。

（6）写编制说明。

（7）审核出版。

2. 进口设备安装工程概/预算的编制

进口设备安装工程的概/预算除应包括《信息通信建设工程费用定额 信息通信建设工程概预算编制规程》规定的费用外，还应包括关税等国家规定应计取的其他费用，其计取标准应参照相关部门的规定。外币表现形式可用美元或进口国货币。

3. 概/预算的审批

（1）设计概算的审批。设计概算由建设单位主管部门审批，必要时可由委托部门审批；设计概算必须经过批准方可作为控制建设项目投资及编制修正概算的依据。设计概算不得突破批准的可行性研究报告投资额，若有突破需求，则由建设单位报原可行性研究报告批准部门审批。

（2）施工图预算的审批。施工图预算应由建设单位审批；施工图预算需要由设计单位修改，由建设单位报主管部门审批。

4. 综合布线系统工程概/预算编制软件

随着计算机的应用和普及，近年来相关技术单位开发出了综合布线系统工程概/预算编制软件。市场上有建筑行业概/预算软件可以引用综合布线内容，也有专门为综合布线系统工程设计的概/预算软件。

6.6.4 综合布线系统工程的预算设计方式

1. 信息通信建设工程费用构成

信息通信建设工程项目总费用由各单项工程项目总费用构成；各单项工程项目总费用由工程费、工程建设其他费、预备费、建设期利息四部分构成。

其中，工程费包含建筑安装工程费（直接费、间接费、利润和销项税额），设备、工器具购置费。

直接费由直接工程费、措施项目费构成，各项费用均为不包括增值税可抵扣进项税额的税前造价，具体内容如下。

（1）直接工程费：指施工过程中耗用的构成工程实体和有助于工程实体形成的各项费用，包括人工费、材料费、机械使用费、仪表使用费。

① 人工费：指直接从事建筑安装工程施工的生产人员开支的各项费用，包括基本工资、工资性补贴、辅助工资、职工福利费、劳动保护费。

② 材料费：指施工工程中实体消耗的原材料、辅助材料、构配件、零件、半成品的费用和周转使用材料的摊销，以及采购材料所发生的费用总和。

③ 机械使用费：是指施工机械作业所发生的机械使用费及机械安拆费。

④ 仪表使用费：是指施工作业所发生的属于固定资产的仪表使用费，包括折旧费、经常

修理费、年检费、人工费。

（2）措施项目费：指为完成工程项目施工，发生于该工程前和施工过程中非工程实体项目的费用，具体内容如下。

① 文明施工费：指施工现场为达到环保要求及文明施工所需要的各项费用。

② 工地器材搬运费：指由工地仓库至施工现场转运器材而发生的费用。

③ 工程干扰费：通信工程由于受市政管理、交通管制、人流密集、输配电实施等影响工效的补偿费用。

④ 工程点交、场地清理费：指按规定编制竣工图及材料、工程点交、施工场地清理等发生的费用。

⑤ 临时设施费：指施工企业为进行工程施工所必须设置的生活和生产用的临时建筑物、构筑物和其他临时设施等费用。

⑥ 工程车辆使用费：指工程施工中接送施工人员、生活用车等（含过路、过桥）费用。

⑦ 夜间施工增加费：指因夜间施工所发生的夜间补助费、夜间施工降效、夜间施工照明设备摊销及照明用电等费用。

⑧ 冬雨季施工增加费：指冬雨季施工时所采取的防冻、保温、防雨、防滑等安全措施及功效降低所增加的费用。

⑨ 生产工具用具使用费：指施工所需的不属于固定资产的工具用具等的购置、摊销、维修费。

⑩ 施工用水、电、蒸汽费：指施工生产过程中使用水、电、蒸汽所发生的费用。

⑪ 特殊地区施工增加费：指在原始森林地区、2000 米以上高原地区、沙漠地区、山区无人值守站、化工区、核工业区等特殊地区施工所增加的费用。

⑫ 已完工程及设备保护费：指竣工验收前，对已完工程及设备进行保护所需的费用。

⑬ 运土费：指工程施工中，需从远离施工地点取土或向外倒运土方所发生的费用。

⑭ 施工队伍调遣费：指因建设工程的需要，应支付施工队伍的调遣费用。

⑮ 大型施工机械调遣费：指大型施工机械调遣所发生的运输费用。

间接费由规费、企业管理费构成，各项费用均为不包含增值税可抵扣进项税额的税前造价。其中，规费指政府和有关部门规定必须缴纳的费用；企业管理费指施工企业组织施工生产和经营管理所需的费用。

利润：指施工企业完成所承包工程获得的盈利。

销项税额：指按国家税法规定应计入建筑安装工程造价的增值税销项税额。

设备、工器具购置费：指根据设计提出的设备（包括必需的备品备件）、仪表、工器具清单，按设备原价、运杂费、采购及保管费、运输保险费和采购代理服务费计算的费用。

另外，在各单项工程项目总费用中，工程建设其他费指应在建设项目的建设投资中开支的固定资产其他费用、无形资产费用和其他资产费用；预备费指在初步设计阶段编制概算时难以预料的工程费用，包括基本预备费和价差预备费；建设期利息指建设项目贷款在建设期内发生并应计入固定资产的贷款利息等财务费用。

2. 信息通信建设工程费用定额及计算规则

1）直接费

（1）直接工程费：

① 人工费=技工费+普工费。

技工费=技工单价（114 元/工日）×概算、预算的技工总工日。

普工费=普工单价（61 元/工日）×概算、预算的普工总工日。

② 材料费=主要材料费+辅助材料费。

主要材料费=材料原价+运杂费+运输保险费+采购及保管费+采购代理服务费。

辅助材料费=主要材料费×辅助材料费费率（见表 6.3）。

表 6.3 辅助材料费费率表

工程专业	计算基础	费率（%）
有线、无线通信设备安装工程	主要材料费	3.0
电源设备安装工程		5.0
通信线路工程		0.3
通信管道工程		0.5

③ 机械使用费=机械台班单价×概算、预算的机械台班量。

④ 仪表使用费=仪表台班单价×概算、预算的仪表台班量。

（2）措施项目费：

① 文明施工费。

② 工地器材搬运费=人工费×工地器材搬运费费率。

③ 工程干扰费=人工费×工程干扰费费率。

④ 工程点交、场地清理费=人工费×工程点交、场地清理费率。

⑤ 临时设施费=人工费×临时设施费费率。

⑥ 工程车辆使用费=人工费×工程车辆使用费费率。

⑦ 夜间施工增加费=人工费×夜间施工增加费费率。

⑧ 冬雨季施工增加费=人工费×冬雨季施工增加费费率。

⑨ 生产工具用具使用费=人工费×生产工具用具使用费费率。

⑩ 施工用水、电、蒸汽费。

⑪ 特殊地区施工增加费=特殊地区补贴金额×总工日。

⑫ 已完工程及设备保护费。

⑬ 运土费=工程量（吨・千米）×运费单价（元/吨・千米）。

⑭ 施工队伍调遣费=单程调遣费定额×调遣人数×2（施工现场与企业的距离在 35km 以内，不计取此费用）。

⑮ 大型施工机械调遣费=调遣用车运价×调遣运距×2。

2）间接费

（1）规费：

① 工程排污费。根据施工所在地政府部门相关规定计算。

② 社会保障费=人工费×社会保障费费率。

③ 住房公积金=人工费×住房公积金费率。

④ 危险作业意外伤害保险费=人工费×危险作业意外伤害保险费费率。

（2）企业管理费=人工费×企业管理费费率。

3）利润

利润=人工费×利润率。

4）销项税额

销项税额=(人工费+乙供主材费+辅材费+机械使用费+仪表使用费+措施费+规费+企业管理费+利润) ×11%+甲供主材费×适用税率。

5）设备、工器具购置费

设备、工器具购置费=设备原价+运杂费+运输保险费+采购及保管费+采购代理服务费。

6）工程建设其他费

7）预备费

预备费=(工程费+工程建设其他费) ×预备费费率。

8）建设期利息

按银行当期利率计算。

6.6.5　建筑与建筑群综合布线系统预算定额参考

1. 安装机架（柜）、机箱

（1）安装电源分配架（柜）、箱。工作内容：开箱检验、清洁搬运、安装固定等。

（2）安装有源综合架（柜）、箱。工作内容：开箱检验、清洁搬运、画线定位、（吊装）柜体就位、固定柜体、安装柜内配套系统、地线连接、清理现场等。

（3）安装无源综合架（柜）、箱。工作内容：开箱检验、清洁搬运、画线定位、安装固定等。

（4）带电更换空气开关、熔断器、增（扩）装子机框。工作内容：开箱检验、安装固定等。

安装电源分配架（柜）、箱定额如表 6.4 所示；安装室内有源综合架（柜）定额如表 6.5 所示；安装室外综合架（柜）定额如表 6.6 所示。

表 6.4　安装电源分配架（柜）、箱定额

定额编号			TSY1－001	TSY1－002	TSY1－003	TSY1－004
项　目			安装电源分配架（柜）、箱			电源分配柜带电更换空气开关、熔断器
			落地式	壁挂式	架顶式	
定额单位			架			个
名　称		单　位	数　量			
人工	技　工	工日	2. 13	1.38	0.60	1.00
	普　工	工日	—	—	—	—
主要材料	加固角钢夹板组	组	2. 02	—	—	—
	熔断器/空开	个	—	—	—	1. 00

表 6.5　安装室内有源综合架（柜）定额

定额编号			TSY1－005	TSY1－006	TSY1－007	TSY1－008	TSY1－009	TSY1－010
项　目			安装室内有源综合架（柜）①		安装室内无源综合架（柜）①		安装室内墙挂/嵌墙式综合机箱①	
			落地式	嵌墙式	落地式	嵌墙式	有源	无源
定额单位			个					
名　称		单　位	数　量					
人工	技　工	工日	1.86	4.05	1.61	2.79	1.20	0.96

续表

名称		单位	数量					
人工	普工	工日	—	—	—	—	—	—
主要材料	加固角钢夹板组	组	2.02	—	2.02	—		
机械								

注：① 定额中安装综合架（柜）适用于各专业的空架、龙门架、混合架、集装架等；安装有源综合架（柜）包含机架内电源子机框的安装。

表 6.6　安装室外综合架（柜）定额

定额编号			TSY1－011	TSY1－012	TSY1－013	TSY1－014	TSY1－015	TSY1－016
项目			安装室外落地式综合架（柜）②③		安装室外架空式综合架（柜）②③	安装室外墙挂/嵌墙式综合机箱		增（扩）装子机框①
			800mm宽以下	800mm宽以上		有源	无源	
定额单位			个					
名称		单位	数量					
人工	技工	工日	2.48	3.72	5.64	1.55	1.28	0.20
	普工	工日	—	—	—	—	—	—
主要材料								
机械	汽车式起重机（5t）	台班	0.20	0.20	0.35			

注：① 增（扩）装子机框定额仅用于非整机型或增装及扩容工程。

② 安装室外落地式综合架（柜）不含砌筑基础；安装室外架空式综合架（柜）含安装站台。

③ 定额中室外综合架（柜）均为有源综合架（柜）。

2. 安装配线架

（1）安装总配线架。工作内容：开箱检验、清洁搬运、安装固定、安装端子板、安装告警信号装置、调整清理等。

（2）安装保安排、试线排。工作内容：开箱检验、清洁搬运、安装固定。

（3）安装 110 配线箱。工作内容：开箱检验、清洁搬运、安装固定、安装端子板、箱内接线、跳线等。

（4）安装数字分配架、光分配架。

安装总配线架定额如表 6.7 所示；安装数字分配架、光分配架定额如表 6.8 所示。

表 6.7　安装总配线架定额

定额编号			TSY1—017	TSY1—018	TSY1—019	TSY1—020	TSY1—021	TSY1—022	TSY1—023
项　目			安装落地式总配线架①						安装 600/600 壁挂式配线架
			240回线以下	480回线以下	1000回线以下	2000回线以下	4000回线以下	6000回线以下	
定额单位			架						
名　称		单　位	数　量						
人工	技工	工日	6.01	8.51	10.02	13.27	16.75	19.55	4.17
	普工	工日	—	—	—	—	—	—	—
主要材料	槽钢43×80×43×5	kg	—	—	—	—	(32.64)	(32.64)	—
	信号灯座	套	—	—	—	—	(10.00)	(10.00)	—
	红色信号灯	套	—	—	—	—	(10.00)	(10.00)	—

注：① 总配线架按成套供应考虑。若非成套供应，仅安装总配线架铁架时，取相应子目人工定额的 70%。

表 6.8　安装数字分配架、光分配架定额

定额编号			TSY1—027	TSY1—028	TSY1—029	TSY1—030	TSY1—031	TSY1—032	TSY1—033
项　目			安装数字分配架①②		安装光分配架①		安装壁挂式数字分配箱	安装壁挂式光分配箱	安装光纤总配线架（OMDF）
			整架	子架	整架	子架			
定额单位			架	个	架	个	箱		架
名称		单位	数　量						
人工	技工	工日	3.50	0.19	2.42	0.19	1.75	1.35	6.25
	普工	工日	—	—	—	—	—	—	
主要材料	加固角钢夹板组	组	2.02	—	2.02	—	—	—	2.02
机械									
仪表									

注：① 数字分配架与光分配架扩容时应套用安装子架定额，子架安装定额含子机框和端子板的安装。

② 数字分配架是按标准机柜宽度考虑的，若为超宽机柜，则按人工工日定额乘以 1.3 系数计算。

3. 布放线缆承载设施

（1）安装电缆槽道、走线架。工作内容：开箱检验、清洁搬运、固定吊挂或支架、组装电缆走道、打孔、补漆、调整垂直与水平、安装固定等。

（2）安装软光纤走线槽。工作内容：测量定位、线槽检查、量裁、安装固定等。

（3）敷设硬质 PVC 管/槽盒。工作内容：检查、敷设、固定、试通等。

安装电缆槽道、走线架定额如表 6.9 所示。

表 6.9　安装电缆槽道、走线架定额

定额编号			TSY1－045	TSY1－046	TSY1－047	TSY1－048
项　目			安装电缆槽道	安装电缆走线架	安装软光纤走线槽	敷设硬质 PVC 管/槽盒[1]
定额单位			m			
名　称		单　位	数　量			
人工	技工	工日	0.14	0.12	0.06	0.03
	普工	工日	—	—	—	—
主要材料	电缆槽道	m	1.01	—	—	—
	电缆走线架	m	—	1.01	—	—
	软光纤走线槽	m	—	—	1.01	—
	硬质 PVC 管/槽盒	m	—	—	—	1.01

注：① 敷设硬质 PVC 管/槽盒所需的配件由设计按实计列。

4. 布放设备电缆

（1）放绑设备电缆。工作内容：取料、搬运、测试、量裁、布放、编绑、整理等。

（2）编扎、焊（绕、卡）接设备电缆。工作内容：刮头、做头、分线、编扎、对线、焊（绕、卡）线、二次对线、整理等。

放绑设备电缆定额如表 6.10 所示；编扎、焊（绕、卡）接设备电缆定额如表 6.11 所示。

表 6.10　放绑设备电缆定额

定额编号			TSY1－049	TSY1－050	TSY1－051	TSY1－052	TSY1－053	TSY1－054	TSY1－055	TSY1－056	TSY1－057
项　目			局用音频电缆		局用高频对称电缆		音频隔离线（单、双芯）	SYV 类射频同轴电缆		数据电缆	
			24 芯以下	24 芯以上	2 芯以下	2 芯以上		单芯	多芯	10 芯以下	10 芯以上
定额单位			百米条								
名　称		单位	数　量								
人工	技工	工日	1.05	1.30	0.94	1.35	0.80	1.00	1.35	0.71	1.00
	普工	工日	—	—	—	—	—	—	—	—	—
主要材料	电缆	m	102.00	102.00	102.00	102.00	102.00	102.00	102.00	102.00	102.00

表 6.11　编扎、焊（绕、卡）接设备电缆定额

定额编号			TSY1－058	TSY1－059	TSY1－060	TSY1－061	TSY1－062	TSY1－063	TSY1－064
项　目			局用音频电缆						
			10 芯以下	24 芯以下	32 芯以下	64 芯以下	128 芯以下	256 芯以下	256 芯以上
定额单位			条						
名　称		单位	数　量						
人工	技工	工日	0.16	0.35	0.55	0.90	1.05	2.10	3.30
	普工	工日	—	—	—	—	—	—	—

续表

名　称		单位	数　量						
主要材料									
机械									
仪表									

5. 布放设备导线

工作内容：放线、剥隔离皮、焊（绕、卡）线、核对、改线（带电）、整理、试通等。

布放中间配线架跳线定额如表 6.12 所示；布放总配线架跳线定额如表 6.13 所示。

表 6.12　布放中间配线架跳线定额

定额编号			TSY1－071	TSY1－072	TSY1－073	TSY1－074
项　目			布放中间配线架跳线[①]			中间配线架改接 6 芯以下跳线[①]
			2 芯以下	4 芯以下	6 芯以下	
定额单位			百条			
名　称		单　位	数　量			
人工	技工	工日	1.21	1.79	2.38	4.47
	普工	工日	—	—	—	—
主要材料						
机械						
仪表						

注：① 中间配线架塑料跳线长度的计算见“表 6.13　布放总配线架跳线定额”中的说明。

表 6.13　布放总配线架跳线定额

定额编号			TSY1－075	TSY1－076	TSY1－077	TSY1－078
项　目			总配线架跳线[①]		布放数字分配架跳线[②]	布放列内、列间信号线[③]
			布放	带电改接		
定额单位			百条			条
名　称		单　位	数　量			
人工	技工	工日	1.40	2.75	8.50	0.06
	普工	工日	—	—	—	—
主要材料	塑料跳线	m	316.00	153.00	—	—
机械						
仪表						

注：① 总配线架跳线用量按一架计取，每增加一架，增加 70m 跳线，工日不变。

② 数字分配架跳线的规格及数量由设计计列。

③ 布放列内、列间信号线不分芯数和长度，按条计算工程量；材料规格及数量由设计计列。

6. 布放软光纤

（1）放、绑软光纤。工作内容：放、绑软光纤、固定软光纤连接器（活接头）、敷设套管、预留保护。

（2）布放集束光纤。工作内容：取料、布放、预留保护、整理、固定等。

（3）端接集束光纤。工作内容：编扎、端接、对线试通、做标记。

放、绑软光纤定额如表 6.14 所示；端接集束光纤定额如表 6.15 所示。

表 6.14 放、绑软光纤定额

定额编号			TSY1－079	TSY1－080	TSY1－081	TSY1-082
项　目			放、绑软光纤①			
			设备机架之间放、绑		光纤分配架内跳纤	中间站跳纤
			15m 以下	15m 以上		
定额单位			条			
名　称		单　位	数　量			
人工	技　工	工日	0.29	0.46	0.13	0.70
	普　工	工日	—	—	—	—
主要材料	软光纤（双头）	条	1.00	1.00	1.00	1.00
机械						
仪表						

注：①软光纤套管材料按实计列。

表 6.15 端接集束光纤定额

定额编号			TSY1－083	TSY1－084	TSY1－085	TSY1－086	TSY1－087	TSY1－088
项　目			布放集束光纤	端接集束光纤				
				12 芯以下	24 芯以下	48 芯以下	96 芯以下	96 芯以上
定额单位			十米条	条				
名　称		单位	数　量					
人工	技 工	工日	0.50	0.20	0.33	0.55	0.90	1.00
	普 工	工日	—	—	—	—	—	—
主要材料	集束光纤		10.00	—	—	—	—	—
机械								
仪表								

7. 布放电力电缆

工作内容：检验、搬运、量裁、布放、绑扎、卡固、穿管、穿洞、对线、剥保护层、压接铜或铝接线端子、包缠绝缘带、固定等。

布放电力电缆定额如表 6.16 所示。

表 6.16　布放电力电缆定额

定额编号			TSY1－089	TSY1－090	TSY1－091	TSY1－092	TSY1－093	TSY1－094	TSY1－095	TSY1－096
项　目			布放电力电缆（单芯相线截面积）①							安装列内电源线②
			$16mm^2$ 以下	$35mm^2$ 以下	$70mm^2$ 以下	$120mm^2$ 以下	$185mm^2$ 以下	$240mm^2$以下	$500mm^2$ 以下	
定额单位			十米条							列
名　称		单　位	数　量							
人工	技工	工日	0.18	0.25	0.36	0.49	0.60	0.76	1.20	1.50
	普工	工日	—	—	—	—	—	—	—	—
主要材料	电力电缆	m	10.15	10.15	10.15	10.15	10.15	10.15	10.15	—
	接线端子	个/条	2.03	2.03	2.03	2.03	2.03	2.03	2.03	—
机械										
仪表										

注：① 对于 2 芯电力电缆的布放，按单芯电缆相应工日数乘以 1.35 系数。对于 3 芯及 3+1 芯电力电缆的布放，按单芯电缆相应工日数乘以 2.00 系数；对于 5 芯电力电缆的布放，按单芯电缆相应工日数乘以 2.75 系数。

② 安装列内电源线按六个机架（一主一备）考虑，每超过一个机架（或增加一主一备）另增加 0.25 工日，材料消耗量按实计列。

实训 1　使用 AutoCAD 绘制综合布线图

1. 实训目的

（1）熟悉 AutoCAD 的基本操作。

（2）掌握布线基本模块的绘制。

（3）掌握综合布线图的绘制。

2. 实训要求

（1）绘制基本模块。

（2）绘制综合布线图。

3. 实训设备、材料和工具

（1）具备基本配置的计算机。

（2）AutoCAD 软件。

4. 实训步骤

1）绘制图例（外部块）

① 绘制路由器（见图 6.2）。

② 绘制接线端子（见图 6.3）。

③ 绘制分配线架（见图 6.4）。

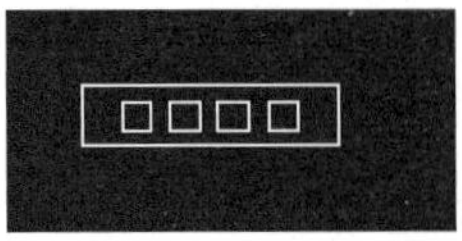

图 6.2　路由器图例

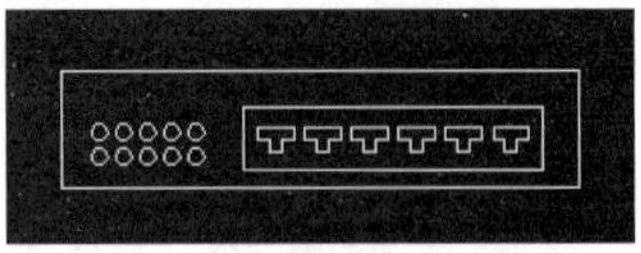

图 6.3　接线端子图例

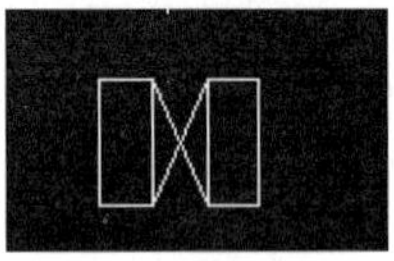

图 6.4　分配线架图例

④ 绘制 12 口光纤配线架（见图 6.5）。

⑤ 绘制主配线架（见图 6.6）。

⑥ 绘制区域主配线架（见图 6.7）。

图 6.5　12 口光纤配线架图例

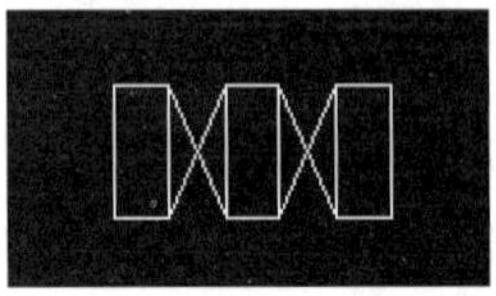

图 6.6　主配线架图例

图 6.7　区域主配线架图例

2）绘制 1 号楼综合布线图

本例从中间画起，即先画配线架，再画两侧的内容。

① 画第一层设备图（见图 6.8）。

② 复制得到其他 5 层设备图（见图 6.9）。

③ 画主设备（见图 6.10）。

图 6.8　第一层设备图

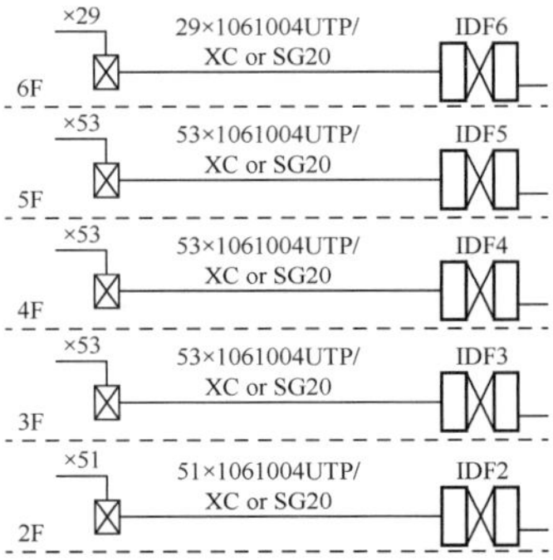

图 6.9　其他 5 层设备图

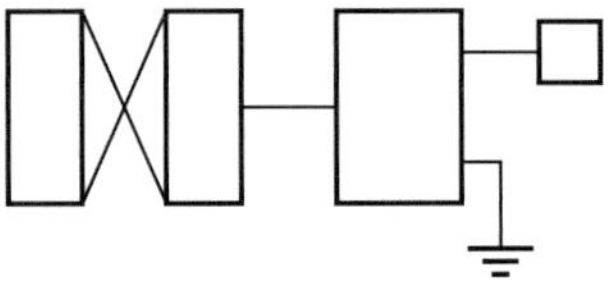

图 6.10　主设备

④ 画连接线（见图 6.11）。

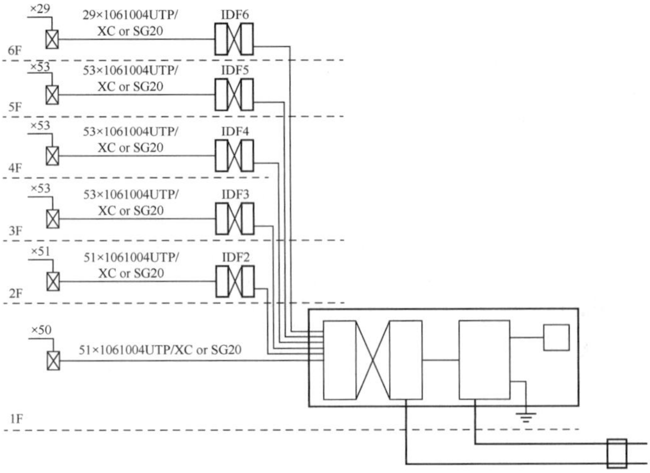

图 6.11　画连接线

⑤ 标注电缆说明（见图 6.12）。

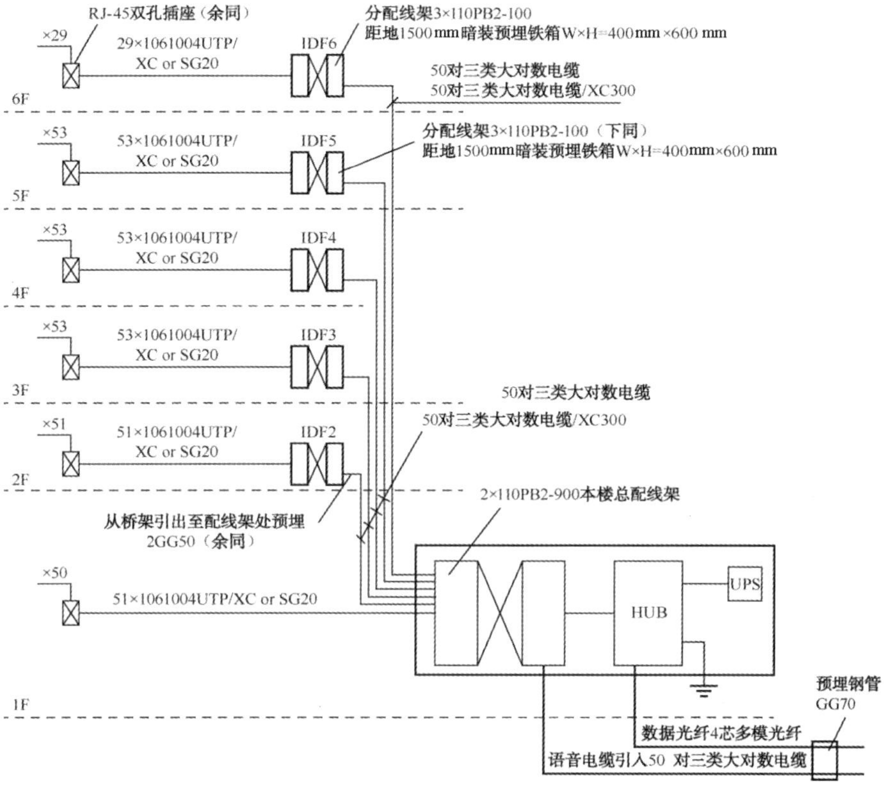

图 6.12 标注电缆说明

实训任务单

一、实训指南
预学习——听课（老师讲解、示范）——操作——完成实训任务单
二、实训内容
使用 AutoCAD 绘制综合布线图
三、实训工具
计算机、AutoCAD 软件
四、实训步骤
1. 绘制图例（路由器、接线端子、配线架） 2. 画第一层设备图 3. 复制得到其他 5 层设备图 4. 画主设备 5. 画连接线 6. 标注电缆说明
五、实训思考
（1）比较 AutoCAD 和 Visio 两种绘图软件的优点和缺点。 （2）思考使用 AutoCAD 绘制综合布线图有哪些技巧。

实训 2　光纤快速接续连接器的制作

扫码观看光纤快速接续连接器的制作微课视频。

1. 实训目的

（1）认识光纤快速接续连接器的组成结构。

（2）掌握光纤切割刀、红光笔等光纤工具的操作技巧和使用方法。

（3）掌握光纤快速接续连接器的制作技能。

2. 实训要求

（1）认识各种光纤连接器，重点掌握光纤快速接续连接器的结构。

（2）熟悉各种光纤工具的操作技巧和使用方法。

（3）完成一根光纤跳线的制作。

3. 实训设备、材料和工具

（1）光纤快速接续连接器、皮线开剥器、光纤剥线钳、光纤切割刀、红光笔、酒精泵等配套工具各一套。

（2）皮线光缆 1 根。

4. 实训步骤

（1）排好各种部件以便装配，如图 6.13 所示。光纤快速接续连接器是一种能够很好地满足现场布线和光纤到户工程要求的连接头，其被广泛运用于施工现场需要快速连接的地方，为作业提供了一种快速、稳定的连接方式。快速连接头现场组装无须再进行胶水固化和研磨，这为工程师进行线路安装、维护和修理，以及光纤到户工程提供了很大的便利。

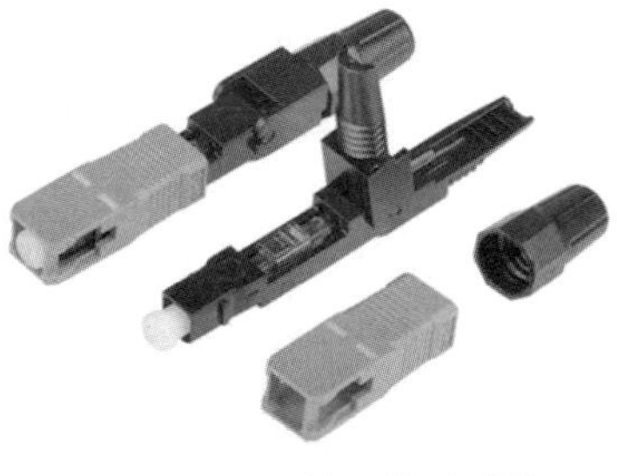

图 6.13　光纤快速接续连接器

（2）将皮线穿入螺帽中，如图 6.14 所示。皮线光缆多为单芯、双芯结构，也可做成四芯结构，横截面呈 8 字形；加强件位于两圆中心，可采用金属或非金属结构；光纤位于 8 字形的几何中心。皮线光缆内光纤采用 G.657 小弯曲半径光纤，可以以 20mm 的弯曲半径敷设，适合在楼内以管道方式或布明线方式入户。

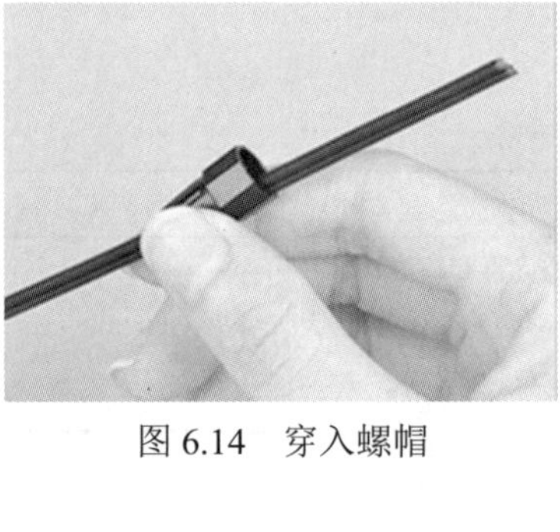

图 6.14　穿入螺帽

（3）剥去皮线光缆外皮，保留涂覆层，长度约为 50mm，如图 6.15 所示。

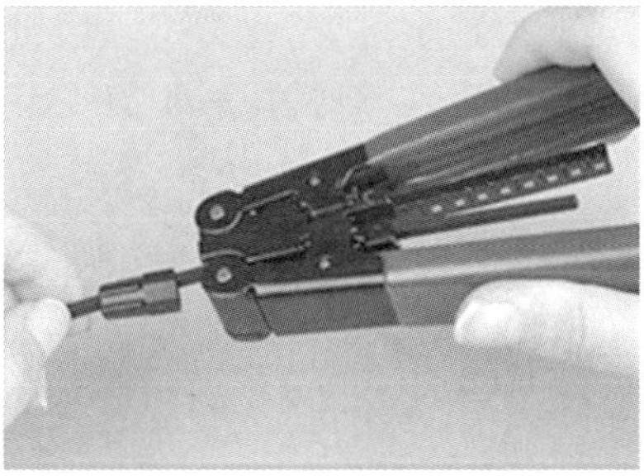

图 6.15　剥去皮线光缆外皮

（4）剥去涂覆层，用酒精和纱布擦拭裸纤，如图 6.16 和图 6.17 所示。

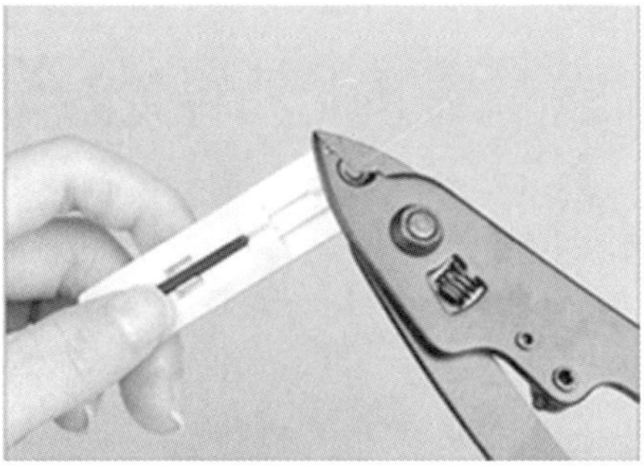

图 6.16　剥去涂覆层

图 6.17　擦拭裸纤

（5）用光纤切割刀进行切割，预制光纤制作完毕，如图 6.18 所示。注意，切割后的光纤端面不要碰触任何物体，否则会影响切割效果。

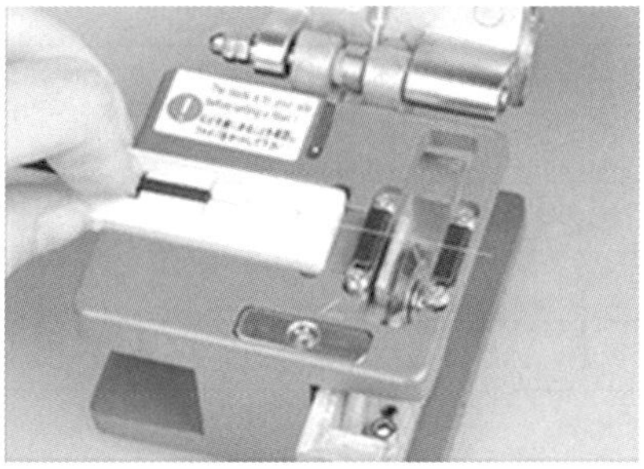

图 6.18　切割光纤

（6）沿光纤快速接续连接器尾端导轨穿入预制光纤，当光纤出现弯曲状态时停止穿入，如图 6.19 所示。

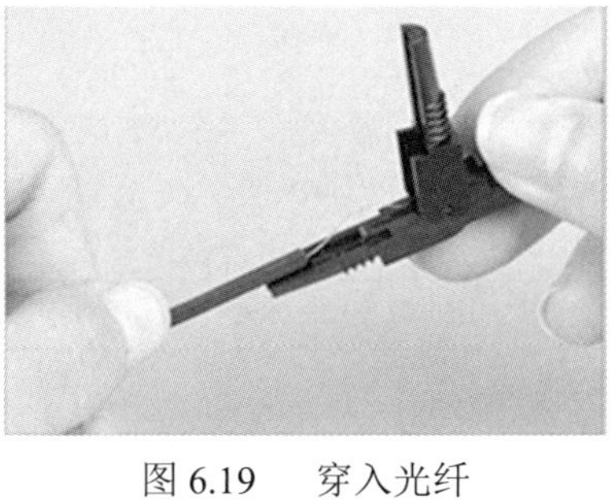

图 6.19　穿入光纤

（7）右手维持光纤弯曲状态，左手向前推动固定环，锁紧光纤，如图 6.20 所示。

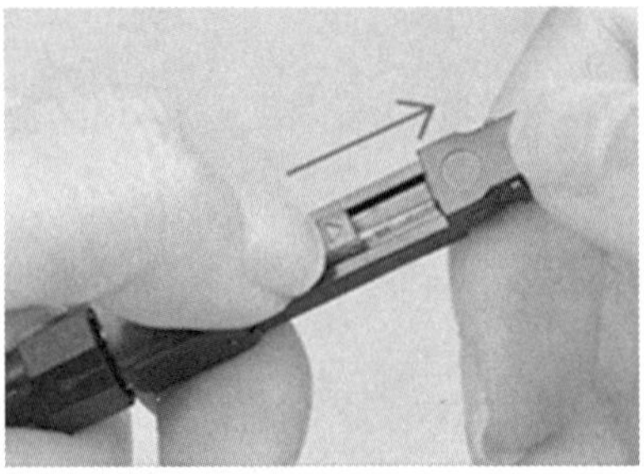

图 6.20　锁紧光纤

（8）合上光纤快速接续连接器的尾盖，拧紧螺帽，装上外壳，即可完成接续，如图 6.21 和图 6.22 所示。

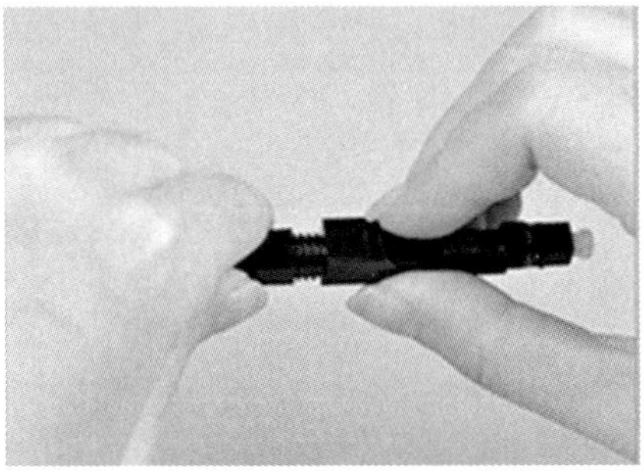

图 6.21　拧紧螺帽

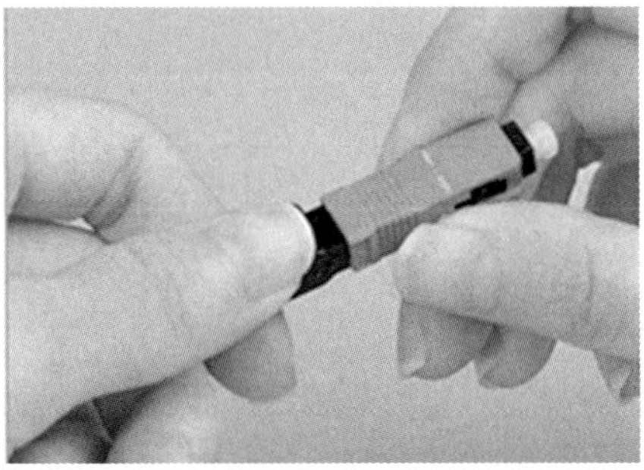

图 6.22　装上外壳

实训任务单

一、实训指南
观看微课视频——预操作练习——听课（老师讲解、示范）——再操作——完成实训任务单
二、实训内容
光纤快速接续连接器的制作
三、实训工具
皮线光缆、光纤快速接续连接器、皮线开剥器、光纤剥线钳、光纤切割刀、红光笔、酒精泵等
四、实训步骤
1. 准备工具和材料 2. 将皮线穿入螺帽中 3. 剥去皮线光缆外皮 4. 剥去涂覆层 5. 用光纤切割刀进行切割 6. 沿光纤快速接续连接器尾端导轨穿入预制光纤 7. 锁紧光纤 8. 拧紧螺帽，装上外壳
五、实训思考
（1）光纤连接器有哪些？试比较它们的不同。 （2）思考光纤跳线的测试方法。

实训 3　室内多模主干光缆接头施工

1. 实训目的

（1）掌握室内多模主干光缆开缆方法。

（2）掌握光纤熔接机的使用方法，并熟悉其操作技巧。

（3）掌握多模光缆熔接技能。

2. 实训要求

（1）认识室内多模主干光缆的结构。

（2）认识光纤熔接机，并熟悉其操作技巧和熔接方法。

（3）完成一根室内多模光缆的熔接。

3. 实训设备、材料和工具

（1）光纤熔接机、配套工具各一套。

（2）室内多模主干光缆 1 根、1m 尾纤若干。

4. 实训步骤

1）光纤熔接

① 使用偏口钳或钢丝钳剥开光缆加固钢丝，剥开长度为 1m 左右，如图 6.23 所示。

② 剥开另一侧的光缆加固钢丝，如图 6.24 所示。然后将两侧的加固钢丝剪掉，只保留 10cm 左右即可。

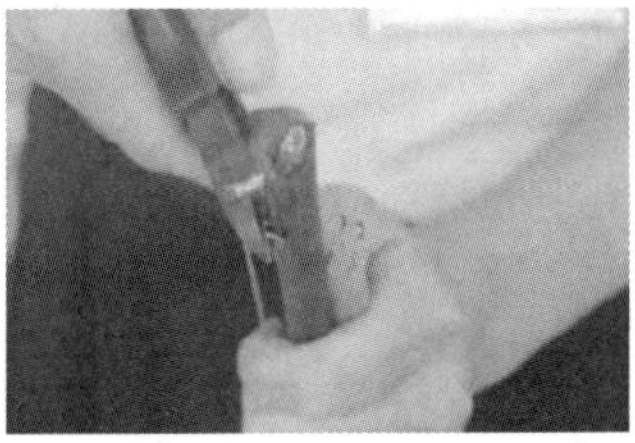

图 6.23　剥开光缆加固钢丝

图 6.24　剥开另一侧的光缆加固钢丝

③ 剥除光纤外皮，长度为 1m 左右，即剥至剥开的加固钢丝附近，如图 6.25 所示。

④ 用美工刀在光纤金属保护层上轻轻刻痕，如图 6.26 所示。

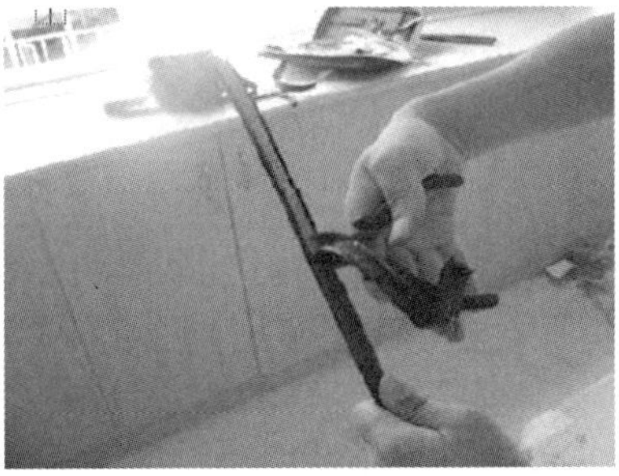

图 6.25　剥除光纤外皮

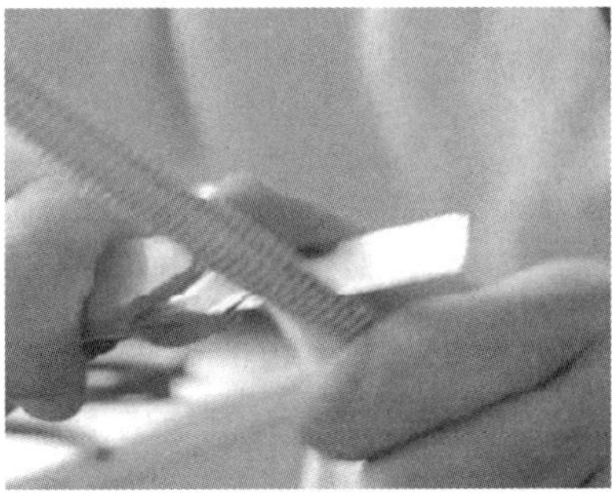

图 6.26　在光纤金属保护层上刻痕

⑤ 折弯光纤金属保护层并使其断裂，折弯角度不能大于 45°，以免损伤其中的光纤，如图 6.27 所示。

⑥ 用美工刀在塑料保护管四周轻轻刻痕，如图 6.28 所示，不要太过用力，以免损伤光纤。

另外，也可以使用光纤剥线钳完成该操作。

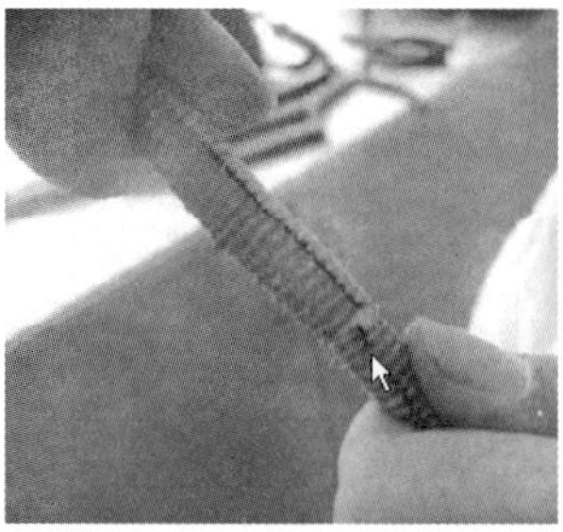

图 6.27　折弯光纤金属保护层

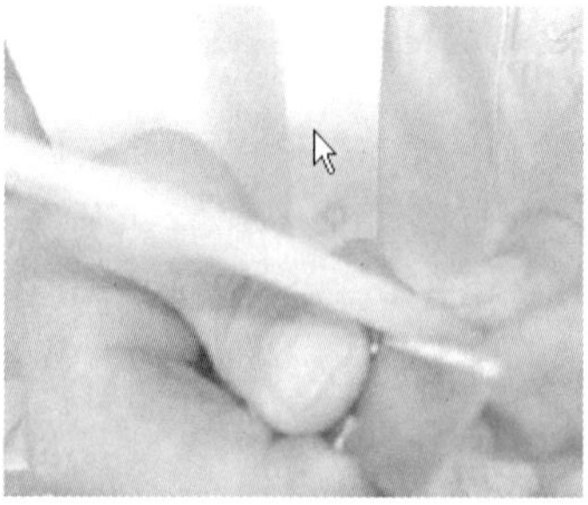

图 6.28　在塑料保护管四周刻痕

⑦ 轻轻折弯塑料保护管并使其断裂，折弯角度不能大于 45°，以免损伤光纤，如图 6.29 所示。

⑧ 将塑料保护管轻轻抽出，露出其中的光纤，如图 6.30 所示。

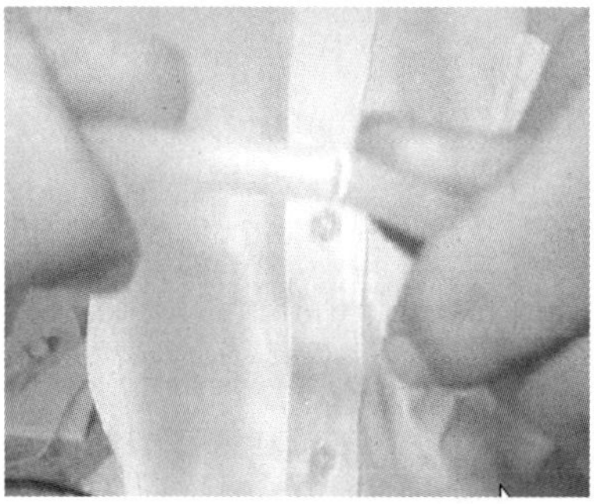

图 6.29　折弯塑料保护管

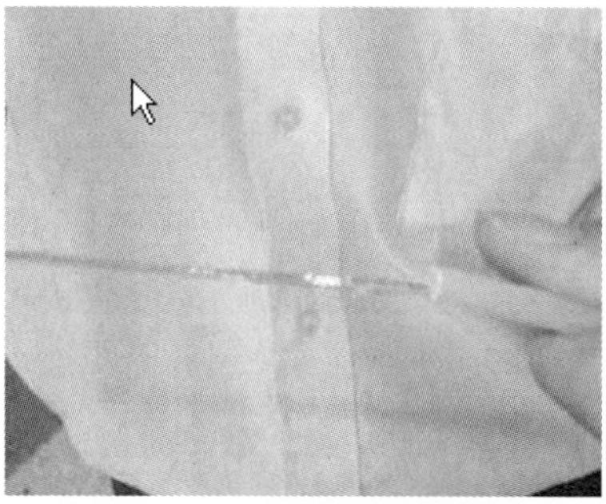

图 6.30　抽出塑料保护管

⑨ 用较好的纸巾蘸上高纯度酒精，使其充分浸湿，如图 6.31 所示。

⑩ 轻轻擦拭光缆中的每一根光纤，去除所有附着于光纤上的油脂，如图 6.32 所示。

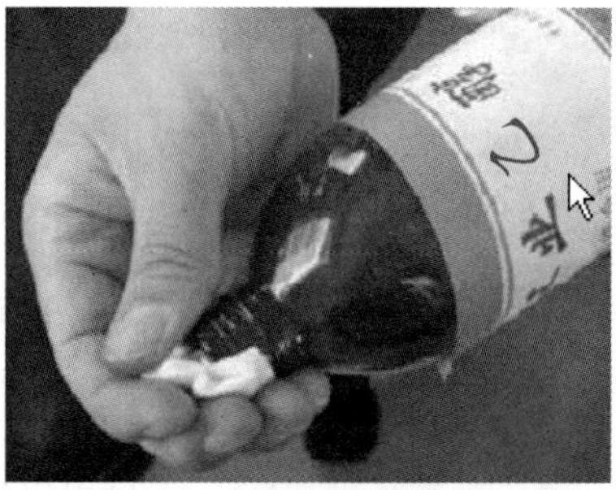

图 6.31　浸湿纸巾

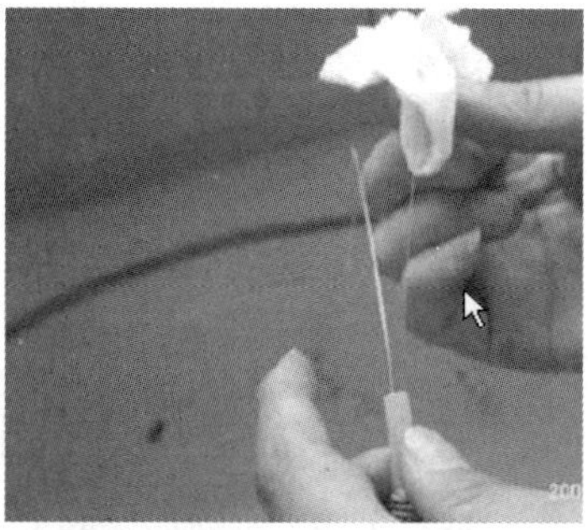

图 6.32　擦拭光纤

⑪ 为预熔接的光纤套上热塑套管，如图 6.33 所示。热缩套管主要用于在光纤对接好后套在连接处，经过加热形成新的保护层。

⑫ 使用光纤剥线钳剥除光纤涂覆层，如图 6.34 所示。剥除光纤涂覆层时，要掌握“平”“稳”“快”三字剥纤法。“平”，即持纤要平。左手拇指和食指捏紧光纤，使之成水平状，所露长度以 5cm 为准，余纤在无名指、小拇指之间自然打弯，以增加力度，防止打滑。“稳”，即剥纤钳要握得稳。“快”，即剥纤要快。剥纤钳应与光纤垂直，向上方内倾斜一定角度，然后用钳口轻轻卡住光纤，右手随之用力，顺光纤轴向平推出去，整个过程要自然流畅、一气呵成。

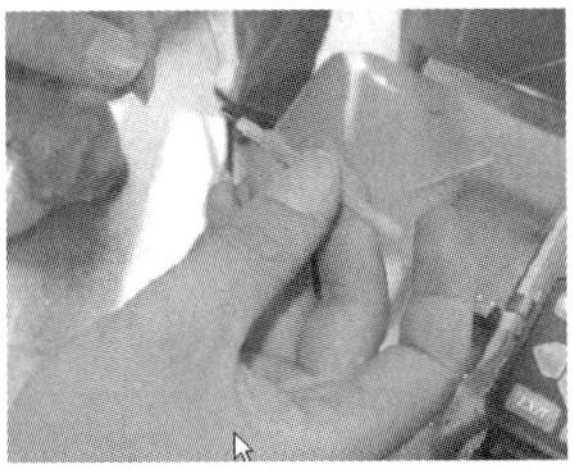

图 6.33　为光纤套上热缩套管

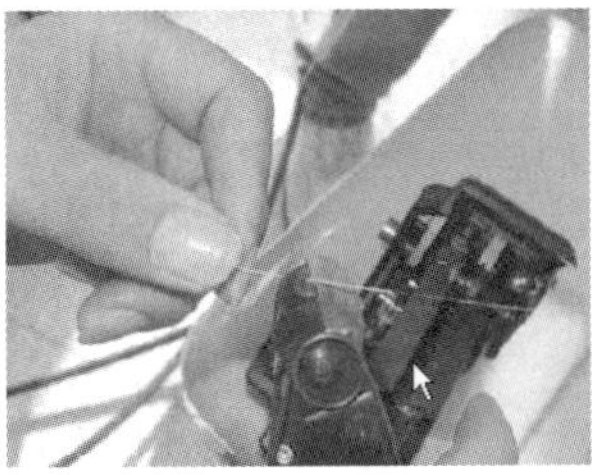

图 6.34　剥除光纤涂覆层

⑬ 用蘸酒精的潮湿纸巾将光纤表面擦拭干净，如图 6.35 所示。注意观察光纤剥除部分的包层是否全部去除，若有残余，则必须去掉。如果有极少量不易剥除的涂覆层，则可以用脱脂棉球蘸适量无水酒精擦除。将脱脂棉球撕成平整的扇形小块，蘸少许酒精，折成 V 字形，夹住光纤，沿着光纤轴的方向擦拭，尽量一次成功。一块脱脂棉球使用 2～3 次后要及时更换，每次要使用脱脂棉球的不同部位和层面，这样既可提高脱脂棉球的利用率，又可防止对光纤包层表面的二次污染。

⑭ 用光纤切割器切割光纤，使其拥有平整的端面。切割的长度要适中，保留大致 2～3cm。光纤端面制备是光纤接续中的关键工序，如图 6.36 所示。它要求处理后的端面平整、无毛刺、无缺损，且与轴线垂直，呈现一个光滑、平整的镜面区，并保持清洁，避免灰尘污染。光纤端面的质量直接影响光纤传输的速率。端面制备有如下 3 种方法。

- 刻痕法：采用机械切割刀，用金刚石刀在光纤表面垂直方向划一道刻痕，距涂覆层 10mm，轻轻弹碰，光纤在此刻痕位置上自然断裂。
- 切割钳法：利用一种手持简易钳进行切割操作。
- 超声波电动切割法。

这 3 种方法只要器具良好、操作得当，光纤端面的制备效果都非常好。

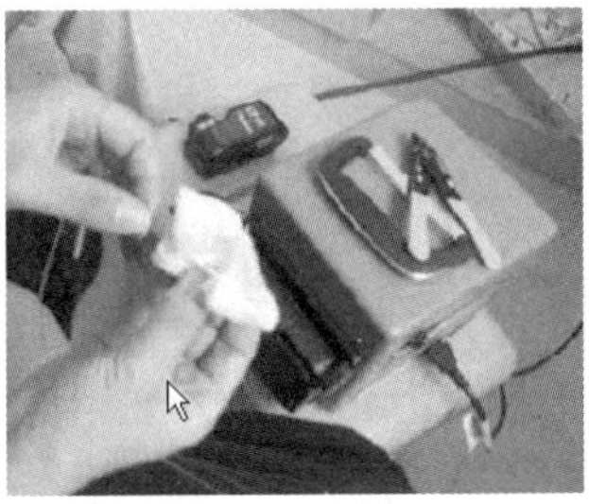

图 6.35　擦拭光纤表面

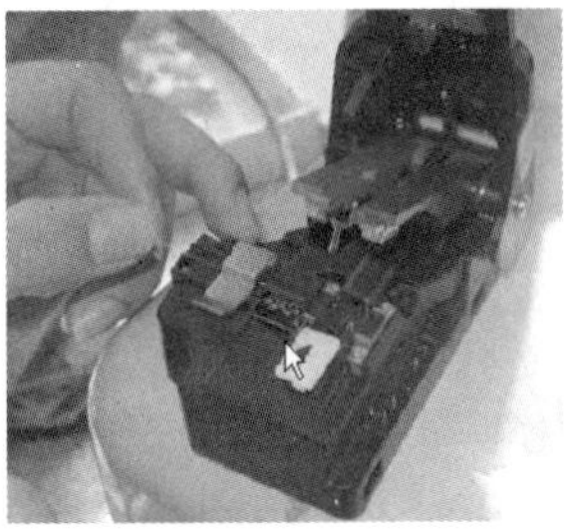

图 6.36　光纤端面制备

⑮ 将切割好的光纤置于光纤熔接机的一侧，如图 6.37 所示。

⑯ 在光纤熔接机上固定好该光纤，如图 6.38 所示。

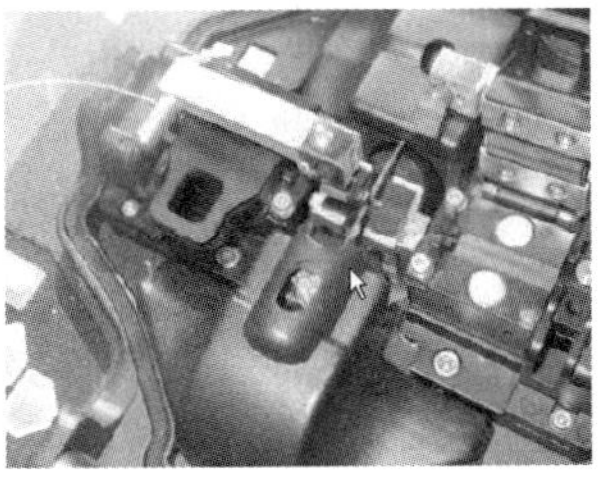

图 6.37　将光纤置于光纤熔接机的一侧

图 6.38　固定光纤

⑰ 如果没有成品尾纤，则可以取一根与光缆相同型号的光纤跳线，从中间剪断作为尾纤使用，如图 6.39 所示。注意，光纤连接器的类型一定要与光纤终端盒的光纤适配器相匹配。

⑱ 使用石英剪刀剪除光纤跳线的石棉保护层，如图 6.40 所示。剥除的外保护层的长度至少为 20cm。

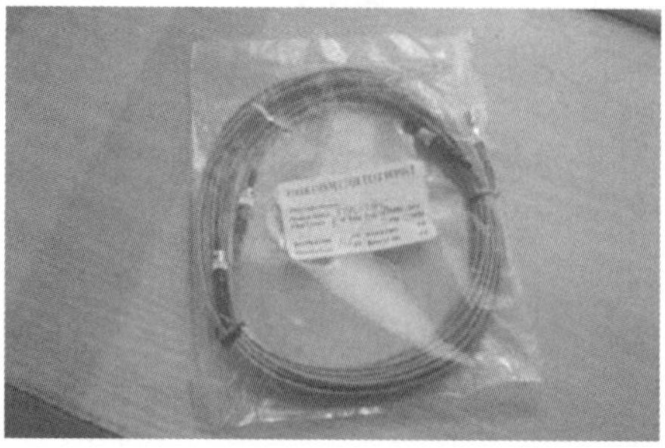

图 6.39　用光纤跳线制作尾纤

图 6.40　剪除石棉保护层

⑲ 使用光纤剥线钳剥除光纤涂覆层，如图 6.41 所示。

⑳ 用蘸酒精的潮湿纸巾将尾纤中的涂覆层残留擦拭干净，如图 6.42 所示。

㉑ 使用光纤切割器切割光纤跳线，保留大致 2～3cm，如图 6.43 所示。

㉒ 将切割好的尾纤置于光纤熔接机的另一侧，并使两条光纤尽量对齐，如图 6.44 所示。

㉓ 在光纤熔接机上固定好尾纤，如图 6.45 所示。

㉔ 按“SET”键开始进行光纤熔接，如图 6.46 所示。

图 6.41　剥好的光纤

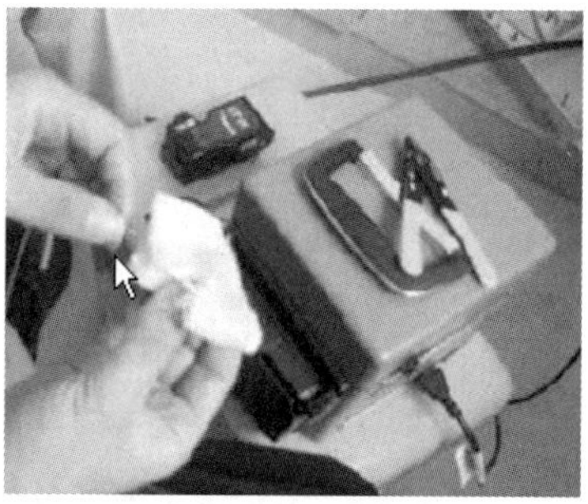

图 6.42　擦拭光纤

图 6.43　切割光纤跳线

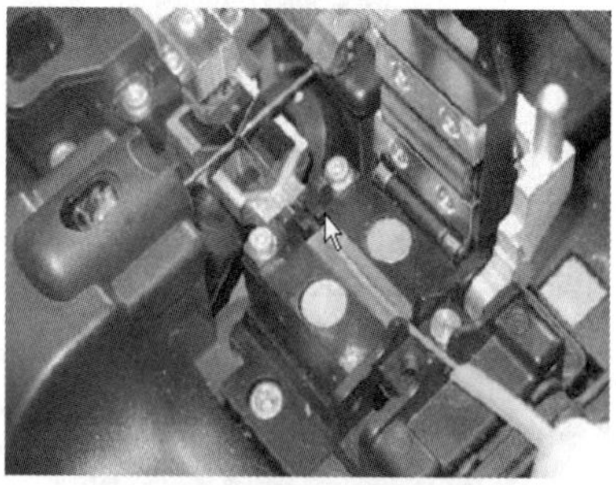

图 6.44　放置尾纤

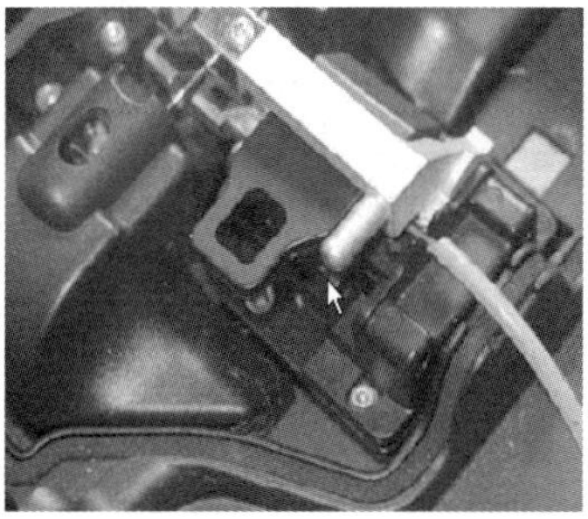

图 6.45　固定尾纤

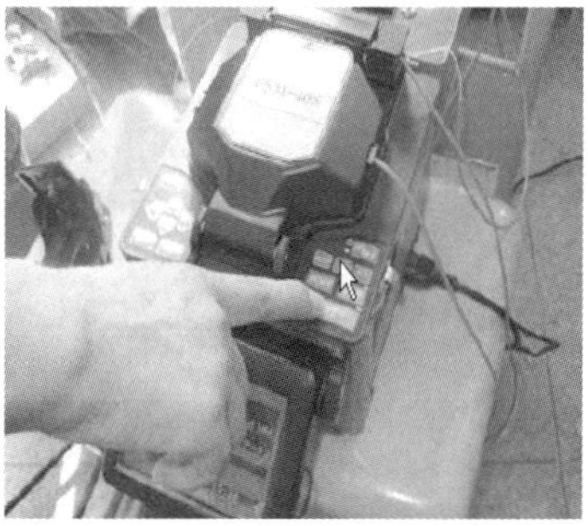

图 6.46　开始进行光纤熔接

㉕ 两条光纤的 *X* 轴和 *Y* 轴将自动调节，并显示在屏幕上，如图 6.47 所示。

㉖ 熔接结束后，观察损耗值，如图 6.48 所示。若熔接不成功，则光纤熔接机的屏幕上会显示具体原因。熔接好的接续点的损耗值一般在 0.005dB 以下方认为合格。若高于 0.005dB，则可利用手动熔接按钮再熔接一次。一般熔接次数为 1～2 次最佳，超过 3 次反而会增加熔接损耗，这时应断开并重新熔接，直至达到标准要求为止。如果熔接失败，则重新剥除两侧光纤的绝缘包层并切割，然后重复熔接操作。

图 6.47　两条光纤的 *X* 轴和 *Y* 轴自动调节

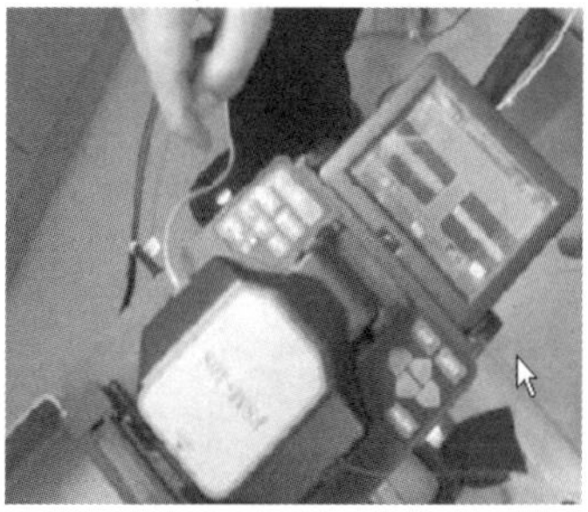

图 6.48　观察损耗值

㉗ 若熔接通过测试，则用光纤热缩套管完全套住剥掉绝缘包层的部分，如图 6.49 所示。

㉘ 将套好热缩套管的光纤放到加热器中，如图 6.50 所示。由于光纤在连接时去掉了接续部位的涂覆层，使其机械强度降低，所以一般要用热缩套管对接续部位进行加强保护。热缩套管应在光纤剥除涂覆层前穿入，严禁在光纤端面制备后再穿入。将预先穿置光纤某一端的热缩套管移至光纤连接处，使熔接点位于热缩套管中间，轻轻拉直光纤接头，放入光纤熔接机的加热器内加热。热缩套管加热收缩后紧套在接续好的光纤上，由于此管内有一根不锈钢棒，因此增加了抗拉强度。

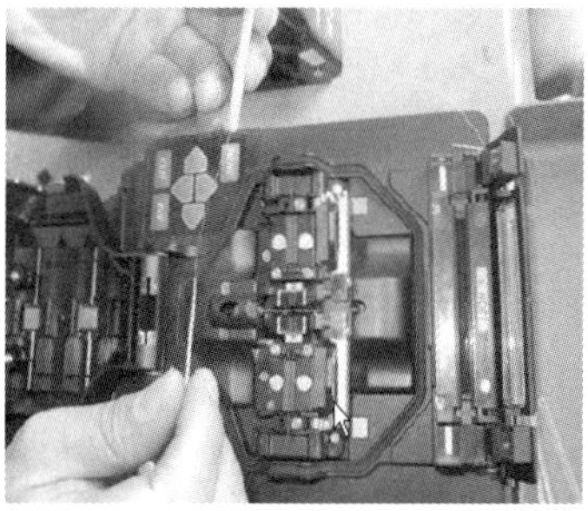

图 6.49　套热缩套管

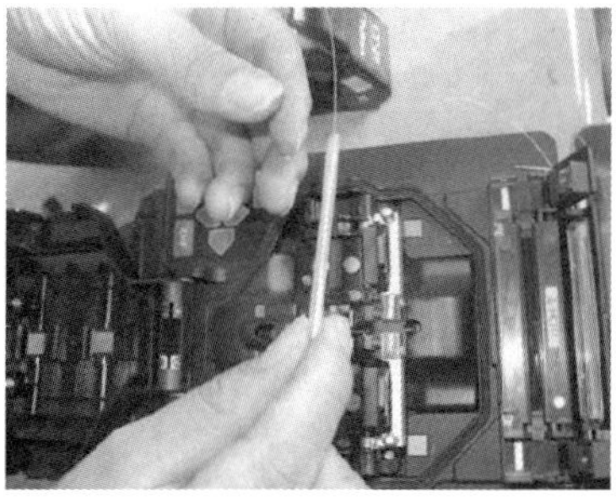

图 6.50　放到加热器中

㉙ 按“HEAT”键开始对热缩套管进行加热，如图 6.51 所示。

㉚ 稍等片刻，取出已加热好的光纤，如图 6.52 所示。

图 6.51　对热缩套管加热

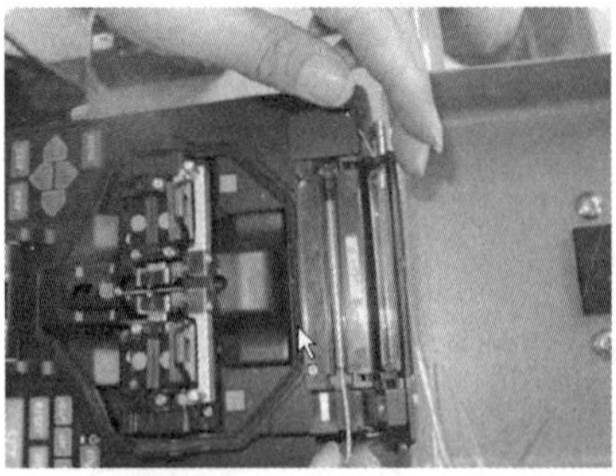

图 6.52　取出已加热好的光纤

㉛ 重复上述操作，直至该光缆中所有光纤全部熔接完成。

㉜ 将已熔接好光纤的热缩套管置入光纤接续盒的固定槽中，如图 6.53 所示。

㉝ 在光纤接续盒中将光纤盘好，并用不干胶纸进行固定，如图 6.54 所示。

操作时务必小心，以免光纤折断。同时，将加固钢丝折弯且与终端盒固定，并使用尼龙扎带进一步加固。

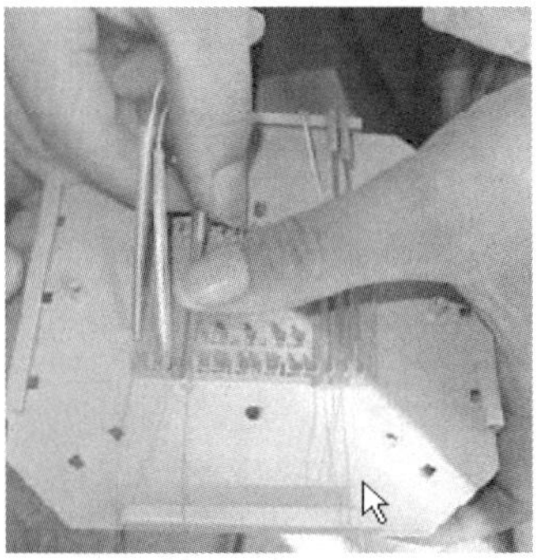

图 6.53　置入固定槽

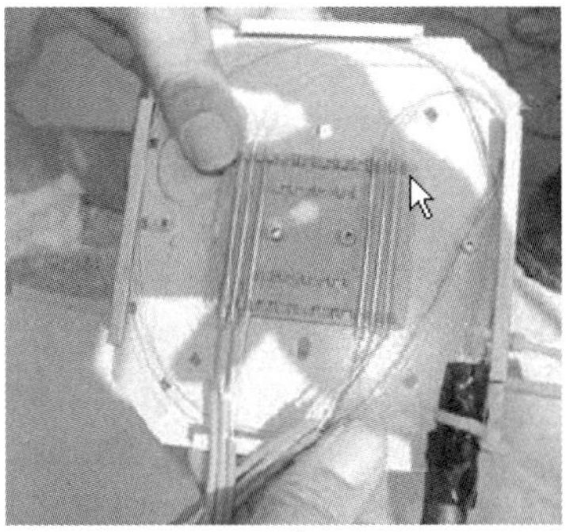

图 6.54　固定光纤

2）光纤接头快速接续——UniCam 光纤快速接头

① 打开 UniCam 光纤快速接头工具包，如图 6.55 所示。

② 给光纤套上套管并去除光纤外皮。首先剪掉多余的纤芯，并给光纤套上套管，其次用剥线刀去除光纤最外层的绝缘套，最后使用剪刀剪掉束状纤维。图 6.56 所示为剥除外皮的光纤。

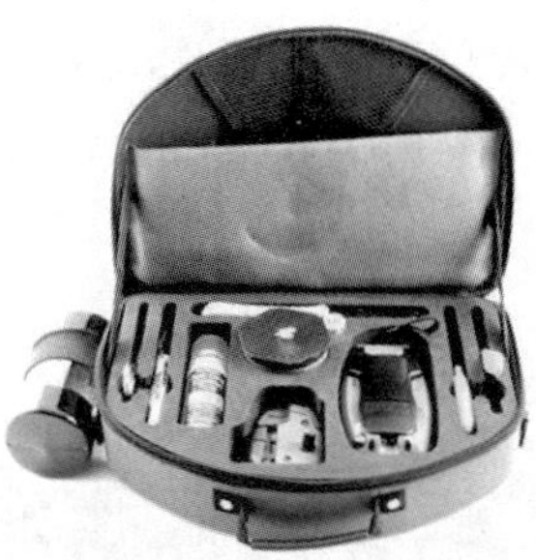

图 6.55　UniCam 光纤快速接头工具包

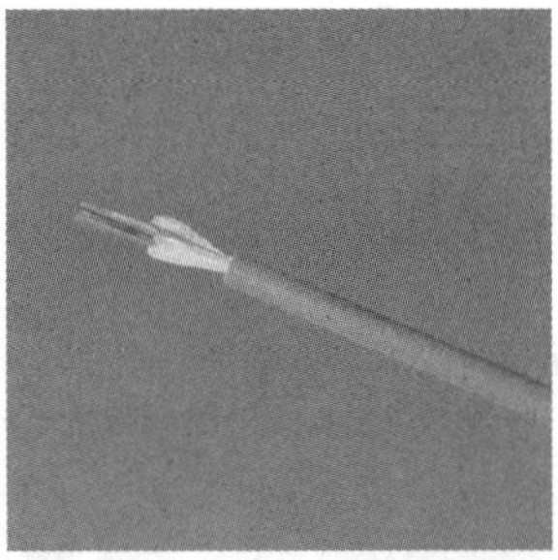

图 6.56　剥除外皮的光纤

③ 剥除纤芯外护层和涂覆层。取出米勒钳（见图 6.57），使用米勒钳上的 V 形口剥除纤芯外护层，长度约为 8cm，剥除时 V 形口应与尾纤呈 30° 斜角。接着使用米勒钳上的 V 形口剥除纤芯涂覆层，长度约为 6.5cm，剥除时 V 形口与尾纤呈 30° 斜角，如图 6.58 所示。

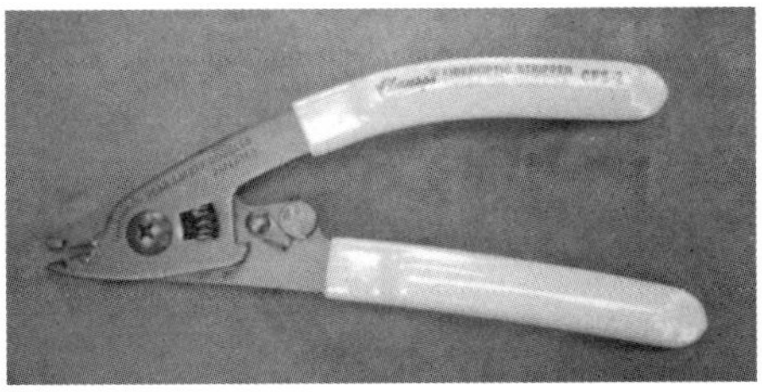

图 6.57　米勒钳

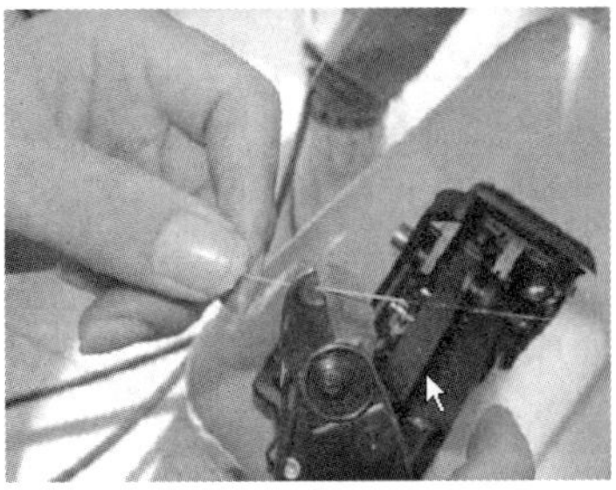

图 6.58　使用米勒钳剥除纤芯涂覆层

④ 光纤端面制备。从工具包中取出酒精和棉纱，清洗刚制备的纤芯，在清洗过程中分 3 次从不同的方向进行清洗，以保证纤芯 360° 完全清洁。拿出 UniCam 光纤切割刀（见图 6.59），打开夹具，将光纤放入夹具中并关闭夹具，接着将旋钮旋转一下（任意方向均可）。在断纤固定端施加拉力，用刀片切割光纤，然后按下光纤固定按钮取出切割好的光纤。

提 示　尾纤处理：按下断纤固定按钮取出废光纤，将切下的废光纤放入断纤放置盒中，如图 6.60 所示。

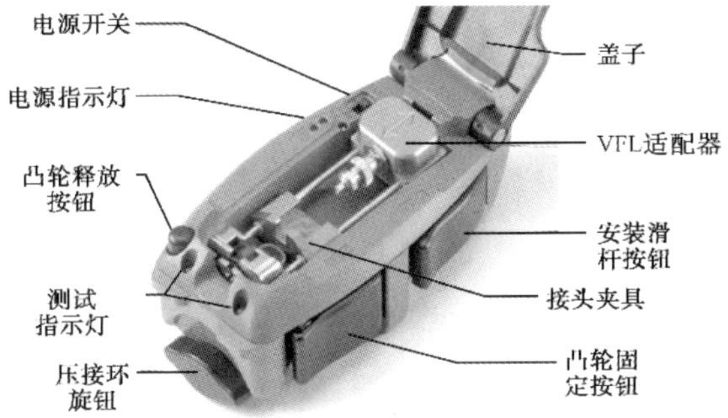

图 6.59　UniCam 光纤切割刀

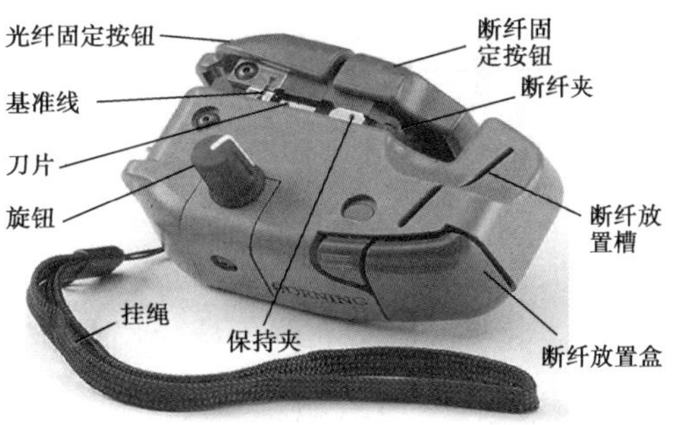

图 6.60　断纤放置盒的位置

⑤ 制备光纤接头。首先，打开 UniCam 光纤切割刀的盖子并按下电源开关按钮，使电源指示灯显示为 On；其次，按下安装滑杆按钮并插入接头，将 VFL 适配器滑到接头上后关闭盖子，以激活激光光源；再次，插入光纤并按下凸轮固定按钮（凸轮旋转 90°，接续锁定）；最后，参考测试指示灯的指示：绿灯=成功，红灯=失败。

⑥ 取出已制备好的光纤接头。旋转压接环旋钮并打开盖子（激光光源关闭），然后推回 VFL 适配器，按下安装滑杆按钮并取出光纤接头。

5. 实训报告

（1）以表格形式写清楚实训材料和工具的数量、规格和用途。

（2）详述光纤熔接、UniCam 光纤快速接头的注意事项。

（3）比较光纤熔接与 UniCam 光纤快速接头的优点和缺点。

（4）总结实训体会和操作技巧。

实训任务单

一、实训指南
预学习——听课（老师讲解、示范）——操作——完成实训任务单
二、实训内容
室内多模主干光缆接头施工

续表

三、实训工具
光纤熔接机、配套工具、室内多模主干光缆、尾纤
四、实训步骤
UniCam 光纤快速接头的步骤： 1．打开 UniCam 光纤快速接头工具包 2．给光纤套上套管并去除光纤外皮 3．剥除纤芯外护层和涂覆层 4．光纤端面制备 5．制备光纤接头 6．取出已制备好的光纤接头
五、实训思考
（1）简述光纤接头有哪几种。 （2）思考光纤熔接的注意事项。

实训 4　综合布线性能认证测试

1．实训目的

（1）依照《综合布线工程验收规范》（GB 50312—2016）现场性能认证测试的内容理解各种测试参数。

（2）掌握电缆认证分析仪的使用方法。

（3）掌握综合布线系统电缆基本链路和通道链路的区别和测试方法。

2．实训要求

（1）熟练操作电缆认证分析仪。

（2）完整完成认证测试工作。

（3）撰写实训报告。

3．实训设备、环境及参考标准

（1）实训设备：FLUKE DTX 电缆认证分析仪，如图 6.61 所示。

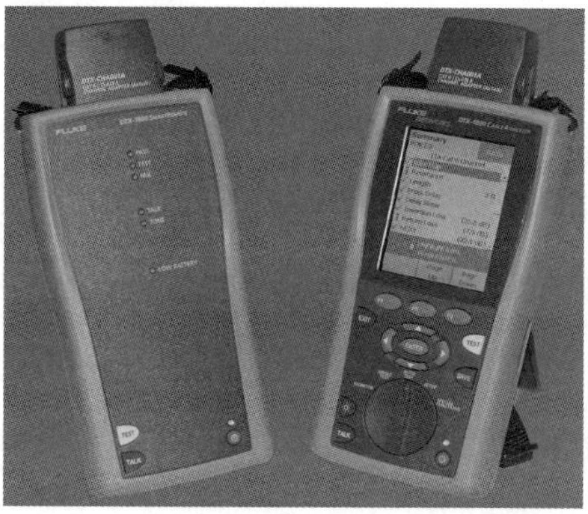

图 6.61　FLUKE DTX 电缆认证分析仪

（2）实训环境：竣工项目实训环境。

（3）参考标准：《综合布线工程验收规范》(GB 50312—2016）。

4. **实训步骤**

（1）利用 FLUKE DTX 电缆认证分析仪完成双绞线电缆基本链路（Basic Link）的认证测试（见图 6.62），并打印最终布线线缆参数测试报告。测试内容包括：

- 接线图（Wire Map）。
- NVP 校准及长度（Length）。
- 衰减（Attenuation）。
- 近端串扰（NEXT）。
- 衰减串扰比（ACR）。
- 回波损耗（Return Loss）。
- 时延偏离（Dalay Skew）。
- 特性阻抗（Impedance）。

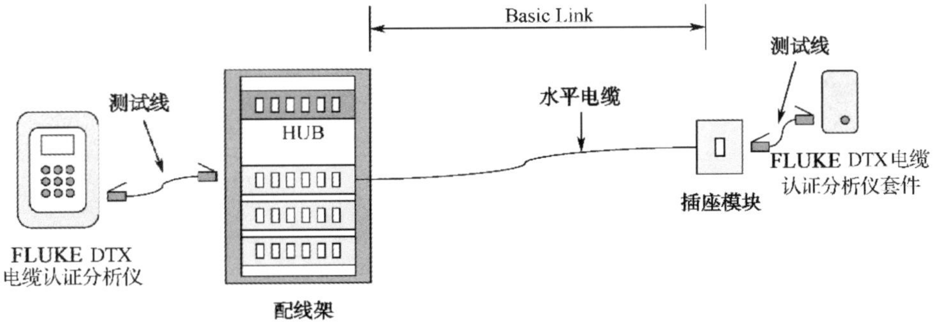

图 6.62　基本链路认证测试（插座模块位于实训墙上）

（2）利用 FLUKE DTX 电缆认证分析仪完成双绞线电缆通道链路（Channel）的认证测试（见图 6.63），并打印最终布线线缆参数测试报告。测试内容包括：

- 接线图（Wire Map）。
- NVP 校准及长度（Length）。
- 衰减（Attenuation）。
- 近端串扰（NEXT）。
- 衰减串扰比（ACR）。
- 回波损耗（Return Loss）。
- 时延偏离（Dalay Skew）。
- 特性阻抗（Impedance）。

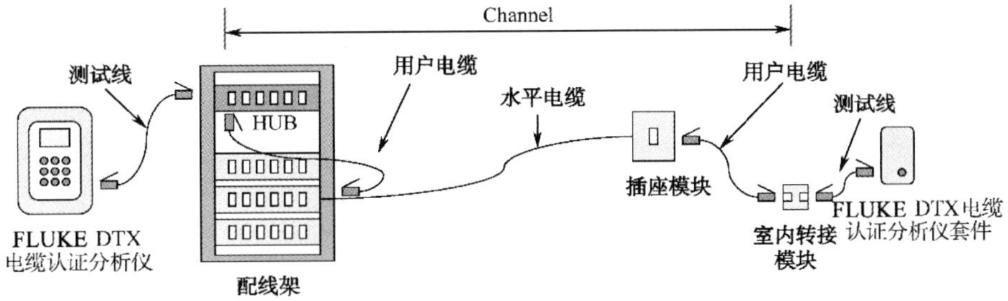

图 6.63　通道链路认证测试（插座模块位于实训墙上）

（3）测试报告整理及备份。

5. **实训报告**

（1）编写一份完整的现场性能认证测试报告。

（2）总结电缆认证测试中出现的各种故障，并编写技术文档。

（3）写出 FLUKE DTX 电缆认证分析仪的功能及使用方法。

实训任务单

一、实训指南
预学习——听课（老师讲解、示范）——操作——完成实训任务单
二、实训内容
综合布线性能认证测试
三、实训工具
FLUKE DTX 电缆认证分析仪
四、实训步骤
1. 利用 FLUKE DTX 电缆认证分析仪完成双绞线电缆基本链路的认证测试 2. 利用 FLUKE DTX 电缆认证分析仪完成双绞线电缆通道链路的认证测试 3. 测试报告整理及备份
五、实训思考
（1）简述认证测试和性能测试的概念和区别。 （2）简述基本链路和通道链路的概念。 （3）思考认证测试中的故障有哪些。

附件：室内综合布线工程施工协议

室内综合布线工程施工协议

委托方（以下简称甲方）：　　　　　　　　　　　　联系电话：

施工队（以下简称乙方）：　　　　　　　　　　　　联系电话：

甲乙双方本着友好合作的态度，按照《合同法》等相关法律，在平等、公正的情况下签订如下合同。

一、工程概况

工程地址：

二、价格

清包工费：__________元，大写：____________________________。

三、付款方式

1．施工队进场，预支开工费：___________________元。

2．线缆拉线架设完成，付________________________元。

3．线路测试调试竣工，付________________________元。

4．弱电设备安装竣工，付________________________元（如有）。

5．保修金__元，从竣工之日起 1 年后支付__________元。

四、设计

1．甲方若有图纸，则需向乙方提供图纸一套，并负责交底工作。

2．甲方若无图纸，则需向乙方交代清楚要求，乙方施工前需画草图并得到甲方的认可。

五、材料

1．乙方应提前 3 天向甲方提供需购材料清单，甲方应在 4 天内及时采购材料，以供施工队使用，双方应各自承担各自拖延工期的责任及造成的经济损失。

2．未经甲方同意，乙方不得自行采购材料。若已采购，则甲方有权无条件拒绝使用并可拒绝支付该材料的费用。

3．乙方应在甲方指定的建材供应点购买材料，并开具正式发票。

4．乙方应验收甲方所购建材的质量，发现质量问题应向甲方及时提出并有权拒绝使用。若甲方坚持使用，应书面要求乙方，并承担因材料质量导致的损失。

5．乙方应帮甲方收货，核对数量和配件的准确性。

6．乙方应做好材料的保管工作，禁止闲杂人等进入施工现场。

7．乙方应保证在本工程区域内没有双包和半包的工程。

8．乙方应做好对施工成品的保护工作。

9．未经甲方许可，乙方不得携带任何布线材料出门。若发现此类现象，则按材料价格加倍从人工费中扣除。

六、工期

从____年____月____日起至____年____月____日止，工期为____天。若因甲方导致工期顺延，则乙方可以向甲方提出延误人工费补偿；若因乙方导致拖延工期，则甲方可扣除乙方人工费 50 元/天。

七、材料搬运

甲方材料送至工程所在地的，乙方任何施工人员应无条件搬运。

八、垃圾清运

1．垃圾袋装化。

2．垃圾应日日清。

3．垃圾应由乙方清运至物业指定的垃圾堆放场所。

九、劳动力管理

1．开工前乙方应向甲方提供所有施工人员的身份证复印件。

2．未经甲方许可，非工地施工人员不得在工地过夜。

3．甲方应及时替乙方办理工程场地出入证件并支付相关费用。

4．乙方应具备在____暂住的一切证件，因证件不全引起的相关损失由乙方自行承担。

5．乙方指定由_____为工地现场负责人，_______为替补负责人。

6．在合同价内，乙方有义务提供   人次跟随甲方挑选材料。

7．乙方未经甲方同意不得任意调换施工人员，每天施工现场的施工人员必须保持在 2 人

（1 人）以上。

8．未经甲方同意，在任何情况下乙方都不得停工或怠工。

十、施工机具

1．乙方自带施工所需工具和测试仪器，并保证工具和测试仪器的安全性和良好使用性。乙方自行承担工具维修费。

2．因工具和测试仪器所产生的易耗品（如接头、小型设备器材等）由甲乙双方各自承担一半，由甲方代购，在工程完工后结算。

十一、工地现场管理

1．现场禁止使用明火。

2．现场禁止吸烟。

十二、维修

1．因乙方导致的质量问题，乙方应在两年内无偿维修。

2．对于普通维修，乙方应在甲方通知后三天内及时维修；如遇特殊情况（如断电、掉落、主干断网等问题），则乙方必须在 24 小时内赶到并维修。

十三、合同附件

1．施工项目清单。

2．双方认可的工程施工报价单。

3．乙方开出的辅助材料采购清单。

十四、合同争议

1．出现争议时甲乙双方先协商解决。

2．协商不成可向争议所在地法院提起诉讼。

十五、安装要求

1．弱电线路安装时，必须使用有合格证书的布线产品。

2．弱电线路按国际通行方式——综合布线 T568B 标准施工。电源采用三线制安装必须用 3 种不同的色标。原则上，红色为火线色标、蓝色为零线色标，黑色为接地色标。

3．所有线缆在安装时都必须用相应的 PVC 管和钢管穿起来，埋在事先凿好的深、宽为 4cm×3cm 的线槽里。如遇并排线路线槽凿宽时，不能影响其他工种施工，必要时可和其他装修，如土建工协商解决施工中的难题，不得只顾自己而不顾大局。

4．所有线路必须按横平竖直的方向分布，严禁蛛网式分布。PVC 管和钢管一头要穿进总线槽约 3cm，然后沿墙壁、顺地面垂直分布，转弯处用 90° 弯头或软管连接好，并用管卡固定好。所有线缆在 PVC 管和钢管里不能有接头。

5．预埋线缆的管道直径大小是按线缆的外径和穿过的电缆数量来测算的，必须保证管道内有 30%的预留空间。

6．必须隐蔽的管线在业主或其代表验收合格后才可进行隐蔽作业，竣工交验前应向业主提供室内管线的竣工图。

7．乙方应按《综合布线系统工程验收规范》（GB 50312—2016）进行施工。

8．甲方委托乙方购买的材料，乙方在购买和运抵施工现场前，其制造厂商、品牌、规格、单价等需征得业主认可，应有品质保证书和有效发票，否则甲方有权拒绝验收或提出退货、返工及赔偿损失。

9．乙方必须保证体现原先商定好的弱点布线施工设计思想，不得擅自改动。如有变化，必须征得甲方同意。

10. 甲方购买的由生产商、供应商、销售商负责上门安装的设备(如网络设备、电脑设备、监控设备等),在上门安装时,乙方应积极做好相关的辅助配合工作(包括协助所购的材料、设备等搬运至现场)。

11. 除上述布线要求外,如有增加工作,不超过工程的5%,则不增加工程费。

12. 工程为清包,甲方只提供材料。施工工具等设备由乙方自备自理。

13. 乙方必须保证施工质量,当发生施工质量问题时,应及时予以改正。如竣工验收时发现质量问题,施工单位应立即予以改正,在未达到甲方的整改要求前,甲方有权拒付人工费。

14. 施工人员要文明施工,禁止野蛮施工,如要爱护室内原有设施;未经许可,甲方所有物品不得擅自处理等。甲方对表现不好的施工人员有权要求换掉,乙方不得拖延。

15. 乙方负责及时清理建筑垃圾至规定位置。工程施工结束后,施工人员负责场内建筑垃圾的清运,完毕后方可离场。

16. 乙方应加强对现场施工人员的防火、防盗安全教育,施工人员不得在施工现场违法乱纪,一旦发生问题,后果自负。

十六、附加条款

甲 方: 乙 方:

签 章: 签 章:

签约日期: 签约日期:

思考与练习

一、选择题

1. 回波损耗测量反映的是电缆的( )性能。

A. 连通性　B. 抗干扰特性　C. 物理长度　D. 阻抗一致性

2. 下列不属于光缆测试的参数的是( )。

A. 回波损耗　B. 近端串扰　C. 衰减　D. 插入损耗

3. 工程竣工后施工单位应提供下列哪些符合技术规范的结构化综合布线系统技术档案材料?( )

A. 工程说明　B. 测试记录

C. 设备、材料明细表　D. 工程决算

4. 依据施工图纸并根据施工现场情况、技术力量及技术装备情况,综合做出合理的施工方案。施工方案编制的内容包括( )。

A. 现场技术安全交底、现场协调、现场变更、现场材料质量签证和现场工程验收单

B. 施工平面布置图、施工准备及其技术要求

C. 施工方法和工序图

D. 施工质量保证

E. 施工计划网络图

5．下列有关综合布线系统的设计原则的叙述正确的是（　　）。

A．综合布线属于预布线，要建立长期规划思想，保证系统在较长时间内的适应性。

B．当建立一个新的综合布线系统时，应采用结构化综合布线标准，不能采用专属标准

C．设计时应考虑到更高速的技术，而不应只局限于目前正在使用的技术，以满足用户将来的需要

D．在整个布线系统的设计施工过程中应保留完整的文档

二、简答题

1．敷设光缆有哪些基本要求？

2．简述 FLUKE DTX 电缆认证分析仪测试双绞线链路的步骤。

3．简述光缆的类别和特点，试描述光缆的优点和缺点。

4．建筑群布线有几种方法？试比较它们的优点和缺点。

5．光缆接头主要有哪些类型？光缆应如何选用？

参 考 文 献

[1] 黎连业. 网络综合布线系统与施工技术［M］. 北京：机械工业出版社，2007.

[2] 王公儒. 综合布线实训指导书［M］. 北京：机械工业出版社，2014.

[3] 王公儒. 综合布线工程实用技术［M］. 北京：中国铁道出版社，2011.

[4] 王公儒，樊果. 智能管理系统工程实用技术［M］. 北京：中国铁道出版社，2012.

[5] 徐伟，赵庆华. 网络综合布线系统与施工技术［M］. 北京：国防工业出版社，2002.

[6] 张家超，何洪磊. 网络工程与综合布线实用教程［M］. 北京：中国电力出版社，2004.

[7] 陈晴. 网络组建与维护［M］. 2版. 北京：电子工业出版社，2014.

[8] 杜思深，刘晓琪，柳渊，等. 综合布线［M］. 北京：清华大学出版社，2006.

[9] 王磊. 网络综合布线实训教程［M］. 2版. 北京：中国铁道出版社，2009.

[10] 李京宁. 网络综合布线［M］. 北京：机械工业出版社，2015.

反侵权盗版声明

电子工业出版社依法对本作品享有专有出版权。任何未经权利人书面许可，复制、销售或通过信息网络传播本作品的行为；歪曲、篡改、剽窃本作品的行为，均违反《中华人民共和国著作权法》，其行为人应承担相应的民事责任和行政责任，构成犯罪的，将被依法追究刑事责任。

为了维护市场秩序，保护权利人的合法权益，我社将依法查处和打击侵权盗版的单位和个人。欢迎社会各界人士积极举报侵权盗版行为，本社将奖励举报有功人员，并保证举报人的信息不被泄露。

举报电话：（010）88254396；（010）88258888

传　　真：（010）88254397

E－mail：dbqq@phei.com.cn

通信地址：北京市万寿路 173 信箱　电子工业出版社总编办公室

邮　　编：100036